教育部大学计算机课程改革项目规划教材

丛书主编 卢湘鸿

Java Web 编程技术实用教程

金百东 刘德山 编著

清华大学出版社
北京

内 容 简 介

本书全面而又系统地介绍了 Java Web 编程开发技术。其中,JSP 部分包含基本语法、内置命令、JavaBean、Servlet、自定义标签库、配置文件、反射与注解等知识;JavaScript 部分包括函数、数组、面向对象技术、DOM 应用等知识;Ajax 部分包括局部刷新技术、XMLHttpRequest 对象、级联 Ajax、类在 Ajax 中的应用等知识。本书注重应用,每章都包含大量示例和详细的结果分析,旨在使读者夯实基础,提高综合运用 Web 各项技术编程能力,学会软件编程的思考方法。

本书可作为专业技术人员、大专院校计算机专业本科生的教材或参考书,对进一步学习 Struts,理解其实质也有一定的指导意义。

本书封面贴有清华大学出版社防伪标签,无标签者不得销售。
版权所有,侵权必究。侵权举报电话:010-62782989　13701121933

图书在版编目(CIP)数据

Java Web 编程技术实用教程/金百东,刘德山编著. —北京:清华大学出版社,2016
教育部大学计算机课程改革项目规划教材
ISBN 978-7-302-43575-4

Ⅰ. ①J… Ⅱ. ①金… ②刘… Ⅲ. ①JAVA 语言－程序设计－高等学校－教材　Ⅳ. ①TP312

中国版本图书馆 CIP 数据核字(2016)第 082034 号

责任编辑:谢　琛
封面设计:常雪影
责任校对:焦丽丽
责任印制:刘海龙

出版发行:清华大学出版社
　　　　网　　址:http://www.tup.com.cn, http://www.wqbook.com
　　　　地　　址:北京清华大学学研大厦 A 座　　　　邮　　编:100084
　　　　社 总 机:010-62770175　　　　　　　　　　邮　　购:010-62786544
　　　　投稿与读者服务:010-62776969,c-service@tup.tsinghua.edu.cn
　　　　质量反馈:010-62772015,zhiliang@tup.tsinghua.edu.cn
　　　　课件下载:http://www.tup.com.cn,010-62795954
印 刷 者:清华大学印刷厂
装 订 者:三河市吉祥印务有限公司
经　　销:全国新华书店
开　　本:185mm×260mm　　　印　　张:21.75　　　字　　数:528 千字
版　　次:2016 年 7 月第 1 版　　　印　　次:2016 年 7 月第 1 次印刷
印　　数:1~2000
定　　价:44.50 元

产品编号:068418-01

前言

随着网络技术的飞速发展，Web编程变得越来越重要，出现了许多关于Web的书籍。从教材角度来讲，绝大多数是关于JSP内容的。对Web编程而言，这是远远不够的。Web编程的特点是综合性强，因此本书增加了有关JavaScript及Ajax知识的论述，这是作者写本书的一个主要初衷。

全书共分10章：第1～8章主要介绍JSP知识，第9章介绍JavaScript知识，第10章介绍Ajax知识，具体内容如下所示：

第1章介绍JSP开发环境及最简单的"Hello world"程序。

第2章介绍JSP基本语法知识，指令标签及动作标签的用法。

第3章介绍JSP内置命令知识。主要包括request、response、session、application、out五个常用内置命令的用法，session、application的区别，利用内置命令如何解决中文乱码问题等内容。

第4章介绍JavaBean知识。主要包括JavaBean的特点，普通方式及动作标签应用Bean的区别，Bean的作用域，动作标签在表单赋值中的作用，session及application内置命令的简易仿真等内容。

第5章介绍Servlet知识。主要包括与JSP的关系，Servlet常用类与接口，Servlet中的request、session、application通信，过滤器，监听器，cookie操作等内容。

第6章介绍一些稍难的综合示例。主要包含文件上传、下载，邮件发送、接收，数据库操作功能等内容。除了必需的数据库驱动包外，本章中示例没有采用任何第三方组件实现相应功能，旨在提高读者思维能力，增加编程兴趣。

第7章介绍自定义标签技术。主要内容包括自定义标签的作用，利用TagSupport、BodyTagSupport、SimpleTagSupport类及标签描述库创建自定义标签的方法，较新的JSP2.0支持的tag自定义标签实现方法。

第8章介绍配置文件、反射与注解技术。主要内容包括利用Properties解析文本文件和XML文件，利用JDOM解析XML文件；讲述了反射基本原理、反射调用构造方法和实例函数的基本技术，利用反射和配置文件技术实现了一个小型的Web应用框架；讲述了注解与配置文件的关系，元注解作用，自定义注解编程方法。

第9章介绍JavaScript知识。由于JavaScript与Java有许多相似的地方，因此采用了对比和增量的讲授方法，突出讲解了JavaScript与Java的不同之处。着重讲解了基本语法、函数、数组、面向对象技术、Web消息事件、DOM应用、类与UI、定时器、系统对话框等具体内容。

第 10 章介绍 Ajax 知识。主要介绍局部刷新技术，XMLHttpRequest 对象，Ajax 返回 HTML 页面和 XML 数据的处理方法，特殊字符的 URI 参数编码技术，级联 Ajax 技术，类在 Ajax 中的应用。

本书内容循序渐进，采取实例驱动讲授方式，所有示例复制下来编译后就可以运行，许多题目是笔者多年 Web 编程经验的总结，实用性较强。示例前因后果都做了必要的说明，对一些稍难的题目，对其设计思想也做了相应的论述，帮助读者加深理解。

本书第 3、5、6、8、10 章由金百东编写，第 1、2、4、7、9 章由刘德山编写。因本书程序较多，故全书变量均用正体。

由于作者水平有限，时间紧迫，书中难免有疏漏之处，恳请广大读者批评指正。

作　者

2016 年 1 月

目　录

第 1 章　JSP 介绍 ··· 1
　1.1　JSP 简介 ·· 1
　1.2　开发环境 ·· 1
　1.3　第 1 个示例 ·· 4
　1.4　JSP 运行流程 ··· 6
　1.5　工程部署 ·· 8
　习题 ·· 8

第 2 章　JSP 语法 ··· 9
　2.1　Java 声明及语句 ··· 9
　2.2　JSP 指令标签 ·· 12
　　　2.2.1　page 指令 ·· 12
　　　2.2.2　include 指令 ·· 16
　2.3　JSP 动作标签 ·· 18
　　　2.3.1　<jsp:include> ··· 18
　　　2.3.2　<jsp:forward> ·· 19
　　　2.3.3　<jsp:param> ·· 20
　习题 ·· 21

第 3 章　JSP 内置对象 ·· 22
　3.1　request ·· 22
　　　3.1.1　HTTP 请求包格式 ·· 22
　　　3.1.2　获取数据 ·· 23
　　　3.1.3　获取客户及服务器的机器信息 ···························· 30
　　　3.1.4　其他方法 ·· 31
　3.2　response ·· 34
　　　3.2.1　HTTP 响应包格式 ·· 34
　　　3.2.2　操作头信息 ·· 34
　　　3.2.3　重定向 ·· 39

3.3 共享变量对象 40
 3.3.1 session 40
 3.3.2 application 44
3.4 中文乱码 47
3.5 终合示例 49
习题 59

第4章 JavaBean 基础 60

4.1 JavaBean 是外部类 60
4.2 动作标签创建 Bean 对象 63
4.3 动作标签操作 Bean 方法 65
 4.3.1 <jsp：setProperty> 65
 4.3.2 <jsp：getProperty> 66
4.3 session、application 仿真 70
4.4 综合示例 73
习题 83

第5章 Servlet 基础 84

5.1 引入 Servlet 84
5.2 Servlet 建立 85
5.3 Servlet 常用类与接口 87
 5.3.1 GenericServlet 类 87
 5.3.2 ServletConfig 与 ServletContext 对象 90
 5.3.3 HttpServlet 类 92
5.4 请求转发与重定向 97
5.5 Servlet 通信 99
5.6 Servlet 异常处理 106
 5.6.1 ServletException 类 106
 5.6.2 ServletException 异常处理方法 107
5.7 Servlet 监听器 110
 5.7.1 监听器简介 110
 5.7.2 建立监听器 111
5.8 Servlet 过滤器 118
 5.8.1 过滤器简介 118
 5.8.2 建立过滤器 118
 5.8.3 过滤器级联 120
 5.8.4 过滤器示例 121
5.9 Servlet 与 Cookie 129
 5.9.1 会话 Cookie 与持久 Cookie 129

5.9.2　Cookie 操作 ·············· 129
　　　5.9.3　Cookie 示例 ·············· 134
　习题 ······························· 135

第 6 章　典型事例分析 ··················· 136
　6.1　文件上传 ······················ 136
　6.2　文件下载 ······················ 142
　6.3　发送邮件 ······················ 145
　　　6.3.1　文本邮件发送 ············· 145
　　　6.3.2　带附件邮件发送 ············ 151
　6.4　接收邮件 ······················ 156
　6.5　数据库操作 ····················· 162
　　　6.5.1　MySQL 数据库简介 ·········· 162
　　　6.5.2　数据库普通操作方法 ········· 164
　　　6.5.3　数据库基础类 ············· 167
　　　6.5.4　数据库表通用显示类 ········· 169
　　　6.5.5　分页显示类 ··············· 173
　习题 ······························· 182

第 7 章　自定义标签库 ··················· 183
　7.1　创建标签处理类 ·················· 184
　7.2　创建标签库描述文件 ··············· 187
　7.3　Web 中应用自定义标签 ············· 188
　7.4　BodyTagSupport 标签类 ············ 189
　7.5　SimpleTagSupport 类 ·············· 193
　7.6　Tag 自定义标签 ·················· 197
　　　7.6.1　简介 ··················· 197
　　　7.6.2　Tag 指令 ················ 197
　　　7.6.3　include 指令 ·············· 198
　　　7.6.4　attribute 指令 ············· 198
　　　7.6.5　variable 指令 ············· 199
　7.7　其他示例 ······················ 201
　习题 ······························· 211

第 8 章　配置文件、反射与注解 ············· 212
　8.1　键值对配置文件 ·················· 212
　8.2　一般配置文件 ··················· 214
　8.3　反射 ························· 218
　　　8.3.1　简介 ··················· 218

  8.3.2 统一形式调用 ··· 219
 8.4 应用示例 ··· 223
 8.5 注解 ·· 239
  8.5.1 简介 ··· 239
  8.5.2 元注解 ·· 239
  8.5.3 自定义注解 ·· 240
  8.5.4 示例 ··· 241
 习题 ··· 246

第9章 JavaScript 技术 ·· 247

 9.1 简介 ·· 247
 9.2 变量与数据类型 ·· 248
  9.2.1 变量 ··· 248
  9.2.2 数据类型 ··· 249
 9.3 表达式与运算符 ·· 253
  9.3.1 取模运算符 ·· 253
  9.3.2 相等、不等、等同、不等同运算符 ··································· 253
  9.3.3 类型检测运算符 ·· 254
 9.4 函数 ·· 254
  9.4.1 函数普通定义方式 ··· 254
  9.4.2 函数变量定义方式 ··· 256
  9.4.3 回调函数调用方式 ··· 256
 9.5 数组 ·· 257
  9.5.1 数组 length 属性 ·· 257
  9.5.2 数组常用操作 ··· 258
 9.6 面向对象技术 ··· 261
  9.6.1 类定义 ·· 261
  9.6.2 深入理解 this ·· 263
 9.7 Web 消息事件 ··· 265
 9.8 DOM 应用 ·· 266
  9.8.1 标签对象获得及属性操作 ·· 267
  9.8.2 动态创建和遍历标签 ·· 268
  9.8.3 操作 CSS ··· 274
 9.9 类与 UI ·· 282
 9.10 定时器 ··· 288
 9.11 系统对话框 ··· 289
 习题 ··· 290

第 10 章 Ajax 技术 ·········· 292

- 10.1 Ajax 技术本质 ·········· 292
- 10.2 XMLHttpRequest 对象 ·········· 293
- 10.3 一个简单示例 ·········· 295
- 10.4 返回局部页面 HTML ·········· 297
- 10.5 返回 XML ·········· 299
- 10.6 URI 参数编码 ·········· 304
- 10.7 级联 Ajax ·········· 306
- 10.8 类在 Ajax 中的应用 ·········· 310
  - 10.8.1 Ajax 基本封装类 ·········· 310
  - 10.8.2 模块封装类 ·········· 313
- 10.9 数据库操作 ·········· 317
- 习题 ·········· 334

参考文献 ·········· 336

第 1 章 JSP 介 绍

1.1 JSP 简介

JSP 是 Java Server Pages 的缩写,是由 Sun 公司倡导、多家公司参与,于 1999 年推出的一种动态网页技术标准。JSP 是基于 Java Servlet 以及整个 Java 体系的 Web 开发技术,利用这一技术可以建立安全的、跨平台的先进动态网站,这项技术还在不断地被更新和优化。

需要强调的是:要想真正地掌握 JSP 技术,必须要有较好的 Java 语言基础。

1.2 开发环境

本书采用的开发环境是:JDK7+Eclipse+Tomcat7.0。Tomcat 是一个免费的开源的 Servlet 容器,它是 Apache 基金会的 Jakarta 项目中的一个核心项目,由 Apache、Sun 和其他一些公司及个人共同开发而成。由于有了 Sun 的参与和支持,最新的 Servlet 和 JSP 规范总能在 Tomcat 中得到体现。本节主要讲述 Eclipse 环境下配置 Tomcat 的步骤。

(1) 下载并安装 Tomcat7.0,假设安装目录是 D:/Tomcat7,其余均是默认安装即可。

(2) 打开 Eclipse,在菜单中选择 Window→Preferences,出现图 1-1 所示的对话框。

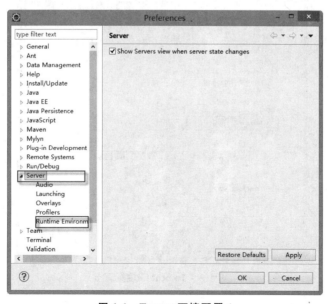

图 1-1 Tomcat 环境配置 1

(3) 选择 Server→Runtime Environment 项后，出现图 1-2 所示的对话框。

图 1-2　Tomcat 环境配置 2

(4) 单击 Add 按钮后，出现图 1-3 所示的对话框。

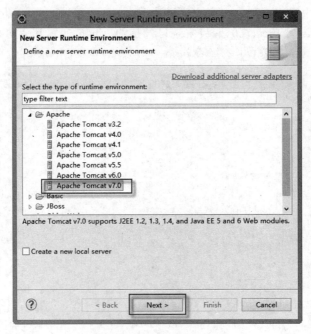

图 1-3　Tomcat 环境配置 3

选择 Apache Tomcat v7.0,然后单击 Next 按钮,出现图 1-4 所示的对话框。

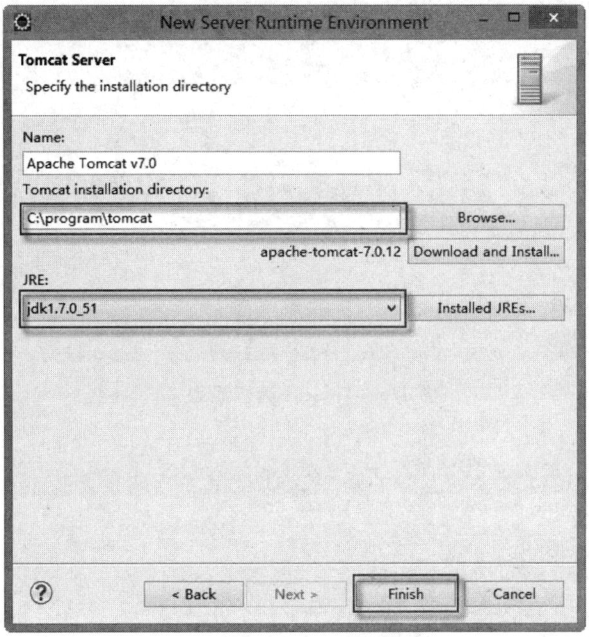

图 1-4　Tomcat 环境配置 4

首先单击 Browse 按钮,设置 Tomcat 安装目录;然后从下拉菜单中选择 JRE,最后单击 Finish 按钮即可。

那么,如何在 Eclipse 下运行 Tomcat 呢?步骤如下所示。

(1) 依次选择 Window→Show View→Servers,则出现 Servers 选项卡,如图 1-5 所示。

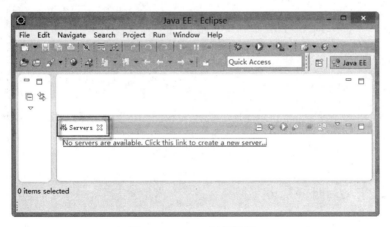

图 1-5　Tomcat 运行设置 1

(2) 在 Servers 选项卡空白处右击,出现浮动菜单,依次选择 New→Server 项后,按要求完成操作,如图 1-6 所示。

单击"方块"所示的位置可启动或停止 Tomcat 服务器的运行,运行成功的控制台界面如图 1-7 所示。

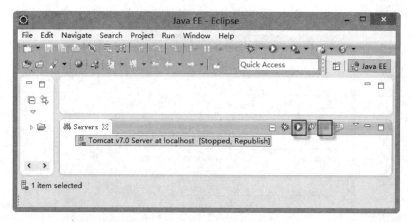

图 1-6　Tomcat 运行设置 2

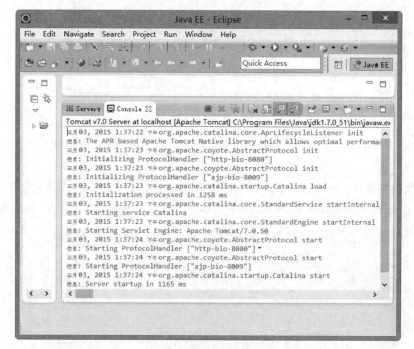

图 1-7　Tomcat 运行图

1.3　第 1 个示例

【例 1-1】"Hello world"程序。

与建立 Java Project 工程步骤相似，建立 Dynamic Web Project 工程，工程名称为 chap1，如图 1-8 所示。

选中 WebContent 并右击，在浮动菜单中依次选择 New→JSP File，将文件命名为 hello.jsp。在该文件编辑区输入最简单的 JSP 代码，如图 1-9 所示。

单击"方块"指示的按钮，则执行结果如图 1-10 所示。

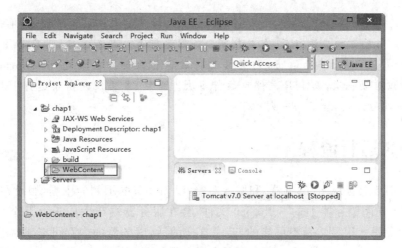

图 1-8　建立 JSP 工程图

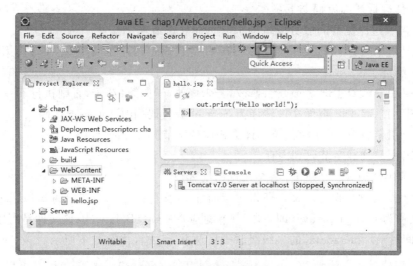

图 1-9　JSP 代码编辑区

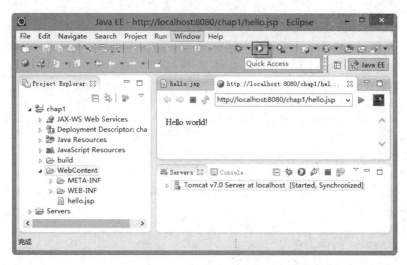

图 1-10　JSP 代码执行图

注意：若要执行某 JSP 文件，一定将鼠标焦点切换到该文件编辑区域，再单击"方块"内的执行按钮。当按钮响应运行后，首先判断服务器运行否。若未运行，则启动 Tomcat 服务器，之后运行 JSP 文件；若已运行，则直接运行该 JSP 文件。也就是说 Tomcat 服务器在 Web 应用中仅启动一次，而 JSP 文件可运行多次。当然，本文仅列出了运行 JSP 文件的一种方式，还有其他方式，就不一一列举了。

1.4 JSP 运行流程

Web 应用涉及客户端（浏览器）和服务器端，以 1.3 节的示例为依据，假设在某一时刻，有成千上万人访问服务器上的 hello.jsp 文件，会在服务器端产生成千上万个与之匹配的 hello 内存对象吗？很显然是不可能的，若是这样的话，服务器的内存可能不久就会自行崩溃了。因此只能是这样的情况：hello 对象在服务器端仅创建一次，为多个客户共享。据此可得 JSP 文件运行详细流程如下：

(1) 客户通过浏览器向服务器端的 JSP 页面发送请求。
(2) JSP 引擎检查 JSP 文件对应的 Servlet 源代码是否存在，若不存在转向第(4)步，否则执行下一步。
(3) JSP 引擎检查 JSP 页面是否修改，若未修改，转向第(7)步，否则执行下一步。
(4) JSP 引擎将 JSP 页面文件转译为 Servlet 源代码（相应的 .java 代码）。
(5) JSP 引擎将 Servlet 源代码编译为相应的字节码（.class 代码）。
(6) JSP 引擎加载字节码到内存。
(7) 字节码处理客户请求，并将结果返回给客户。

也就是说：必须根据 .jsp 文件获得对应的 .java 文件。以 1.3 节中的 hello.jsp 为例，其对应的源文件为 hello_jsp.java（即 XXX.jsp 对应 XXX_JSP.java）。该文件是可以查到的，在"工作空间目录/.metadata"的多级级联子目录下，其文件内容如下所示。

```java
import javax.servlet.*;
import javax.servlet.http.*;
import javax.servlet.jsp.*;
public final class hello_jsp extends org.apache.jasper.runtime.HttpJspBase
    implements org.apache.jasper.runtime.JspSourceDependent {
  private static final javax.servlet.jsp.JspFactory _jspxFactory=
        javax.servlet.jsp.JspFactory.getDefaultFactory();
  private static java.util.Map< java.lang.String,java.lang.Long > _jspx_dependants;
  private javax.el.ExpressionFactory _el_expressionfactory;
  private org.apache.tomcat.InstanceManager _jsp_instancemanager;
  public java.util.Map<java.lang.String,java.lang.Long>getDependants() {
    return _jspx_dependants;
  }
  public void _jspInit() {
    _el_expressionfactory=
```

```java
        _jspxFactory.getJspApplicationContext(getServletConfig().
getServletContext()).getExpressionFactory();
    _jsp_instancemanager=
      org.apache.jasper.runtime.InstanceManagerFactory.getInstanceManager
(getServletConfig());
  }
  public void _jspDestroy() {}
  public void _jspService(final javax.servlet.http.HttpServletRequest
request, final
    javax.servlet.http.HttpServletResponse response)
      throws java.io.IOException, javax.servlet.ServletException {
final javax.servlet.jsp.PageContext pageContext;
    javax.servlet.http.HttpSession session=null;
    final javax.servlet.ServletContext application;
    final javax.servlet.ServletConfig config;
    javax.servlet.jsp.JspWriter out=null;
    final java.lang.Object page=this;
    javax.servlet.jsp.JspWriter _jspx_out=null;
    javax.servlet.jsp.PageContext _jspx_page_context=null;
    try {
      response.setContentType("text/html");
      pageContext=_jspxFactory.getPageContext(this, request, response,
          null, true, 8192, true);
      _jspx_page_context=pageContext;
      application=pageContext.getServletContext();
      config=pageContext.getServletConfig();
      session=pageContext.getSession();
      out=pageContext.getOut();
      _jspx_out=out;
    out.print("Hello world!");
    } catch (java.lang.Throwable t) {
      if(!(t instanceof javax.servlet.jsp.SkipPageException)){
        out=_jspx_out;
        if(out!=null && out.getBufferSize()!=0)
          try { out.clearBuffer(); } catch (java.io.IOException e) {}
        if(_jspx_page_context!=null) _jspx_page_context.handlePageException
        (t);
        else throw new ServletException(t);
      }
    } finally {
      _jspxFactory.releasePageContext(_jspx_page_context);
    }
  }
}
```

从表象上来说，hello.jsp 远比 hello_jsp.java 简单得多，方便了人们的编写。但要想把 JSP 所包含的新知识学好，增强理解，一个好的方法就是看与之对应的 Java 文件，从中能获取到许多想要获得的东西。

1.5 工程部署

1.3 节示例在 Eclipse 下实现了最简单的动态网站功能。那么运行时是否操作的是 C:/jspstudy/chap1 目录下的所有内容吗？否，这一点与 Java 工程项目是不同的。它真正运行的内容在如下目录下。

C:\jspstudy\.metadata\.plugins\org.eclipse.wst.server.core\tmp0\wtpwebapps\chap1

根据 Tomcat 应用服务器的特点，只需把上述 chap1 目录下的所有东西（包括目录 chap1）首先复制到"Tomcat 安装目录\wepapps"，然后外部启动 Tomcat 服务器，最后在 IE 浏览器中输入 URL：http://localhost:8080/chap1/hello.jsp，即可看到运行效果。

注意：当我们查看上述 chap1 目录内容的时候，会发现根本没有 eclipse 开发环境下的 webcontent 子目录，它只是一种开发便利的标识，一看见该内容，就知道 JSP 文件应存放在它下面，就像一看见开发环境下的 src 目录，就知道它一定是存放 Java 文件的。而到真正形成 Web 内容的时候，系统会自动提取所需的东西。懂得这一点很关键，否则的话，URL 就容易写成：http://localhost:8080/chap1/webcontent/hello.jsp，就大错特错了。

习题

1. 如何在 Eclipse 下配置 Tomcat？
2. 如何理解 webcontent 目录？
3. 重新编制"Hello world"程序，并将 Web 工程发布到 Tomcat 服务器下面。

第 2 章 JSP 语 法

2.1 Java 声明及语句

JSP 动态网站的特性主要是由 Java 语言完成的,在 JSP 中如何编制 Java 代码呢? Java 代码主要由三种%组成。

- <%! %>:在%之间可声明变量、方法和类,不能有 Java 语句。
- <% %>:在%之间可编制 Java 程序。
- <%= %>:输出 Java 表达式的值,注意<%与=之间不能有空格。

为了更好地理解这三种%作用,请看如下示例。

【例 2-1】 三种%作用。

编制 e2_1.jsp,内容如下所示。

```jsp
<%!
    int m=10;
%>
<%
    int n=20;
    m+=n;
%>
<%="m="+m %>
```

其实,按照 1.4 节所述,只要打开对应的 e2_1_jsp.java 文件,就可以清楚地看出这三种%的区别。为了说明方便,下文仅显示了 e2_1_jsp.java 中的关键代码。

```java
public final class e2_1_jsp extends org.apache.jasper.runtime.HttpJspBase
    implements org.apache.jasper.runtime.JspSourceDependent {
    int m=10;
    ⋮
    public void _jspService (final javax.servlet.http.HttpServletRequest
request, final javax.servlet.http.HttpServletResponse response)
        throws java.io.IOException, javax.servlet.ServletException {
        ⋮
        try {
            ⋮
```

```
        int n=20;
        m+=n;
        ⋮
    out.print("m="+m );


    }
      ⋮
  }
}
```

从上述代码中,可得如下几点:

(1) <%!中的内容相当于类 e2_1_jsp 中成员变量(成员方法)的声明内容。可看出 m 是成员变量。

(2) <%中的内容相当于成员方法 _jspService()中的内容,可定义局部变量及 Java 代码。可看出 n 是局部变量,m+=n 是 Java 代码。

(3) <%=相当于 out.print(),末尾没有";",而"<%!"、"<%="中定义的每一行完整的语句内容都是以";"结束的。

初次执行 e2_1.jsp,结果是在屏幕上输出 m=30。第二次运行 e2_1.jsp,结果是在屏幕上输出 m=50。仔细分析就会更深入理解第 1 章 1.4 节所述的内容,即一个 JSP 文件在内存中有且仅有一个对象。当第一次运行 e2_1.jsp 文件时,建立与之对应的内存对象,初始化"<%!"内定义的所有成员变量,所以 m=10;然后运行"<%"内定义的 Java 程序,结果是 m=30;最后完成屏幕输出 m=30。当第二次运行 e2_1.jsp,由于该内存对象已经建立,成员变量 m=30。因此直接运行"<%"内定义的 Java 程序后,结果是 m=50。概括来说,"<%!"内定义的成员变量一般来说仅初始化一次,而"<%"内定义的局部变量及相关代码每次都要运行。

【例 2-2】 变量作用域问题。

分析下面代码有无问题,如何理解?

```
<%="m="+m %>
<%="n="+n %>
<%
    int n=20;
%>
<%!
    int m=10;
%>
```

代码无法通过编译,第 2 行<%="n="+n%>编译错误,第 1 行<%="m="+m%>可编译通过,什么原因呢?结合对应的 Java 文件,分析如下所示。

(1) 由于 m 是成员变量,所以它对所有"<%"、"<%="都是可见的。因此虽然从表象来说,m 是在代码的最后定义的,但是在第 1 行输出<%="m="+m %>是没有问题的。

(2) 由于 n 是局部变量,它的作用域在_jspService()方法内,从表象上来说,必须先定义才能应用,是向下可见的。因此第 2 行<%="n="+n%>编译错误。

【例 2-3】 三种%不能互相嵌套。

定义整形数 m,若 m 是偶数,输出 m*2 的结果;若 m 是奇数,输出 m*3 的结果。要求仅由 3 种%来实现。

为了便于说明问题,m 可直接通过赋值方式实现,有的同学可能认为很简单,直接写出下面的代码。

```jsp
<%!
    int m=2;        //修改成 m=3,m 就是奇数
%>
<%
    if(m%2==0)
        <%=m * 2>;
    else
        <%=m * 3>
%>
```

我们发现,在<%里嵌套了<%=,这是不允许的,三种%是平行的关系,不能互相嵌套,写成下述才是正确的。

```jsp
<%!
    int m=2;
%>
<%
    if(m%2==0){
%>
<%=m * 2 %>
<%
    }
    else
    {
%>
<%=m * 3 %>
<%
    }
%>
```

【例 2-4】 类定义及应用。

例如编制求圆面积的功能类,并简要测试,代码如下所示。

```jsp
<%!
    class Circle{
        float r;
        Circle(float r){
```

```
        this.r=r;
    }
    float getArea(){
        return 3.14f * r * r;
    }
}
%>
<%
    Circle c=new Circle(10.0f);    //简单测试
    out.print(c.getArea());
%>
```

可以看出,在 JSP 中编制类与在 Java 工程中编制类是相似的,只不过必须定义在 <%!>内;类的应用也与 Java 工程相似,要定义在<%>内。

2.2 JSP 指令标签

2.2.1 page 指令

page 指令主要用来定义整个 JSP 页面的各种属性。一个 JSP 页面可以包含多个 page 指令,指令中,除了 import 属性外,每个属性只能定义一次,否则 JSP 页面编译将出现错误。其格式如下所示。

```
<%@page 属性 1="值 1" 属性 2="值 2"… %>
```

本标签由多个属性名="属性值"对构成。属性值可用单引号或双引号括起来,属性名与属性名之间利用空格隔开。page 指令常用属性名如下所示。

1. language

language 属性定义了 JSP 页面中所使用的脚本语言。目前 JSP 必须使用的是 Java 语言,因此该属性的默认值为"java",要求 JSP 页面的编程语言必须符合 Java 语言规则。language 属性设置如下。

```
language="java"
```

2. import

该属性和一般的 Java 语言中的 Import 关键字意义一样,描述了脚本环境中要使用的类。这样就可以在 JSP 页面的程序片部分、变量及函数声明部分、表达式部分使用包中的类。若 JSP 引用多个包,则可按如下两种格式之一即可。

格式 1:

```
<%@ page import="java.io.*,java.util.*" %>
```

格式 2：

```
<%@ page import="java.io.*" %>
<%@ page import="java.util.*" %>
```

3．pageEncoding

该属性描述 JSP 页面的字符编码，通常默认值为"ISO-8859-1"。

4．contentType

指定 JSP 页面响应的 MIME 类型。对该属性设置的格式如下所示。

```
"TYPE ; charset=CHARSET"(需要注意的是分号后面有一个空格)
```

TYPE 的默认值为"text/html"，字符编码的默认值为 ISO-8859-1。

5．errorPage

指定当发生异常时，客户请求被重新定向到哪个网页。

6．isErrorPage

表示此 JSP 网页是否为处理异常的网页，值为 true 或 false。

7．session

指定 JSP 页面是否使用 Session 会话，值为 true 或 false，默认是 true。

【例 2-5】 利用 JSP 页面显示当前时间。

分析：由于是时间操作，需要操作 Calendar 类，需要导入 java.util.Calendar 包，因此要用到 import 属性，代码如下所示。

```
<%@ page import="java.util.Calendar" %>
<%
    Calendar c=Calendar.getInstance();
    int y=c.get(Calendar.YEAR);
    int m=c.get(Calendar.MONTH)+1;
    int d=c.get(Calendar.DAY_OF_MONTH);
    int hh=c.get(Calendar.HOUR_OF_DAY);
    int mm=c.get(Calendar.MINUTE);
    int ss=c.get(Calendar.SECOND);

    out.print(y+"-"+m+"-"+d+"\t"+hh+":"+mm+":"+ss);
%>
```

【例 2-6】 深入理解 pageEncoding、contentType 含义。

例如：在 Eclipse 开发环境下创建一个 JSP 文件，在＜body＞内填写汉字"辽宁"，代码如下所示。

```
<%@page language="java" contentType="text/html; charset=ISO-8859-1"
    pageEncoding="ISO-8859-1"%>
<!DOCTYPE html PUBLIC "-//W3C//DTD HTML 4.01 Transitional//EN"
"http://www.w3.org/TR/html4/loose.dtd">
<html>
<body>
辽宁
</body>
</html>
```

在 Eclipse 下保存时，则出问题，如图 2-1 所示。

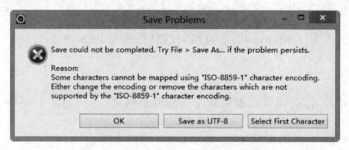

图 2-1　Save Problems 信息对话框

为何不能保存呢？这是因为运用 Eclipse 建立 JSP 文件时，会自动产生一行"＜%@ page … pageEncoding='ISO-8859-1'"，pageEncoding 值是 ISO-8859-1，Eclipse 知道本页面按 ISO-8859-1 编码保存本 JSP 文件。由于代码中包含了中文字符，而 ISO-8859-1 不支持中文编码，当然就不能保存了。如果将 pageEncoding 改为 GBK 或 UTF-8，再按 Eclipse 开发环境下的"保存"按钮，则文件保存成功。

不同文件编码存储方式是不一样的，因此对 Tomcat 服务器而言，知道 JSP 文件的编码方式是非常重要的，它是通过 pageEncoding 属性值获得的，从而才能正确地解析 JSP 源文件，输出正确的结果。

假设将示例代码修改为：

```
<%@page language="java" contentType="text/html; charset=ISO-8859-1"
    pageEncoding="UTF-8"%>
<!DOCTYPE html PUBLIC "-//W3C//DTD HTML 4.01 Transitional//EN"
"http://www.w3.org/TR/html4/loose.dtd">
<html>
<body>
辽宁
</body>
</html>
```

保存没有问题了，也能运行，但却是中文乱码，这又是什么原因呢？原因在 contentType 属性值上。其默认为"contentType＝'… charset＝ISO-8859-1'"，charset 为 ISO-8859-1，表明：服务器向客户端返回的结果输出流为 ISO-8859-1 字符流，由于不支持汉字，因此在浏览器上结果一定是中文乱码的。如果将 charset 修改为 UTF-8，即 charset 与 pageEncoding 的值是相同的，则能得到正确的输出结果。如果将 charset 修改为 GBK，pageEncoding 值仍为 UTF-8，即 charset 与 pageEncoding 的值不同，但都支持中文编码，这样能得到正确的结果吗？读者可自行做实验并进行简要的分析。

contentType 还包含了 MIME 响应字符串，如默认值"text/html"，含义是从服务器返回的是超文本标记语言，需要由浏览器解析并显示。因此通过修改 MIME 值，可以得到不同的结果输出。例如若需把响应结果保存为 Word 文档，只需把示例代码修改成如下即可。

```
<%@page language="java" contentType="application/msword; charset=GBK"
    pageEncoding="UTF-8"%>
<!DOCTYPE html PUBLIC "-//W3C//DTD HTML 4.01 Transitional//EN"
"http://www.w3.org/TR/html4/loose.dtd">
<html>
<body>
辽宁
</body>
</html>
```

可知 MIME 修改为 application/msword，表明：服务器返回结果要保存成 Word 文档。运行时会出现图 2-2 所示的保存 Word 文档对话框，而不会在浏览器中显示任何结果。

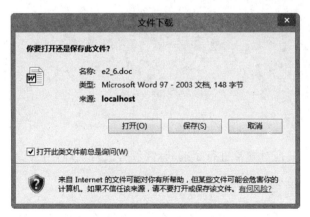

图 2-2　保存 Word 文档对话框

当然 MIME 值不是想当然写上去的，常用值如下所示。

（1）application/vnd.ms-excel：针对 *.xls Excel 文档。

（2）application/vnd.openxmlformats-officedocument.spreadsheetml.sheet：针对 *.xlsx Excel 文档。

（3）application/pdf：针对 pdf 文档。

【例 2-7】 JSP 异常处理。

分析：主要是应用 errorPage 属性。假设功能是打开某文件，涉及两个文件：e2_7.jsp，e2_7_error.jsp，代码如下所示。

```jsp
//e2_7.jsp
<%@page language="java" errorPage="e2_7_error.jsp"%>
<%@page import="java.io.*" %>
<%
    FileReader in=new FileReader("d://a.txt");
    in.close();
%>

//e2_7_error.jsp
<html>
<body>
The d:/a.txt not exist!
</body>
</html>
```

在 e2_7.jsp 中定义了 errorPage 属性，表明若在该 JSP 文件中执行 Java 程序片时若出现异常，则终止运行，直接转向错误页面 e2_7_error.jsp。

当然，若不用 errorPage，也是能够进行异常捕获的，与 Java 应用程序一样，应用 try-catch 结构即可，如下所示。

```jsp
<%@page language="java" errorPage="e2_7_error.jsp"%>
<%@page import="java.io.*" %>
<%
    try{
        FileReader in=new FileReader("d://a.txt");
        in.close();
    }
    catch(Exception e){
        out.print("The d:/a.txt not exist!");
    }
%>
```

上述两种方法都只是对异常进行了捕获，并没有进行处理，后面会进一步论述。

2.2.2 include 指令

include 指令用于在 JSP 页面中包含另外一个文件的内容，其语法如下所示。

```jsp
<%@include file="relativeURL"%>
```

include 只有一个属性 file。"relativeURL"表示此 file 的路径，路径名一般是指相对路径。include 指令将会在编译时插入被包含文件的内容，被包含的文件内容常常是 JAVA 程序片段、HTML 语句等等。由于我们一般是在开发环境下编制程序的，因此 include 包含的文件扩展名尽量不要是 jsp、html，避免不必要的代码检查，可以是 jspf、htmlf 等。

include 是一个常用的指令,特别是在要用到很多 JSP 页面的项目中,可以将实现统一功能的代码片段放到一个文件中,避免重复开发。

【例 2-8】 网站上包含多个 JSP 网页,显示风格都是一致的。即每个页面都有 header、content、footer 区,一般来说,仅有 content 内容区是不同的。因此,可以方便利用 include 指令。假设 mainboard.jsp 为主页面,其代码示例如下所示。

```jsp
//mainboard.jsp
<%@page language="java" contentType="text/html; charset=utf-8"
    pageEncoding="utf-8"%>
<html>
<body>
<%@ include file="header.jspf" %>
<hr>
<h1>本页面使用 include 指令,导入了 header.htmlf 和 footer.jspf</h1>
<hr>
<%@ include file="footer.jspf" %>
</body>
</html>

//hearer.jspf
<%@page language="java" contentType="text/html; charset=utf-8"
    pageEncoding="utf-8"%>
header 部分可放 logo 图标等

//footer.jsp
<%@page language="java" contentType="text/html; charset=utf-8"
    pageEncoding="utf-8"%>
<%@page import="java.util.*" %>

<%
    Calendar c=Calendar.getInstance();
    int y=c.get(Calendar.YEAR);
    int m=c.get(Calendar.MONTH)+1;
    int d=c.get(Calendar.DAY_OF_MONTH);
%>
<p align="center"><%=y+"-"+m+"-"+d %></p>
```

运行结果如图 2-3 所示。

图 2-3　include 示例界面

2.3 JSP 动作标签

2.3.1 <jsp:include>

<jsp:include>指令主要用于动态包含文件,其语法如下所示。

```
< jsp:include page="{relativeURL|<%=expression%>}" flush="true"/>
```

或

```
< jsp:include page="{relativeURL|<%=expression%>}" flush="true"></jsp:include>
```

对其中属性值进行如下说明。

- page="{relativeURL|<%=expression%>}"

属性的参数为一相对路径,或者是代表相对路径的表达式,即所要包含进来的文件位置或是经过表达式所运算出的相对路径。

- flush="true"

该属性接受 boolean 类型的值,假若为 true,缓冲区将会被清空,其默认值为 false。

【例 2-9】 <jsp:include>简单示例。

```
//e2_9.jsp
<%@page language="java" contentType="text/html; charset=utf-8"
    pageEncoding="utf-8"%>
<%
    String url="e2_9_2.jsp";
%>
<html>
<body>
<jsp:include page="e2_9_1.jsp"></jsp:include>
<hr>
<jsp:include page="<%=url%>"></jsp:include>
</body>
</html>

//e2_9_1.jsp
This is e2_9_1.jsp

//e2_9_2.jsp
This is e2_9_2.jsp
```

该例很简单,列举了<jsp:include>动态标签的两种应用方法。很明显该标签与 include 指令标签功能相似,它们有什么区别?如何应用这两种标签呢?主要理解好以下几点。

- 从形式上来说:<jsp:include>中 page 属性值可能是常量,如文中 page="e2_9_1.jsp";可能是变量,以表达式体现,如文中 page="<%=url%>"。而 include 指令 file 属性只能是常量。

- 从工作原理上来说,文件"包含"的流程是不同的。对<jsp:include>标签而言是"分别编译,适时合并调用"。以 e2_9.jsp"包含"e2_9_1.jsp 来说,先在服务器端分别形成各自的内存对象,假设为 A 和 B。当需要调用 B 的时候,B 的对象才动态加载进来。对 include 标签而言是"文件合并,编译运行"。也就是说 e2_9.jsp 先要与 e2_9_1.jsp 合并,作为一个整体编译,运行时在内存中是一个对象而不是两个对象。
- include 指令先完成文件合并功能,那么要求被合并方仅是文本文件即可,无须关注文件的扩展名。而<jsp:include>是分别编译的,被"包含"方必须能够编译,因此扩展名不是随意的,只能是 jsp、html 等。
- 对 include 指令而言,当修改"被包含方"代码时,"包含方+被包含方"的服务器缓存都要刷新;对<jsp:include>指令而言,当修改"被包含方"代码时,仅需修改"被包含方"缓存,"包含方"缓存维持不变即可。

鉴于服务器的特点,我们希望所需页面的缓存更新越少越好。当页面需要划分时,页面内容固定(如 header、footer)的部分一般用 include 标签来实现,页面内容易变、不确定的部分一般用<jsp:include>来实现。

2.3.2 <jsp:forward>

<jsp:forward>主要用于将客户端的请求从一个 JSP 页面转到另一个 JSP 页面,其语法如下所示。

```
<jsp:forward page="{relativeURL|<%=expression%>}"/>
```

或

```
<jsp:forward page="{relativeURL|<%=expression%>}"></jsp:forward>
```

page 属性的参数为一相对路径,或者是代表相对路径的表达式,即所要指向文件的位置或是经过表达式所运算出的相对路径。

【例 2-10】 <jsp:forward>简单示例。

设有两种角色:管理员和普通用户。假设根据输入用户名判断角色类型(假设管理员的用户名为 admin),进而转到管理员页面或用户应用页面。代码如下所示。

```
//e2_10.jsp:主调用页面
<%@page language="java" contentType="text/html; charset=utf-8"
    pageEncoding="utf-8"%>

<%
    String user=request.getParameter("user");//获得用户名
    if(user.equals("admin")){
%>
        <jsp:forward page="admin.jsp"></jsp:forward>
<%  }else{   %>
        <jsp:forward page="user.jsp"></jsp:forward>
<%  } %>

//admin.jsp:管理员页面
```

```
This is admin GUI

//user.jsp：用户页面
This is user GUI
```

为了测试方便，直接在浏览器地址栏中输入 http：/…/e2_10.jsp？user＝admin，则界面如图 2-4 所示。

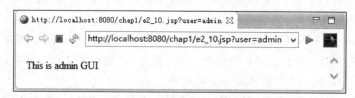

图 2-4　＜jsp：forward＞示例界面

用户名的值为 admin，程序经判断后，利用＜jsp：forward＞标签转向了管理员界面 admin.jsp。我们发现浏览器 URL 地址是 e2_10.jsp，而不是 admin.jsp，这一点要细心加以思考，它和日常的习惯是一致的：我们希望申请的主页面地址不变，但主页面可根据需要自动显示不同的内容。因此＜jsp：forward＞虽然内容转向了不同的页面，但地址栏主地址是不变的。

到此为止，我们学习了 include、＜jsp：include＞、＜jsp：forward＞指令。它们共同的特点都是具有页面划分功能，把大的页面功能划分成各个不同的小功能，方便了 Web 工程的合作开发。因此读者一定要明晓这些指令的内涵，这是刚开始学习 JSP 时往往忽略的地方，单个的JSP 指令都会用，一综合就不知所措了。

2.3.3　＜jsp：param＞

＜jsp：param＞标签用来提供 key/value 的值，其语法如下所示。

```
<jsp:param name="ParameterName" value="{ParameterValue|<%=expression%>}"
```

该属性一般与＜jsp：include＞、＜jsp：forward＞等标签一起搭配使用。

【例 2-11】　＜jsp：param＞简单示例。

该示例无任何含义，只是演示＜jsp：param＞的使用方法，代码如下所示。

```
//e2_11.jsp：主页面
<%@page language="java" contentType="text/html; charset=utf-8"
    pageEncoding="utf-8"%>
<%
    int c=30;
%>
<jsp:include page="e2_11_2.jsp">
    <jsp:param name="b" value="20"/>
    <jsp:param name="c" value="<%=c %>"/>
```

```
</jsp:include>

//e2_11_2.jsp
<%
    String a=request.getParameter("a");
    String b=request.getParameter("b");
    String c=request.getParameter("c");
    out.print("a="+a+"\tb="+b+"\tc="+c);
%>
```

在地址栏中输入 http:/…/e2_11.jsp? a＝10 后,机上显示如图 2-5 所示。

图 2-5 ＜jsp：param＞示例界面

可以看出：a 的值是通过 URL 输入的,b 的值是通过 param 标签中"value＝'20'"设置成常量输入的,c 的值是通过 param 标签中"value='＜％＝c ％＞'"的表达式的值输入的。

习题

1. 三种％的作用。
2. page 指令标签中 pageContent 属性与 contentType 属性中 charset 作用是什么？
3. ＜jsp：include＞与＜％@inlude＞有什么不同？
4. ＜jsp：include＞与＜jsp：forward＞有什么不同？
5. 定义一个点类 Point,其中定义了求两点距离函数 distance,并用测试数据加以测试,显示在屏幕上。
6. 运用＜jsp：include＞＜jsp：param＞实现下述功能。

在 First.jsp 中定义变量 m＝10；

在 Second.jsp 中,求 1～m 的和,并显示。

7. First.jsp 中定义并初始化某整形数组变量(可产生 10 个随机正整数),排序后按升序输出。

第 3 章 JSP内置对象

JSP 内置对象是指不需要声明而直接可以在 JSP 网页中使用的对象。JSP2.0 规范中共定义了 9 种内置对象：request（请求对象）、response（响应对象）、session（会话对象）、application（应用程序对象）、out（输出对象）、pageContext（页面上下文对象）、config（配置对象）、page（页面对象）、exception（例外对象）。本章介绍最常用的前 5 个内置对象。

3.1 request

3.1.1 HTTP 请求包格式

request 对象是 javax.servlet.http.HttpServletRequest 类的实例。每当客户端通过 HTTP 协议请求一个 JSP 页面时，JSP 引擎就会产生一个新的 request 对象来代表这个请求。那么 HTTP 协议都包含什么内容呢？试想：甲、乙两台机器通过网络通信，必须知道两个机器的状态信息及数据信息。因此 HTTP 协议一定封装了互相通信机器的状态信息及数据信息内容，其格式如图 3-1 所示。

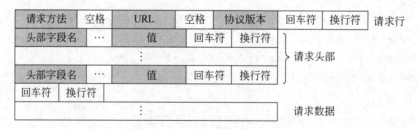

图 3-1 http 请求报文格式图

由图 3-1 可知：HTTP 请求包括请求行、请求头部、请求数据三部分。用户在浏览器中输入的只是 URL，其他信息都是浏览器自动生成的。

1. 服务器信息

可由"请求行"中的 URL 获得。例如 http://192.168.1.10:8080/index.jsp，表明申请的服务器 IP 是 192.168.1.10，端口号是 8080，请求的文件是 index.jsp。

2. 客户器传送的数据信息

最常用的发送方法是 GET 和 POST。

(1) GET 方法：在 URL 里面就说明要请求的资源，URL 里面包含参数，"?"后面就是参数。例如：http://……? user=admin&pwd=123，表明是 GET 方法，传了两个参数 user 和 pwd，其值为 admin 和 123。由于 GET 方法显式地将参数值写在 URL 中，因此在向服务器传送信息时，就不需要图 3-1 中的"请求数据"区了。

（2）POST 方法：传输的数据不在 URL 中，而是在图 3-1 中的"请求数据"里面出现。与 GET 方法相比，POST 方法可传送更大量的数据。

3．客户器其他信息

主要封装在图 3-1 中的"请求头部"区域中，通知服务器有关于客户端请求的信息，典型的请求头如下所示。

（1）accept：通知服务器客户端能够接受哪些类型的信息。例如 accept：image/gif，表明客户端能够接受 GIF 图像格式的资源；accept：text/html，表明客户端能够接受 html 文本。

（2）accept-language：通知服务器客户端能够支持何种语言。例如 accept-language：zh-CN，表明客户端支持中文。

（3）user-agent：表明客户端浏览器类型。

（4）accept-encoding：表明客户端可接受压缩编码类型。例如 accept-encoding：gzip，deflate，表明客户端浏览器可接收 gzip 或 deflate 的压缩编码。服务器获得此属性值后，对客户端响应流进行压缩传输，大大降低了服务器、客户器之间的传输时间。客户端浏览器再自行解压将结果显示在屏幕上。

（5）cache-control：客户端是否支持 cache。no-cache 表示客户端不支持 cache，如 max-age=3600，告诉 User Agent 该请求的响应结果在多长时间内有效，在有效期内，当用户再次需要访问时，直接从客户端提取，不需要访问服务器。

3.1.2 获取数据

request 内置命令的一个重要作用是获得客户端提交的 HTTP 协议数据，主要方法如下所示：

（1）String getParameter(String name)；获得 URL 中第 1 个 name 参数对应的值。若有则返回一个字符串，否则返回 null。

（2）String[] getParameterValues(String name)；获得 URL 中所有 name 参数对应的值。若有则返回一个字符串数组，否则返回 null。

（3）Enumeration getParameterNames()；获得客户端传送给服务器的所有参数的名字集（枚举类型）。

（4）Object getAttribute(String key)；返回 map 映射中键 key 对应的值对象。

（5）void setAttribute(String key, Object value)；设置 map 映射中键 key 对应的值对象 value。

（6）Enumeration getAttributeNames()；获得 map 映射中所有键的名字集（枚举类型）。

【例 3-1】 页面 e3_1.jsp 利用表单输入学生信息：姓名、语文、数学成绩，页面 e3_1_2 用于显示学生姓名及总分。

可用两种方法实现题中所述功能。

方法1：利用getParameter()方法获得数据。

```jsp
//e3_1.jsp: 学生信息输入页面
<%@page language="java" contentType="text/html; charset=utf-8"
    pageEncoding="utf-8"%>
<html>
<body>
<form action="e3_1_2.jsp">
    姓名:<input type="text" name="name" /><br>
    语文:<input type="text" name="chinese" /><br>
    数学:<input type="text" name="math" /><br>
    <input type="submit" value="确定" />
</form>
</body>
</html>

//e3_1_2.jsp: 总成绩显示器页面
<%@page language="java" contentType="text/html; charset=utf-8"
    pageEncoding="utf-8"%>
<%
    String name=request.getParameter("name");
    String strChinese=request.getParameter("chinese");
    String strMath=request.getParameter("math");

    int c=Integer.parseInt(strChinese);
    int m=Integer.parseInt(strMath);

    out.print(name+":"+(c+m));
%>
```

其运行界面如图3-2所示。

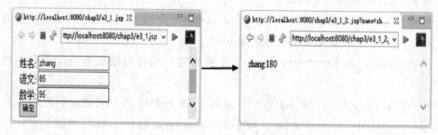

图3-2 双页面学生成绩录入界面

从图3-2中可以看出：e3_1.jsp主要利用＜form＞表单动态输入数据，响应页面由action属性的值确定，是e3_1_2.jsp。e3_1_2.jsp主要利用getParameter()方法获得表单数据，其参数值要与＜form＞表单各子标签的name属性值对应。例如：语文成绩输入标签

<input>的name属性值为"chinese",所以用getParameter("chinese")才能获得语文成绩的字符串值。由于getParameter()方法返回字符串值,因此必须根据题意进行数据类型转换,本示例利用Integer类中的静态方法parseInt()将语文、数学字符串值转化为整形数据,并完成了总成绩计算。

常用标签有两个重要的属性:id和name,如果将name标签全部修改为id,相应的代码如下所示。

```
<%@page language="java" contentType="text/html; charset=utf-8"
    pageEncoding="utf-8"%>
<html>
<body>
<form action="e3_1_2.jsp">
    姓名:<input type="text"id="name" /><br>
    语文:<input type="text" id="chinese" /><br>
    数学:<input type="text" id="math" /><br>
    <input type="submit" value="确定" />
</form>
</body>
</html>
```

当再次运行e3_1.jsp时,会发现运行到响应页面e3_1_2.jsp时出现空指针异常,什么原因呢?这是因为<form>表单是根据各子标签的name属性生成URL的。修改前由于都是name属性,所以URL=http://…/e3_1_2.jsp?chinese=85&math=95;修改后由于都是id属性,所以URL=http://…/e3_1_2.jsp,chinese和math的值根本没有传送到服务器端。因而getParameter("chinese")、getParameter("math")返回是空指针null,对空指针进行整数转换一定会出现异常了。

方法2:利用getParameterValues()方法获得数据。

```
//e3_1_3.jsp
<%@page language="java" contentType="text/html; charset=utf-8"
    pageEncoding="utf-8"%>
<html>
<body>
<form action="e3_1_4.jsp">
    姓名:<input type="text" name="name" /><br>
    语文:<input type="text" name="grade" /><br>
    数学:<input type="text" name="grade" /><br>
    <input type="submit" value="确定" />
</form>
</body>
</html>

//e3_1_4.jsp
```

```jsp
<%@page language="java" contentType="text/html; charset=utf-8"
    pageEncoding="utf-8"%>
<%
    String name=request.getParameter("name");
    String strGrade[]=request.getParameterValues("grade");
    int total=0;
    for(int i=0; i<strGrade.length; i++){
        total+=Integer.parseInt(strGrade[i]);
    }
    out.print(name+":"+total);
%>
```

e3_1_3.jsp 与 e3_1.jsp 比较可以看出:"姓名"输入标签的 name 属性没有变化,语文、数学输入标签的 name 属性都修改成同一值 grade,形成的响应页面 URL=http://…/e3_1_4.jsp? name = zhang&grade = 85&grade = 95。很明显,有一个 name 参数,可由 getParameter()方法解析;有两个 grade 参数,用 getParameter()方法仅能得到第 1 个 grade 参数对应的值,第 2 个值就丢失了。因此若 URL 中有多个相同的参数,要用 getParameterValues()方法解析,代码见上文的 e3_1_4.jsp。

【例 3-2】 在一个页面内实现例 3-1 功能。

```jsp
//e3_2.jsp:完成成绩的输入及总成绩显示页面
<%@page language="java" contentType="text/html; charset=utf-8"
    pageEncoding="utf-8"%>
<%
    String result="";
    String strName=request.getParameter("name");
    String strChinese=request.getParameter("chinese");
    String strMath=request.getParameter("math");
    if(strName!=null)
        result+=(Integer.parseInt(strChinese)+Integer.parseInt(strMath));
    else {
        strName="";
        strChinese="";
        strMath="";
    }
%>
<html>
<body>
<form>
    姓名:<input type="text" name="name" value="<%=strName%>"/><br>
    语文:<input type="text" name="chinese" value="<%=strChinese%>"/><br>
    数学:<input type="text" name="math" value="<%=strMath%>"/><br>
    <input type="submit" value="确定" />
```

```
    </form>
       总成绩:<input type="text" value="<%=result %>" disabled="true" />
</body>
</html>
```

其执行效果如图 3-3 所示。

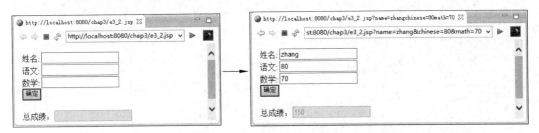

图 3-3 单页面学生成绩录入界面

从代码中可看出：<form>表单没有填充 action 属性，响应仍是 e3_2.jsp 页面。初次运行该页面的 URL 是 http://…/e3_2.jsp，无参数序列；响应的 URL 是 http://…/e3_2.jsp?name=zhang&chinese=80&math=70，有参数序列。因此，完成一次完整的成绩录入功能是调用了两次 e3_2.jsp 页面。所以必须在一个页面中（e3_2.jsp）中对这两种 URL 情况加以处理。对无参 URL，必须使"姓名、语文、数学、总成绩"对应的<input>输入控件值为空串；对有参 URL，必须填充"姓名、语文、数学、总成绩"对应的<input>输入控件字符串值。我们发现<input>标签动态值输入是通过"<%=%>"表达式完成的，进而可得动态填充<select>、<textarea>标签值同样可通过"<%=%>"表达式实现。

也许有读者认为仅应把"总成绩"对应<input>标签值动态填入，而<form>表单中的"姓名、语文、数学"对应的<input>标签值无须动态填充。这是不对的，若这样的话，单击"确定"按钮后，再次响应 e3_2.jsp 页面，就会发现<form>表单中"姓名、语文、数学"对应的<input>标签值是空的，刚才输入的值没有保持住，因此是错误的。

也许有读者问：把"总成绩"及对应<input>标签放入<form>表单中行否？从单纯实现功能来说是没问题的，从逻辑来说应该分开。因为我们完成的功能是两部分：一是成绩输入，一是总成绩显示。

【例 3-3】 利用 getAttribute()方法获得数据。

定义：页面 e3_3.jsp 利用 form 表单输入整形数据 num，响应页面是 e3_3_2.jsp；页面 e3_3_2.jsp 用于获取该整形数据，并动态包含两个页面 e3_3_3.jsp 及 e3_3_4.jsp；页面 e3_3_3.jsp 用于计算 1～num 的和；页面 e3_3_4.jsp 用于计算 1～num 的乘积。代码如下所示。

```
//e3_3.jsp:输入整形数据
<%@page language="java" contentType="text/html; charset=utf-8"
    pageEncoding="utf-8"%>
<html>
<head>
```

```
<meta http-equiv="Content-Type" content="text/html; charset=ISO-8859-1">
<title>Insert title here</title>
</head>
<body>
<form action="e3_3_2.jsp">
    输入整数[1,10]:<input type="text" name="num" /><br>
    <input type="submit" value="ok">
</form>
</body>
</html>

//e3_3_2.jsp
<%@page language="java" contentType="text/html; charset=utf-8"
    pageEncoding="utf-8"%>
<%
    String s=request.getParameter("num");
    request.setAttribute("mynum", Integer.parseInt(s));
%>
和:<jsp:include page="e3_3_3.jsp"></jsp:include><br>
积:<jsp:include page="e3_3_4.jsp"></jsp:include>

//e3_3_3.jsp: 计算 1~num 的和
<%
    int value=(Integer)request.getAttribute("mynum");
    int sum=0;
    for(int i=1; i<=value; i++)
        sum+=i;
    out.print(sum);
%>

//e3_3_4.jsp:计算 1~num 的积
<%
    int value=(Integer)request.getAttribute("mynum");
    int total=1;
    for(int i=1; i<=value; i++)
        total*=i;
    out.print(total);
%>
```

其执行结果如图 3-4 所示。

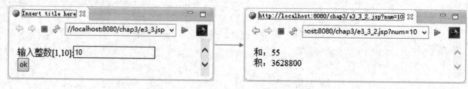

图 3-4　getAttribute()示例效果图

页面 e3_3_2.jsp 是结果显示页面,它动态包含 e3_3_3.jsp 及 e3_3_4.jsp 两个页面,这两个页面与 e3_3_2.jsp 的 request 作用域是一致的。因此若实现相同的功能,以 e3_3_3.jsp 求 1~num 的和为例,修改成如下代码即可。

```
<%
    String s=request.getParameter("num");
    int value=Integer.parseInt(s);
    int sum=0;
    for(int i=1; i<=value; i++)
        sum+=i;
    out.print(sum);
%>
```

与原代码比较,即可得出 getAttribute()与 getParameter()方法的区别。getParameter()返回值是字符串,必须转换成整形数才能计算 1~num 的和;getAttribute()可直接强制转换得到整形数(当然前提是已经按整数保存),简化了程序的编码。推而广之,应用 getParameter()方法仅能得到一个个离散的字符串数据,某些情况下需要将这些数据进行类型转换或者封装成有意义的对象,为多个 request 域中的页面所共享,这时就可应用 setAttribute()及 getAttribute()方法了。简单来说,getParameter()方法用于解析 URL 数据,getAttribute()方法用于解析二次封装的 URL 数据。

【例 3-4】 枚举类型数据示例。

主要是理解 getParameterNames()及 getAttributeNames()方法的应用,代码如下所示。

```
//e3_4.jsp
<%
    request.setAttribute("b", "b_attri");
    request.setAttribute("b2", "b2_attri");
%>
<jsp:include page="e3_4_2.jsp"></jsp:include>

//e3_4_2.jsp: 解析枚举数据
<%@page import="java.util.*" %>
<%
    out.println("PARAMETER:<br>");
    Enumeration e=request.getParameterNames();
    while(e.hasMoreElements()){
        String key=(String)e.nextElement();
        String value=(String)request.getParameter(key);
        out.print("key="+key+"\t"+"value="+value+"<br>");
    }

    out.println("ATTRIBUTE:<br>");
```

```
    Enumeration e2=request.getAttributeNames();
    while(e2.hasMoreElements()){
        String key=(String)e2.nextElement();
        String value=(String)request.getAttribute(key);
        out.print("key="+key+"\t"+"value="+value+"<br>");
    }
%>
```

为了测试方便,直接在地址栏中输入形如 http://…/e3_4.jsp? a=a_para&a2=a2_para 的 URL 即可。

3.1.3 获取客户及服务器的机器信息

- String getRemoteAddr();获得客户端的 IP 地址。
- String getRemoteHost();获得客户端的主机名。若失败,返回 IP 地址。
- String getRemoteUser();获得客户端的用户名称。若失败,返回 null。
- String getLocalName();获得服务器的主机名。
- String getLocalAddr();获得服务器的 IP 地址。
- String getLocalPort();获得服务器的端口号。

【例 3-5】 显示 Web 调用的客户端 IP、主机名、用户名。

```
//e3_5.jsp
<%
    String addr=request.getRemoteAddr();
    String host=request.getRemoteHost();
    String user=request.getRemoteUser();

    out.print("addr="+addr+"<br>");
    out.print("host="+host+"<br>");
    out.print("user="+user+"<br>");
%>
```

假设本机既是服务器,又是客户端,当输入 http://127.0.0.1:8080/chap3/e3_3.jsp 后,机上显示如图 3-5 所示。

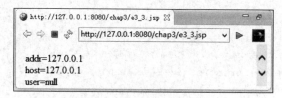

图 3-5 客户端信息显示

可以看出,获得了正确的 IP 地址值。但是客户端主机名(host)、用户名(user)均非我们所希望得到的理想值。这是由于主机名和用户名属于"隐私"信息,是不易获得的,必须通过修改 Tomcat 配置文件内容及客户端网络参数设置,才可能通过方法获得。因此

getRemoteHost()、getRemoteUser()仅提供了相应的默认实现,见本节函数说明部分。

注意：本示例 URL 中要输入服务器端正确的 IP 地址"127.0.0.1",不要输入"localhost"。这是因为当今许多机器操作系统是 64 位,支持 IPv6 协议,Tomcat 服务器在解析"localhost"时,会解析成"0:0:0:0:0:0:0:1",就不易理解了。

因此,getRemoteAddr()是本节中需要掌握的方法。

【例 3-6】 利用 getRemoteAddr()设置权限。

服务器端禁止某些非法用户访问,一个方法是禁止这些客户的 IP"访问"服务器。假设这些非法用户的 IP 是已知的,其简要仿真代码如下所示。

```jsp
//e3_6.jsp
<%@page import="java.util.*" %>
<%!
    Set set=new HashSet();
    void setHacker(){
        set.add("127.0.0.1");
        set.add("127.0.0.2");
        …   //可加其他非法 IP 地址
    }
%>
<%
    if(set.size()==0)
        setHacker();
    String clientIP=request.getRemoteAddr();
    if(set.contains(clientIP))
        out.print("You are hacker, not come in!!!!");
    else
        out.print("You can come in");
%>
```

主要思路是：形成非法 IP 集合 set。当客户访问该页面时,通过 getRemoteAddr()获得客户 IP 地址串 clientIP；然后利用 contains()方法查询 set 集合中有无 clientIP,从而判定该客户是否可访问该页面。

setHacker()方法功能是形成了非法的 IP 集合,本示例是通过语句一行行加上去的,也可通过文件或数据库方式获得。

3.1.4 其他方法

- String getRealPath(String s);返回一个给定虚拟相对路径 s 的绝对路径。
- String getContextPath();返回工程项目的相对路径。
- String getMethod();获得客户向服务器传输数据的方式：GET、POST 和 PUT。
- String getQueryString();获得客户以 GET 方法向服务器传送的查询字符串。
- int getContentLength();获得请求实体数据的大小,用于 POST 方式下。
- InputStream getInputStream();获取 http 协议传送参数的字节输入流。

- Enumeration getHeaderNames();获得头信息的名字集(枚举类型)。
- String getHeader(String key);获得头信息中键为 key 对应的字符串值。

【例 3-7】 编制 Web 页,显示学生信息,学生信息保存在文本文件 stud.dat 中,格式如表 3-1 所示。假设该 Web 页与 stud.dat 在同一目录下。代码如下所示。

表 3-1 stud.dat 数据文件格式说明

信息说明	姓名	语文	数学	外语
内容示例,中间"\t"分开	Zhang	60	70	80
	Zhao	70	80	90

```jsp
//e3_7.jsp:显示学生信息
<%@page import="java.io.*" %>
<%
    String strRealPath=request.getRealPath("/stud.dat");
    FileReader in=new FileReader(strRealPath);
    BufferedReader in2=new BufferedReader(in);

    out.print("name\tchinese\tmath\tenglish<br>");
    String s=in2.readLine();
    while(s!=null){
        String str[]=s.split("\t");
        out.print(str[0]+"\t"+str[1]+"\t"+str[2]+"\t"+str[3]+"<br>");
        s=in2.readLine();
    }
    in2.close();
    in.close();
%>
```

Web 编程中经常要对文件进行操作,关键思路是必须获得该文件的绝对路径,而不是相对路径,一般来说是通过相对路径获得绝对路径的。如程序代码第一行"request.getRealPath("/stud.dat")",可以这样理解:参数"/stud.dat"是相对工程目录(假设为 chap3)的偏移量,通过 getRealPath()方法即可获得 stud.dat 文件的绝对路径 strRealPath,在 Eclipse 环境下,如果把 strRealPath 值输出到屏幕上,发现它形如"C:\jspstudy\.metadata\.plugins\org.eclipse.wst.server.core\tmp0\wtpwebapps\chap3\stud.dat",希望读者仔细体会。

Web 初学者对文件操作经常写成如下形式是不行的,因为没有获得该文件的绝对路径。

```jsp
<%@page import="java.io.*" %>
<%
    String strPath="stud.dat";
    FileReader in=new FileReader(strPath);
    … //其他代码同示例
%>
```

【例 3-8】 编制 Web 页,获取 form 表单提交(GET 或 POST)的全部参数信息串。

例如若 URL＝http://…? a＝1&b＝2&c＝3,之前我们用 getParameter() 或 getParameterValues()方法解析了该串,但是有时候我们想得到全部参数信息串 s＝"a＝1&b＝2&c＝3",该如何实现呢? 定义两个文件:e3_8.jsp,形成 form 表单;e3_8_2.jsp,获得参数信息串。

```
//e3_8.jsp:形成 form 表单
<HTML>
<BODY>
    <form action="e3_8_2.jsp" method="post">
        <input type="text" name="a" /><br>
        <input type="text" name="b" /><br>
        <input type="text" name="c" /><br>
        <input type="submit" value="ok" />
    </form>
</BODY>
</HTML>

//e3_8_2.jsp: 获得参数信息串
<%@page import="java.io.*" %>
<%
    String strMethod=request.getMethod();
    if(strMethod.equals("GET"))
        out.println("s(get):"+request.getQueryString());
    if(strMethod.equals("POST")){
        int len=request.getContentLength();
        byte buf[]=new byte[len];
        InputStream in=request.getInputStream();
        in.read(buf);

        String s=new String(buf);
        out.println("s(post):"+s);
    }
%>
```

读者可修改 e3_8.jsp,令"method＝post"或"method＝get",分别运行即可看出其中的不同。

【例 3-9】 编制 Web 页,显示所有头信息的键及对应值。
主要应用 getHeaderNames()及 getHeader()方法的应用,代码如下所示。

```
//e3_9.jsp
<%@page import="java.util.*" %>
<%
    Enumeration e=request.getHeaderNames();
    while(e.hasMoreElements()){
```

```
            String key=(String)e.nextElement();      //获得键
            String value=request.getHeader(key);     //获得值

            out.print(key+":"+value+"<br>");
        }
%>
```

其运行结果如图 3-6 所示。

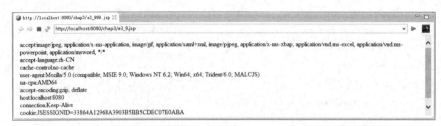

图 3-6 头信息显示结果

显然，头信息的键可以为 accept、accept-language、cache-control 等，由于这些键均可由程序枚举出来，因此不用死记硬背。

3.2 response

3.2.1 HTTP 响应包格式

response 对象是 javax.servlet.http.HttpServletResponse 类的实例，通过它可操作 HTTP 响应包数据并传送到客户端。HTTP 响应包与请求包格式相似，如图 3-7 所示。

协议名	空格	状态码	空格	原因叙述	回车符	换行符	状态行
头部字段名	…	值		回车符	换行符		响应头部
⋮							
头部字段名	…	值		回车符	换行符		
回车符	换行符						
⋮							响应数据

图 3-7 http 响应报文格式图

由图 3-7 可知：HTTP 响应包括状态行、响应头部、响应数据三部分。

3.2.2 操作头信息

- void setHeader(String key,String value);设置名字为 key 的头值为 value。
- void addHeader(String key,String value);添加名字为 key 的头，其值为 value。可重复添加。
- Collection getHeaderNames();获得头名字的集合。
- String getHeader(String key);获得头名字为 key 对应的属性值。

- Collection getHeaders(String key);获得头名字为 key 对应的属性值集合。
- void setContentType(String type);设置相应的 MIME 类型。

【例 3-10】 setHeader()、addHeader 区别示例。

```
//e3_10.jsp
<%@page import="java.util.*" %>
<%
    response.addHeader("aaa","a");
    response.addHeader("aaa","b");
    response.addHeader("aaa","c");
    response.addHeader("aaa","d");
    response.addHeader("aaa","e");
//    response.setHeader("aaa", "cccc");         //关闭、打开此行程序,比较结果不同

    Collection c=response.getHeaders("aaa");
    Iterator it=c.iterator();
    String s="";
    while(it.hasNext()){
        String value=(String)it.next();
        s+=value+"\t";
    }
    out.print(s);//关闭结果: a b c d e;打开结果: cccc
%>
```

本示例首先为属性为"aaa"的头增加了 5 个值,然后利用 getHeaders()方法获得属性"aaa"的值集合,可在浏览器上看到显示结果为"a b c d e",表明确实添加了 5 个头信息。当把"注释行"程序打开,即要运行"response.setHeader('aaa', 'cccc')"这一行内容,其余均不变,我们发现最终的显示结果是"cccc",之前添加的 5 个头信息均不见了。事实上,注释掉前 5 行"addHeader()"方法对应的程序,去掉"response.setHeader('aaa', 'cccc')"注释标志,其余不变,结果仍然为"cccc"。因此可得出 addHeader()与 setHeader()方法的区别:前者每运行一次,就增加一条头信息;后者保证对同一属性头而言只能添加(或修改)一个属性值。

通过本示例,也使我们懂得只要遵循 http 协议格式,可以添加任意的头信息。也就是说,如果自己编制客户端浏览器及服务器程序,就一定能具体操作这些头信息。而事实上,我们目前用到的浏览器(IE 等)及服务器(TOMCAT 等)都是现成的,它们内部都已预定义好了头信息的属性集合,如 refresh、cache-control 等,我们只需简单获得或者设置这些值即可。

【例 3-11】 设置 refresh 属性。

编制 Web 页面,定义 start 及 stop 两个按钮。当按 start 按钮后,在页面上每秒显示一次服务器时间;当按 stop 按钮后,停止时间显示。

```
//e3_11.jsp
<%@page import="java.util.*" %>
<%
```

```
String strTime="";
Calendar c=Calendar.getInstance();
int hh=c.get(Calendar.HOUR_OF_DAY);
int mm=c.get(Calendar.MINUTE);
int ss=c.get(Calendar.SECOND);
strTime=hh+":"+mm+":"+ss;

String mark=request.getParameter("mysel");
if(mark!=null){
    if(mark.equals("start")){
        response.setHeader("refresh", "1;url=e3_11.jsp? mysel=start");
    }
    else{
        response.setHeader("refresh", "-1;url=e3_11.jsp");
    }
}
%>
<form>
    time:<input type="text" disabled="true" value="<%=strTime %>"/>
    <input type="submit" name="mysel" value="start" />
    <input type="submit" name="mysel" value="stop" /><br>
</form>
```

其运行结果如图 3-8 所示。

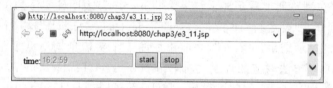

图 3-8 定时显示时间

利用 response 设置 refresh 头信息的格式是：response.setHeader("refresh","秒数；URL＝跳转的地址")，"秒数"与"URL＝跳转的地址"之间用分号隔开，含义是：当前页面经过等待"秒数"后，跳转到 URL 所指向的页面。

本示例中，当按 start 按钮后，由于 form 表单没有定义 action 属性，因此是带参数 http://…/e3_11.jsp? mysel＝start 的自响应，经条件判断后运行：

```
response.setHeader("refresh", "1;url=e3_11.jsp? mysel=start");
```

表明当前页面 e3_11.jsp 等待 1 秒后，再调自身页面。如此反复，就能在浏览器上看见连续变化的时间显示，跳转 url 带参数"mysel＝start"，这是连续时间显示的判定条件。当按 stop 按钮时，形成带参数 http://…/e3_11.jsp? mysel＝stop 投票的自响应，经条件判断后运行：

```
response.setHeader("refresh", "-1;url=e3_11.jsp?mysel=start");
```

由于"秒数"是-1,表明当前页面"无限期"等待,即停止跳转,因此时间就停止连续显示了。

示例中 form 表单定义的两个按钮,其 type 都是 submit,name 都是 mysel,仅值不一样。通过浏览器中地址栏显示内容,可以得出:form 表单中不论有多少个 submit 按钮(带 name 参数),仅有正在响应的 submit 按钮的值形成地址栏的部分内容。

【例 3-12】 设置 content-type 属性。

编制两个 Web 页面。定义 e3_12.jsp,包含 form 表单,以下拉列表显示 MIME 字符串,响应页面是 e3_12_2.jsp;定义 e3_12_2.jsp,包含一个数据表格。总体功能是以所选择的 MIME 响应 e3_12_2.jsp。

```
//e3_12.jsp
<%@page language="java" contentType="text/html; charset=gbk"
    pageEncoding="gbk"%>
<%
    String s=request.getHeader("accept");
    String unit[]=s.split(",");
%>
<form action="e3_12_2.jsp">
```

选择 MIME 类型:

```
<select name="mysel">
    <%
        for(int i=0; i<unit.length; i++){
        String t="<option value='"+unit[i]+"'>"+
                unit[i]+"</option>";
        out.print(t);
        }
    %>
</select>
<input type="submit" value="ok">
</form>
```

本页面首先利用 request.getHeader("accept")方法获得了客户端支持哪些 MIME 响应,由于返回结果形如"application/msword,image/jpeg,application/vnd.ms-excel…",因此必须按","拆分,才能获得具体的 MIME 响应串,然后将这些响应串动态添加到 select 标签中。

```
//e3_12_2.jsp
<%
    String s=request.getParameter("mysel");
    String content=s+";charset=gbk";
```

```
response.setContentType(content);

int d[][]={{1,2,3},{4,5,6},{7,8,9}};
out.print("<table border=1>");
for(int i=0; i<d.length; i++){
    out.print("<tr>");
    for(int j=0; j<d[i].length; j++){
        out.print("<td>"+d[i][j]+"</td>");
    }
    out.print("</tr>");
}
out.print("</table>");
%>
```

本页面通过 response.setContentType(content)设置响应类型,也可以用 response.setHeader("content-type",content)代替,它们在功能上是一致的。

本示例运行结果如图 3-9 所示,显然可以把网页保存成所需要的格式文件。

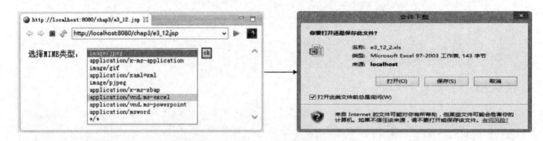

图 3-9　MIME 设置及响应界面

【例 3-13】　设置 cache-control 缓存属性。

基于 Web 程序的特点,我们总是希望在完成功能的前提下,尽量减少与服务器间的通信。一个基本问题是:是否每一次 http 请求都必须服务器响应呢? 答案是否定的。较好的解决方法是:对于静态的页面而言,使用浏览器缓存,设定有效时间范围,在该时间范围内无论发送多少次 http 请求,只需用客户端缓存页面响应即可,不必将请求传送到服务器端;对于动态页面而言,禁止客户端浏览器缓存页面,每次都必须将命令传送到服务器端。

设置缓存参数很重要,为了更好地理解 cache-control,做如下实验:设置页面缓存有效期 60 秒,运行该页面后,修改原页面内容,之后不断运行该页面(鼠标焦点在浏览器地址栏内,不断回车),我们发现界面显示未有变化,直到 60 秒后,按回车键才显示修改后的页面。

```
//e3_13.jsp
<%
    response.setHeader("cache-control", "max-age=60");
    out.println("hello<br>");
//  out.println("Fine,thanks");
%>
```

由于 max-age=60,表明该页面运行后页面缓存有效期是 60 秒,在此期间内无论怎样修改页面(如打开程序注释行)并运行,界面显示都是"hello",60 秒后再运行,可看到"Fine, thanks"。

页面运行后,修改代码也已完成,在 60 秒内,若运行浏览器"刷新"按钮功能或菜单中的"刷新"命令后,我们发现浏览器立刻显示修改后的页面内容。因此"刷新"响应与在地址栏中"回车"响应是不一致的,这一点读者要细细体会。

若想页面无缓存,代码为 response.setHeader("cache-control", "no-cache")。

3.2.3 重定向

- void sendRedirect(String url);重定向客户的请求。

一般来说,在 Web 编程中,当进行条件判断且有多个分支时,有可能用到 sendRedirect() 方法。

【例 3-14】 登录程序。

登录页面 e3_14:一个 form 表单,包含用户名、密码输入,响应页面是 e3_14_2.jsp;响应页面 e3_14_2.jsp:判断是否合法用户,为了简化问题,假设仅当用户名为 aaa、密码为 123456 是合法用户。当是合法用户时转向功能主界面 e3_14_3.jsp,否则转向登录页面 e3_14.jsp。

```jsp
//e3_14.jsp:登录页面
<%@page language="java" contentType="text/html; charset=utf-8"
    pageEncoding="utf-8"%>
<%
    String strMsg=request.getParameter("error");
    if(strMsg!=null){
        out.print(strMsg);
    }
%>
<form action="e3_14_2.jsp">
    用户名:<input type="text" name="user" /><br>
    密码:<input type="text" name="pwd" /><br>
    <input type="submit" value="ok" />
</form>

//e3_14_2.jsp:校验页面
<%
    String user=request.getParameter("user");
    String pwd=request.getParameter("pwd");
    if(user.equals("aaa")&&pwd.equals("123456"))//合法用户
        response.sendRedirect("e3_14_3.jsp");
    else     //非法用户
        response.sendRedirect("e3_14.jsp?error=user or pwd error!!!!!");
%>
```

当是合法用户，则转向了主页面 e3_14_2.jsp,请求不带参数；当是非法用户，则转向了登录页面 e3_14.jsp,请求带错误信息参数 error=user or pwd error!!!!!,因此登录页面必须处理无参和有参 URL 两种情况，决定是否将错误信息显示在屏幕上。

```
//e3_14_3.jsp:主页面
This is main GUI
```

其执行结果如图 3-10 所示。

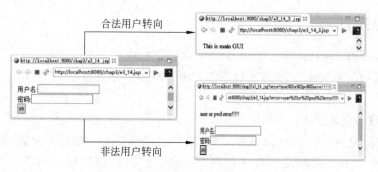

图 3-10　登录界面图

3.3　共享变量对象

Web 应用允许多客户访问，那么如何操作这些客户的共享变量？每个客户对 Web 应用的访问都是由多个请求及响应页面组成的，那么如何操作多页面（地址栏改变的情况下）间的共享变量？每个请求（地址栏不变的情况下）也可能是由多页面组成的，如何操作这些多页面间的共享变量？JSP 提出了一种统一的解决方法，分别对应三个内置对象 application、session、request。request 如何共享变量已在前文论述，本节主要内容是讲解 session、application 两个内置对象的功能。

3.3.1　session

session 汉语意思是"会话"，一个会话可由多个请求及响应页面组成，主要方法如下所示。

- String getId();返回 session 的 ID。
- boolean isNew();判断是否是新创建的 session,若是返回 true,否则返回 false。
- void setAttribute(String name, String object);将一对 name/value 属性保存在 session 中。
- ObjectgetAttribute(String name);根据 name 参数值返回 session 中属性值。
- Enumeration getAttributeNames();返回名字集(枚举变量)。
- long getCreationTime();session 对象创建的时间，返回 1970-1-1 至今的毫秒数。
- long getLastAccessTime();返回当前 session 最后一次被操作的时间，从 1970-1-1 开始的毫秒数。

- void setMaxInactiveInterval(int seconds);设定 session 有效时间,当超过 seconds 秒后,释放 session 对象占用的资源。
- void invalidate();使 session 无效,释放 session 对象占用的资源。

【例 3-15】 利用 session 实现跨"请求"变量通信。

编制两个页面 e3_15.jsp 及 e3_15_2.jsp,如下所示。

```
//e3_15.jsp
<%
    session.setAttribute("name", "lisi");
%>
```

该页面利用 setAttribute()方法将"name"与"lisi"进行关联。

```
//e3_15_2.jsp
<%
    String name=(String)session.getAttribute("name");
    out.print("name="+name);
%>
```

由于 getAttribute()返回 Object,因此要进行强制转换得到所需要的字符串值。

这两个页面没有直接的关联。实验时在地址栏中输入 http://…/e3_15.jsp,然后再在地址栏中输入 http://…/e3_15_2.jsp,就会在浏览器中看见"lisi"。表明已经获取了在第 1 个请求页面中 session 所设置的共享变量值。

【例 3-16】 为了简化问题,利用浏览器地址栏直接输入合法用户的账号和密码,直接转入主界面,主界面利用 frameset 拆分成上下两栏窗口 head 和 content 部分,在 head 部分填写:welcome XXX come into the net。XXX 代表账号字符串值。具体操作见如下步骤。

(1) 地址栏中输入 http://…/e3_16.jsp? user=aaa&pwd=123。

(2) e3_16.jsp 源码如下所示。

```
<%
    String user=request.getParameter("user");
    String pwd=request.getParameter("pwd");
    session.setAttribute("user", user);

    response.sendRedirect("e3_16_2.jsp");
%>
```

由于账号 user 要显示在其他待请求的页面上,因此将其保存成 session 对象中的共享变量。

(3) e3_16_2.jsp 源码如下所示。

```
<frameset rows="100, *">
    <frame src="e3_16_3.jsp" name="head"></frame>
    <frame src="e3_16_4.jsp" name="content"></frame>
</frameset>
```

(4) e3_16_3.jsp 源码如下所示。

```
<%
    String user=(String)session.getAttribute("user");
    out.print("Welcome "+user+" come into the net");
%>
```

本页面利用 session 获得了账号共享变量 user，并显示在浏览器上。
(5) e3_16_4.jsp 源码如下所示。

```
This is Main GUI
```

【例 3-17】 session 中共享变量生存期。

对一个商业网站来说，每时每刻可能都有许多人去访问，那么就可能在服务器端产生非常多的 session 共享变量，占有大量的内存，有可能降低服务器的效率甚至崩溃。一个重要的解决办法就是：若某客户访问该网站后，如果经过 n 秒时间没有再访问该网站，那么就应该释放该 session 用户所拥有的资源。因此就存在 session 共享变量生存期的问题。本示例定义了相关的两个页面，代码如下所示。

```
//e3_17.jsp
<%
    session.setAttribute("name","lisi");        //设置 session 共享变量
    session.setMaxInactiveInterval(30);         //设置 session 共享变量生存期
%>
```

session.setMaxInactiveInterval(30)表明设置共享变量的生存期是 30 秒，是从 session 对象创建完毕开始计算的，session 对象是由 Web 服务器创建，不是由我们创建的，我们只是应用 session 对象。而且该"30 秒"生存期不只对本页面中的 name 键起作用，也对其他页面中设置的 session 共享变量起作用。

```
//e3_17_2.jsp
<%@page import="java.util.*" %>
<%
    //显示当前时间
    Calendar c=Calendar.getInstance();
    int hh=c.get(Calendar.HOUR_OF_DAY);
    int mm=c.get(Calendar.MINUTE);
    int ss=c.get(Calendar.SECOND);
    out.print("now="+hh+":"+mm+":"+ss+"<br>");
    //显示 session 创建时间
    long total=session.getCreationTime();
    c.setTimeInMillis(total);
    hh=c.get(Calendar.HOUR_OF_DAY);
    mm=c.get(Calendar.MINUTE);
    ss=c.get(Calendar.SECOND);
```

```
    out.print("create time"+hh+":"+mm+":"+ss+"<br>");
    //读取并显示 session 变量
    String name=(String)session.getAttribute("name");
    out.print("session name="+name);
%>
```

实验时首先运行 e3_17.jsp 页面,完成 name 的设置,之后在 30 秒内不运行任何该网站内的页面。当超过 30 秒后,运行 e3_17_2.jsp 页面,这时发现读取的 name 变量的值是 null,表明 session 共享变量 name 内存空间确实已经在服务器端释放了。如果代码中不加任何设置,那么 session 共享变量在理论上就是持久的。

session 共享变量失效不要理解成 session 失效或者 session 对象已删除。在上述实验基础上反复运行 e3_17_2.jsp 并没有出现异常,session 对象均正确运行了 getCreationTime()、getAttribute()方法。那么什么时候 session 失效呢? session 生存期如何描述呢? 其实只要通过编制下面简单的代码就可体会出来。

```
<%
    String id=session.getId();
    out.print(id);
%>
```

getId()方法返回值是十六进制数字字符串,它就像身份证一样,是一个会话的标识。也就是说:如果该标识不变,那么不论你操作多少页面,均属于一个会话范畴内。实验中发现:在服务器工作的情况下,打开浏览器后访问该网站,无论访问多少页面,ID 值均不变,当你关闭浏览器再重新打开,重新访问该网站时候,发现 ID 值与原先的 ID 值发生了变化。一句话即是 session 生存期与浏览器打开、访问、关闭有关。

【例 3-18】 session 中共享变量失效解决方法简单示例。

功能是模仿登录+捐款功能,共有 4 个页面,如下所示。

```
//e3_18.jsp:登录页面
<%@page language="java" contentType="text/html; charset=utf-8"
    pageEncoding="utf-8"%>
<form action=e3_18_2.jsp>
    用户名:<input type="text" name="user" /><br>
    密码:<input type="password" name="pwd" /><br>
    <input type="submit" value="ok" />
</form>

//e3_18_2.jsp
<%
    String user=request.getParameter("user");
    String pwd=request.getParameter("pwd");
    session.setAttribute("user", user);
    session.setMaxInactiveInterval(10);
```

```
            response.sendRedirect("e3_18_3.jsp");
%>
```

该页面简化了功能设计,设置了 session 共享变量生存期是 10 秒,设置了共享变量 user 值为变量 user。

```
//e3_18_3.jsp
<%@page language="java" contentType="text/html; utf-8"
    pageEncoding="utf-8"%>
<form action="e3_18_4.jsp">
    捐款金额:<input type="text" name="money" /><br>
    <input type="submit" value="ok" />
</form>
```

该页面主要完成了捐款金额的输入,在 10 秒内输入金额,按 OK 键后,在响应页面 e3_18_4.jsp 内会看到正确的结果。若在该页面停滞 10 秒以上,再输入金额,按 OK 键后就会返回登录页面。流程控制代码见 e3_18_4.jsp。

```
//e3_18_4.jsp
<%
    String user=(String)session.getAttribute("user");
    if(user==null){//表明 session 共享变量失效
        response.sendRedirect("e3_18.jsp");
    }
    else{
        String money=request.getParameter("money");
        out.print(user+":"+money);
    }
%>
```

3.3.2 application

application 对象保存了一个应用系统中公有的数据,一旦创建了 application 对象,除非服务器关闭,否则 application 对象将一直保存,并为所有客户共享。与 session 不同的是:所有客户的 application 对象都是同一个,即所有客户共享这个内置的 application 对象。其主要方法如下所示。

- void setAttribute(String name,Object obj);将一对 name/value 属性保存在 application 中。
- Object getAttribute(String name);根据 name 参数值返回 application 中属性值。
- String getRealPath(String s);返回一个给定虚拟相对路径 s 的绝对路径,该方法与前文 request 中的 getRealPath()中的方法功能是一致的,但一般来说用 application 中的 getRealPath()方法更好。
- String getInitParameter(String name);返回 name 属性的初始值,主要用来获取

web.xml 配置文件配置参数值。
- void log(String msg);将字符串信息 msg 写入系统日志文件中。
- void log(String msg, Throwable th);将字符串信息及异常栈信息写入系统日志文件中。

【例 3-19】 application 共享变量简单示例。

编制两个页面：e3_19.jsp,用来设置 application 共享变量；e3_19_2.jsp,用来读取 application 共享变量。代码如下所示。

```
//e3_19.jsp
<%
    application.setAttribute("value", 1);
    String s=session.getId();
    out.print("session id="+s+"<br>");
%>


//e3_19_2.jsp
<%
    int value=(Integer)application.getAttribute("value");
    String s=session.getId();
    out.print("session="+s+"\tvalue="+value);
%>
```

实验的根本目的是验证多 session 用户可共享 application 共享变量,如何在单机器上同时简单实现多 session 用户呢？简单办法是应用 Eclipse 内嵌浏览器及外置浏览器。也就是说：用内嵌浏览器运行一遍 e3_19.jsp、e3_19_2.jsp,用外置浏览器再运行一遍 e3_19_2.jsp。我们发现显示的 session 字符串 s 是不同的,表明是多个客户。而读取的共享变量值 value 是一致的。因此得出 application 中定义的变量为多 session 客户共享。

【例 3-20】 读取 web.xml 配置文件参数信息。

web.xml 是全 Web 工程的配置信息。我们可以把一些自定义信息以规范的形式封装在其中,之后,利用 application 中的 getInitParameter()方法获取所需值,例如将数据库信息（驱动程序、数据库、用户名、密码）严格按如下格式添加到 web.xml 中。

```
<context-param>
    <param-name>driver</param-name>
    <param-value>com.mysql.jdbc.Driver</param-value>
</context-param>
<context-param>
    <param-name>url</param-name>
    <param-value>jdbc:mysql://localhost:3307/test</param-value>
</context-param>
<context-param>
    <param-name>user</param-name>
    <param-value>root</param-value>
```

```
</context-param>
<context-param>
    <param-name>pass</param-name>
    <param-value>root</param-value>
</context-param>
```

获取数据库信息的代码如下所示。

```
//e3_20.jsp
<%@page import="java.util.*" %>
<%
    String driver=application.getInitParameter("driver");
    String url=application.getInitParameter("url");
    String user=application.getInitParameter("user");
    String pass=application.getInitParameter("pass");

    out.print(driver+"<br>");
    out.print(url+"<br>");
    out.print(user+"<br>");
    out.print(pass+"<br>");
%>
```

注意：当 Tomcat 版本超过 7.0 时，利用 Eclipse 产生的动态 Web 工程默认是不产生 web.xml 文件的。常用解决方法有两个：其一，利用 Eclipse 产生 Web 工程过程中，选中生成 web.xml 选项；其二，复制其他工程中已有的 web.xml 到 web-inf 子目录下。

【例 3-21】 写日志文件示例。

主要是利用 application 中的 log()方法来完成写日志功能的，Tomcat 服务器系统日志文件在"tomcat 安装目录/logs"目录下。每启动一次 Tomcat 服务器，就会生成一个新的日志文件，名称形如：localhost.XXXX-XX-XX.log，"XXXX-XX-XX"代表年月日。日志的重要性是不言而喻的，可以把某些重要信息或异常信息写入日志文件，以备将来恢复数据、bug 检查等功用。本示例比较简单，向日志文件写入一条 SQL 语句及一条异常信息的内容，如下所示。

```
//e3_21.jsp
<%
    try{
        int m=1;
        int n=0;
        application.log("select * from student");
        int u=m/n;
    }
    catch(Exception e){
        application.log("MyMath", e);
    }
%>
```

实验时，在 Eclipse 开发环境下启动 Tomcat 服务器，运行 e3_21.jsp 后，打开 Tomcat 日志文件，可知日志文件中没有看到希望添加的内容，这是由于 Eclipse 开发环境引起的。因此必须按 1.5 所述将真正的 Web 工程代码复制到"tomcat 安装目录/webapps"子目录下，运行"tomcat 安装目录/bin"子目录下的批处理文件 startup.bat，启动 Tomcat 服务器后，再在浏览器中运行 http://…/e3_21.jsp，然后打开系统日志文件，就能看到添加的内容了。

3.4 中文乱码

Web 程序中中文乱码是初学者经常遇到的现象，主要分为以下几种情况：form 表单引起的中文乱码，读取数据库引起的中文乱码，直接输入 URL 引起的中文乱码，下面通过示例一一加以说明。

【例 3-22】 form 表单引起的中文乱码。

定义两个页面。e3_22.jsp 负责输入姓名，e3_22_2.jsp 用于显示姓名。form 表单数据提交有两种方式：Get 和 Post 方式，下面一一加以说明。

(1) Get 提交中文乱码解决代码。

```jsp
//e3_22.jsp
<%@page language="java" contentType="text/html; charset=utf-8"
    pageEncoding="utf-8"%>
<html>
<body>
    <form action="e3_22_2.jsp" method="get">
        姓名:<input type="text" name="name" /><br>
        <input type="submit" value="ok" />
    </form>
</body>
</html>

//e3_22_2.jsp
<%@page language="java" contentType="text/html; charset=utf-8"
    pageEncoding="utf-8"%>
<%
    String name=request.getParameter("name");
    out.print("name="+name);
%>
```

实验时按图 3-11 方式运行，会发现输出的姓名值是乱码的，如图 3-11 所示。

仔细观察中文乱码页面的地址栏，其内容是"http://…/e3_22_2.jsp? name＝%E5%BC%A0%E4%B8%89"，很明显，"张三"编码成了"%E5%BC%A0%E4%B8%89"，也即 6 个字节[E5, BC, A0, E4, B8, 89]，为什么是这样呢？ 这是由本页码中 page 标签中 contentType 属性中的 charset 值决定的，由于其值为 utf-8，所以"张三"遵循 utf-8 编码，故为 6 个字节。可想而知若 charset 为 GBK 编码方式，则"张三"编码为 4 个字节"%D5%

C5％C8％FD"。因此若编码方式不同,form 表单提交后形成的字节流流内容也是不同的,在响应页面也必须采取不同的解码方式,才能字节对齐,保证读出正确的汉字,有些类似查找密码本一样。一句话,若在请求端是"XXX"编码,那么在响应端必须按"XXX"解码。

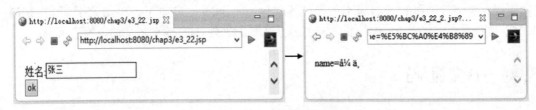

图 3-11　form 中文乱码示例图

　　Tomcat 规定不论 http 请求是何编码,当运行 getParameter()方法时均按默认编码解析,其默认编码是 ISO-8859-1,是一种单字节字符编码,[0x00,0x7f]表示的字符与 ASCII 完全一致,[0x80,0x9f]表示控制字符,[0xA0,0xFF]定义了西方语系所需要的主要字符。ISO-8859-1 编码表如表 3-2 所示。

表 3-2　ISO-8859-1 编码表

	x0	x1	x2	x3	x4	x5	x6	x7	x8	x9	xA	xB	xC	xD	xE	xF
0x																
1x																
2x	SP	!	"	#	$	%	&	'	(	)	*	+	,	-	.	/
3x	0	1	2	3	4	5	6	7	8	9	:	;	<	=	>	?
4x	@	A	B	C	D	E	F	G	H	I	J	K	L	M	N	O
5x	P	Q	R	S	T	U	V	W	X	Y	Z	[	\	]	^	_
6x	`	a	b	c	d	e	f	g	h	i	j	k	l	m	n	o
7x	p	q	r	s	t	u	v	w	x	y	z	{			}	~	
8x																
9x																
Ax	NBSP	¡	¢	£	¤	¥	¦	§	¨	©	ª	«	¬	SHY	®	¯
Bx	°	±	²	³	´	µ	¶	·	¸	¹	º	»	¼	½	¾	¿
Cx	À	Á	Â	Ã	Ä	Å	Æ	Ç	È	É	Ê	Ë	Ì	Í	Î	Ï
Dx	Ð	Ñ	Ò	Ó	Ô	Õ	Ö	×	Ø	Ù	Ú	Û	Ü	Ý	Þ	ß
Ex	à	á	â	ã	ä	å	æ	ç	è	é	ê	ë	ì	í	î	ï
Fx	ð	ñ	ò	ó	ô	õ	ö	÷	ø	ù	ú	û	ü	ý	þ	ÿ

　　由于本示例中"张三"的 http 请求对应的 UTF-8 编码为[E5,BC,A0,E4,B8,89],查找表 3-2 得出对应的字符串为"å¼ä",这与在浏览器上输出 getParameter()获得的字符串是一致的。懂得这一点非常关键,可得出由 ISO-8859-1 字符串转化成"XXX"编码的算法:首先由 ISO-8859-1 字符串反查表 3-2,获得对应的字节值,然后将这些字节值按"XXX"解码即可,对应的乱码处理代码如下所示(代替 e3_22_2.jsp)。

```
<%@page language="java" contentType="text/html; charset=utf-8"
    pageEncoding="utf-8"%>
<%
```

```
    String name=request.getParameter("name");    //获得 ISO-8859-1 字符串
    byte buf[]=name.getBytes("iso-8859-1");      //反查表 3-2,获得字节值
    name=new String(buf, "utf-8");               //字节值重新编码,获得正确字符串
    out.print("name="+name);                     //输出到浏览器
%>
```

(2) post 提交中文乱码解决代码。

将 e3_22.jsp 中 form 表单定义的 method="get"修改为 method="post",其他修改同上文中(1)所述,我们发现同样解决了中文乱码问题。

对于 form 表单 post 提交方式,还有一种方法解决中文乱码问题,且仅适用于 post 提交,不适用于 get 提交,e3_22_2.jsp 修改后的代码如下所示。

```
<%@page language="java" contentType="text/html; charset=utf-8"
    pageEncoding="utf-8"%>
<%
    request.setCharacterEncoding("utf-8");           //设置 http 请求解码编码
    String name=request.getParameter("name");        //按解码编码解析参数
    out.print("name="+name);
%>
```

3.5 综合示例

【例 3-23】 学生成绩排序。

若学生成绩信息存放在文本文件 e3_23.dat 中,一行一个记录,包括学号、姓名、语文、数学、英语信息,每条记录信息间用单空格相隔,其格式示例如表 3-3 所示。

表 3-3 学生信息文件格式示例

说 明	学号	姓名	语文	数学	英语
	1001	张一	50	60	70
格式示例	1002	张二	65	70	60
	1003	张三	70	60	55

其界面如图 3-12 所示。

要求:学生成绩文件 e3_23.dat 存放在 webcontent 目录下。当初始调用 e3_23.jsp 页面时(URL 无参数),以表格形式按学号升序显示成绩信息。下方有两个按钮,当选择"按总成绩升序"按钮后,按总成绩升序显示学生成绩信息;当选择"按学号升序"按钮后,按学号升序显示学生成绩信息。

很明显该功能是由单 JSP 页面完成的,主要分为功能类、方法声明、Java 代码段、动态页面填充三部分,如下所示。

图 3-12 学生成绩排序界面图

(1) 类及方法声明。

```
<%!
    class Student{
        String no;
        String name;
        int chinese;
        int math;
        int english;

        Student(String n,String na,int c, int m, int e){
            no=n; name=na;
            chinese=c; math=m; english=e;
        }
    }
    class NOComparator implements Comparator{
        public int compare(Object o,Object o2){
            Student one=(Student)o;
            Student two=(Student)o2;
            return one.no.compareTo(two.no);
        }
    }
    class GradeComparator implements Comparator{
        public int compare(Object o,Object o2){
            Student one=(Student)o;
            Student two=(Student)o2;
            int total=one.chinese+one.math+one.english;
            int total2=two.chinese+two.math+two.english;
            return total -total2;
        }
    }
```

```
String fillTable(Vector v){
    String s="<table border=1>";
    s+="<tr><th>学号</th><th>姓名</th><th>语文</th>"+
        "<th>数学</th><th>外语</th><th>总成绩</th>"+
        "</tr>";
    for(int i=0; i<v.size(); i++){
        Student st= (Student)v.get(i);
        int grade=st.chinese+st.math+st.english;
        s+="<tr>"+
            "<td>"+st.no+"</td>"+"<td>"+st.name+"</td>"+
            "<td>"+st.chinese+"</td>"+"<td>"+st.math+"</td>"+
            "<td>"+st.english+"</td>"+"<td>"+grade+"</td>"+
            "</tr>";
    }
    s+="</table>";
    return s;
}
%>
```

本部分在<%!>内定义了所需要的基础类及方法。同学们不要因为是 Web 编程,就感觉原先学的 Java 没用了,其实 Web 编程与 Java 应用程序是统一的：Student 是学生基本信息类,由于需要两种排序,所以定义了两个二元比较器类 NOComparator 及 GradeComparator;虽然有两种排序结果,但均是完成对 Vector 学生向量的动态界面填充,所以定义了方法 fillTable()。可以看出,在 JSP 与 Java 应用程序中定义类、函数的思考方法是一致的。Java 应用程序中需要定义许多基础类,JSP 中同样也需要定义许多基础类,千万不要在 JSP 中一上来就想到<% %>,而忽视<%! %>的作用。

(2) Java 代码段

```
<%
Vector vec=new Vector();
//读文件
String strLine;
String path=application.getRealPath("/e3_25.dat");
FileReader in=new FileReader(path);
BufferedReader in2=new BufferedReader(in);
while((strLine=in2.readLine())!=null){
    String u[]=strLine.split(" ");
    Student st=new Student(u[0],u[1],Integer.parseInt(u[2]),
                Integer.parseInt(u[3]),Integer.parseInt(u[4]));
    vec.add(st);
}
in.close();
in2.close();
```

```
request.setCharacterEncoding("utf-8");
String type=request.getParameter("sorttype");
if(type==null || type.equals("按学号升序")){
    Collections.sort(vec, new NOComparator());
}
else{       //按总成绩升序
    Collections.sort(vec, new GradeComparator());
}
%>
```

本部分首先通过内置命令 application 中的 getRealPath()方法获得学生数据文件 e3_23.dat 的绝对路径;然后按行读该文件,拆分后形成学生对象,添加到 Vector 向量中;最后根据 URL 中参数值决定对学生向量按学号或总成绩升序排列。

（3）动态填充页面：主要是完成对表格内容的动态填充,代码如下所示。

```
<html>
<body>
<%=fillTable(vec) %>
<form method="post">
    <input type="submit" name="sorttype" value="按学号升序" />  
    <input type="submit" name="sorttype" value="按总成绩升序" />
</form>
</body>
</html>
```

【例 3-24】 投票选举。

投票选举是日常生活中常见的事,本示例功能如图 3-13 所示。

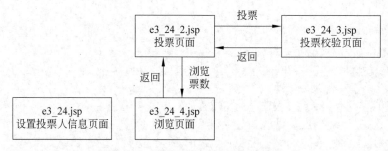

图 3-13 投票选举功能页面关系图

各页面代码及说明如下所示。

（1）设置投票人信息页面 e3_24.jsp。

```
<%@page language="java" contentType="text/html; charset=utf-8"
    pageEncoding="utf-8"%>
<%@page import="java.util.*" %>
<%
```

```
TreeMap m=new TreeMap();
TreeMap m2=new TreeMap();
m.put("1001","张1"); m2.put("1001",new Integer(0));
m.put("1002","张2"); m2.put("1002",new Integer(0));
m.put("1003","张3"); m2.put("1003",new Integer(0));
m.put("1004","张4"); m2.put("1004",new Integer(0));
m.put("1005","张5"); m2.put("1005",new Integer(0));
application.setAttribute("rollpara", m);
application.setAttribute("rollnum", m2);
%>
```

本代码建立了两个 TreeMap 对象 m 及 m2，m 建立了选举号与候选人姓名的映射关系，m2 建立了选举号与所得票数的映射关系，并将 m 及 m2 存入了 application 共享变量中。很明显，多客户可方便获得这些变量的信息。也许有读者问为什么用 application 呢？用数据库可以吗？这是因为候选人数量一般是很小的，却要被大量的选举人所熟知，这正符合适用 application 共享变量的特点。当然通过数据库通信也是可以的，将候选人信息存储在数据库中，多客户可通过访问数据库获得所需信息，但速度与访问 application 共享变量相比无疑速度会慢许多，同时增加了数据库的负担。本代码其实简化了功能设计，理想情况是"数据库＋application"结合，如已将候选人信息存入数据库表，则仅需运行一次本页面（无须多次），读数据库，将获得的信息用 application 内置命令保存起来，为多客户所共享。

可能还有读者问为什么建立两个 TreeMap 对象，一个不行吗？就学到此处知识而言，必须是两个对象，后面学完 JavaBean，可以用一个 TreeMap 对象。

(2) 投票页面 e3_24_2.jsp。

```
<%@page language="java" contentType="text/html; charset=utf-8"
    pageEncoding="utf-8"%>
<%@page import="java.util.*" %>
<%
    TreeMap m=(TreeMap)application.getAttribute("rollpara");
    Set se=m.keySet();
    Iterator it=se.iterator();
    String s="<form action='e3_24_3.jsp'>";
    while(it.hasNext()){
        String key=(String)it.next();
        String value=(String)m.get(key);
        s+="<a href="+key+".html>"+value+"</a>";
        s+="    ";
        s+="<input type=checkbox name='roll' value='"+key+"' /><br>";
    }
    s+="<input type='submit' value='开始选举' />";
    s+="</form>";
%>
```

```
<html>
<body>
<%=s %>
<form action="e3_24_4.jsp">
    <input type="submit" value="浏览票数" />
</form>
</body>
</html>
```

本页面主要是"开始选举"和"浏览票数"功能,由于响应页面不同,因此定义了两个form表单。"开始选举"表单是动态生成的,通过application内置对象,获得候选人映射TreeMap对象m,进而获得候选人编号及姓名,产生<input>多选控件。同时对每个候选人产生一个超链接,该链接文件用以对候选人做自我介绍,静态的HTML文件即可,文件名称形如"候选人编号.html",读者可自行完成这些文件的设计。"浏览票数"表单内容是静态的,主要定义了"浏览票数"submit按钮。

(3) 投票校验页面e3_24_3.jsp。

```
<%@page language="java" contentType="text/html; charset=utf-8"
    pageEncoding="utf-8"%>
<%@page import="java.util.*" %>
<%
    TreeMap m2=(TreeMap)application.getAttribute("rollnum");
    Boolean mark=(Boolean)session.getAttribute("mark");
    if(mark==null){
        session.setAttribute("mark", new Boolean(true));
        String roll[]=request.getParameterValues("roll");
        if(roll !=null){
            for(int i=0; i<roll.length; i++){
                Integer cur=(Integer)m2.get(roll[i]);
                cur++;
                m2.put(roll[i],cur);
            }
        }
        out.print("选举成功!<br>");
    }
    else{
        out.print("你已经选举完毕,不能再选<br>");
    }
%>
<a href="e3_24_2.jsp">返回</a>
```

该页面首先判定是否是合法选票,主要是通过session变量mark标识的。若mark为false,表明该用户选票合法,置mark标识位为true,同时通过遍历application候选人共享变量m2,使相应候选人选票加1;若mark为true,表明该session用户已经参与完选票提交,选票无效。一句话,避免同一 session 用户不停的刷新该页面。当然读者可在此加更强的约束条件,禁止生成无效选票。

(4) 浏览票数页面 e3_24_4.jsp。

```jsp
<%@page language="java" contentType="text/html; charset=utf-8"
    pageEncoding="utf-8"%>
<%@page import="java.util.*" %>
<%
    TreeMap m=(TreeMap)application.getAttribute("rollpara");
    TreeMap m2=(TreeMap)application.getAttribute("rollnum");
    Set se=m.keySet();
    Iterator it=se.iterator();

    String s="<table border=1>";
    s+="<tr><th>编号</th><th>姓名</th><th>票数</th></tr>";
    while(it.hasNext()){
        String no=(String)it.next();
        String name=(String)m.get(no);
        Integer num=(Integer)m2.get(no);

        s+="<tr>";
        s+="<td>"+no+"</td>";
        s+="<td>"+name+"</td>";
        s+="<td>"+num+"</td>";
        s+="</tr>";
    }
    s+="</table>";
%>
<html>
<body>
<%= s %>
<a href=e3_24_2.jsp>返回</a>
</body>
</html>
```

该页面较简单,主要是通过遍历 application 共享变量 m 及 m2 获得候选人的选号、名称、票数信息,把它们动态填充到＜table＞标签中。

【例 3-25】 在线考试功能。

包括答题页面 e3_25.jsp,提交页面 e3_25_2.jsp。答题页面显示所有的单选题、多选题及提交按钮。提交页面显示单选题、多选题都做对了几道。

(1) e3_25.jsp 答题页面。

```jsp
<%@page language="java" contentType="text/html; charset=utf-8"
    pageEncoding="utf-8"%>
```

```html
<HTML>
<head>
<script type="text/javascript">
function proc(){
    var sinans="";
    var mulans="";
    var topicname="";

    //获得单选题答案串
    var no=1;
    while(true){
        var unit=" ";
        topicname="s"+no;
        var obj=document.getElementsByName(topicname);
        if(obj.length==0)
            break;
        for(var i=0; i<obj.length; i++){
            if(obj[i].checked){
                unit=obj[i].value;
                break;
            }
        }
        sinans+=unit;
        no++;
    }

    //获得多选答案串
    no=1;
    while(true){
        var unit=" ";
        topicname="m"+no;
        var obj=document.getElementsByName(topicname);
        if(obj.length==0)
            break;
        for(var i=0; i<obj.length; i++){
            if(obj[i].checked){
                if(unit==" ") unit=obj[i].value;
                else unit+=obj[i].value;
            }
        }
        mulans+=unit+"-";
        no++;
    }
```

```
        //通过 form 表单发送
        var sinobj=document.getElementById("sinansid");
        sinobj.value=sinans;
        var mulobj=document.getElementById("mulansid");
        mulobj.value=mulans;
        var formobj=document.getElementById("formid");
        formobj.submit();
}
</script>
</head>
<BODY bgcolor=cyan>
<div>
单选题:<br>
<P>诗人李白是中国历史上哪个朝代的人:<BR>
<INPUT type="radio" name="s1" value="a"/>宋朝
<INPUT type="radio" name="s1" value="b"/>唐朝
<INPUT type="radio" name="s1" value="c"/>明朝
<INPUT type="radio" name="s1" value="d"/>元朝
<P>小说红楼梦的作者是:<BR>
<INPUT type="radio" name="s2" value="a"/>曹雪芹
<INPUT type="radio" name="s2" value="b"/>罗贯中
<INPUT type="radio" name="s2" value="c"/>李白
<INPUT type="radio" name="s2" value="d"/>司马迁
<BR>
多选题:<br>
<P>诗人李白是中国历史上哪个朝代的人:<BR>
<INPUT type="checkbox" name="m1" value="a"/>宋朝
<INPUT type="checkbox" name="m1" value="b"/>唐朝
<INPUT type="checkbox" name="m1" value="c"/>明朝
<INPUT type="checkbox" name="m1" value="d"/>元朝
<P>小说红楼梦的作者是:<BR>
<INPUT type="checkbox" name="m2" value="a"/>曹雪芹
<INPUT type="checkbox" name="m2" value="b"/>罗贯中
<INPUT type="checkbox" name="m2" value="c"/>李白
<INPUT type="checkbox" name="m2" value="d">司马迁
<BR>
</div>
<form action="e3_25_2.jsp" id="formid">
    <input type="hidden" name="sinans" id="sinansid" />
    <input type="hidden" name="mulans" id="mulansid" />
    <input type="submit" value="提交" onclick="proc()"/>
</form>
</BODY>
</HTML>
```

普通的思路是把所有试题都放在表单里,当按提交按钮时,将参数值传入响应端。例如若有 5 道单选题,则形成的 URL 形如 http://…/s1=a&s2=b&s3=c&s4=d&s5=a。本示例思路是先在客户端形成答案串,再传到响应端。例如仍是上述的 5 道单选题,形成的 URL 形如 http://…/single=abcda。很明显一方面降低了网络传送量,另一方面服务器端可直接获得客户端形成的答案串,若按普通思路,服务器端必须根据获得的数据信息重新生成答案串,增大了服务器的负担。本部分代码主要理解三部分内容,如下所示。

- 试题界面部分:<div>标签中的内容即试题内容,不在 form 表单中,每道题内单选(或多选)标签的 name 属性定义是有规律的,规则是"前缀串+流水号"。例如单选 name 属性是 s1、s2…,多选 name 属性是 m1、m2…。这样做的好处是可利用循环结构方便获得答案串。
- form 表单部分:定义了两个隐藏特性的<input>标签。name 属性为 sinans 的标签用以存放单选答案串,name 属性为 mulans 的标签用以存放多选答案串,这两个字符串是动态添加进去的,是由定义的 JavaScript 事件响应函数 proc()完成的。
- JavaScript 代码部分:即 proc()方法,主要依据 name 属性的规律性,循环利用 getElementByNames()方法,可方便形成答案串。单选形成答案串形如 abcde,多选形成答案串形如 ab-cd-a,每道题答案间用"-"分隔。最后将获得的答案串填充到 form 表单的隐藏域中,并启动 form 表单的响应。

(2) e3_25_2.jsp 提交页面。

```jsp
<%@page language="java" contentType="text/html; charset=utf-8"
    pageEncoding="utf-8"%>
<%
    String sinright="ab";           //单选标准答案
    String mulright="ab-cd";        //多选标准答案

    String sinans=request.getParameter("sinans");   //传过来的单选答案
    String mulans=request.getParameter("mulans");   //传过来的多选答案
    //计算单选做对几道
    int n=0;
    for(int i=0; i<sinans.length(); i++){
        if(sinans.charAt(i)==sinright.charAt(i))
            n++;
    }
    out.print("单选做对了"+n+"个<br>");
    //计算多选做对几道
    n=0;
    String unitright[]=mulright.split("-");
    String unit[]=mulans.split("-");
    for(int i=0; i<unit.length; i++){
        if(unit[i].equals(unitright[i]))
            n++;
    }
    out.print("多选做对了"+n+"个<br>");
%>
```

本部分代码简化了功能设计，直接将单选、多选的标准答案写在了字符串 sinright、mulright 中。主要思路是通过循环与标准答案对比检测出单选、多选各做对几道。

总之，通过本示例同学们要深刻理解 name 属性的重要性，有时候规范的定义可简化编码，利用循环就可完成强大的功能。

习题

1. request、response 内置对象功能是什么？
2. session、application 内置对象功能是什么？作用域有何不同？
3. 简述 form 表单提交后中文乱码解决方法。
4. 判断素数功能：input.jsp，利用 form 表单输入一个正整数；judge.jsp：判断后若是素数，页面显示 yes，否则显示 no。
5. 在一个页面 inputandjudge.jsp 内实现第 4 题功能。
6. 编制 input.jsp，judge.jsp，sum.jsp，multiply.jsp 四个页面程序，描述如下。

input.jsp：利用 form 表单输入一个正整数 n。响应页面 judge.jsp。

judge.jsp：若 n 是偶数，利用重定向技术转向 sum.jsp；若 n 是奇数，利用重定向技术转向 multiply.jsp。

sum.jsp：输出 1~n 的累加和。

multiply.jsp：输出 1~n 的连乘积。

7. 编程实现简易的图书订购功能，共 login.jsp，input.jsp，result.jsp，描述如下：

login.jsp：利用 form 表单输入账号，响应页面 input.jsp。

input.jsp：利用 form 表单输入书名、册数及单价，响应页面 result.jsp。

result.jsp：显示结果信息，包括"账号、书名、册数、总价"。

第 4 章 JavaBean基础

在实际的开发过程中,通常会出现重复的代码或者段落,此时就会降低程序的可重用性并且浪费时间。使用 JavaBean 就可以大大简化程序的设计过程并且方便了其他程序的重复使用。

JavaBean 在服务器端的应用具有强大的优势,非可视化的 JavaBean 可以较好地实现控制逻辑、业务逻辑、表示层之间的分离,从而大大降低它们之间的耦合度。非可视化的 JavaBean 现在多用于后台处理,会使系统具有一定的灵活性。

JavaBean 是 Java 程序的一种,所使用的语法和 Java 程序一致。在程序中使用 JavaBean 具有以下优点:

(1) 可以实现代码的重复利用;
(2) 易编写、易维护、易使用;
(3) 它可以压缩在 jar 文件中,以更小的体积在网络中应用;
(4) 完全是 Java 语言编写,可以在任何安装了 Java 运行环境的平台上的使用,而不需要重新编译。

4.1 JavaBean 是外部类

假设有 a.jsp、b.jsp、c.jsp,若该 3 个页面都要用到类 MyFunc,该如何实现呢? 可能有读者认为这太简单了,在 a.jsp 中利用<%!%>定义类 MyFunc,在 b.jsp、c.jsp 直接用不就行了吗? 细细想来,其实不行,关键是在 b.jsp、c.jsp 中无法利用 import 关键字导入 a.jsp 中的类 MyFunc,这种形式是写不出来的。可能又有读者说既然导入不了,那么直接复制类 MyFunc,再粘贴到 b.jsp、c.jsp 中就可以了。这样的话能叫代码共享吗? 况且 a.jsp、b.jsp、c.jsp 中的 MyFunc 类只是形式上相同了,从本质上它们是不同的类。这是因为 Myfunc 相当于内部类,它们所对应的外部类的类名是不一致的。

因此,若某类是共享类,那么一般来说它是外部类,JavaBean 是共享类,那么它必是外部类。我们完全可以分析出自定义 JavaBean 类编制方法,例如在第 3 章中常看到如下的代码:

```
<%@page import="java.util.*" %>
<%
    Map m=new HashMap();
%>
```

可以得出系统类 HashMap 是外部类,在 java.util 包下。因此对自定义 JavaBean 来说,只需在自定义包下编制自定义类,在 JSP 中用 import 导入就可以应用了。

【例 4-1】 求圆面积。

要求在 e4_1.jsp 中输入圆的半径,响应页面是 e4_1_2.jsp。在 e4_1_2.jsp 调用 JavaBean 类 e4_1_2.java,计算圆的面积,将结果值显示在浏览器上。

(1) JavaBean 类 e4_1_2.java。

```java
package c4;
public class e4_1_2 {
    double r;
    public e4_1_2(double r){
        this.r=r;
    }
    public double calcArea(){
        return 3.14*r*r;
    }
}
```

可以看出该类与学习 Java 时编制的类几乎是一致的,由于该类是外部调用,所以构造方法与所需函数一般定义为 public 类型。

(2) 圆半径输入界面 e4_1.jsp。

```jsp
<%@page language="java" contentType="text/html; charset=utf-8"
    pageEncoding="utf-8"%>
<html>
<body>
<form action="e4_1_2.jsp">
    半径:<input type="text" name="r" /><br>
    <input type="submit" value="计算" />
</form>
</body>
</html>
```

(3) 圆面积计算输出界面 e4_1_2.jsp。

```jsp
<%@page language="java" contentType="text/html; charset=utf-8"
    pageEncoding="utf-8"%>
<%@page import="c4.e4_1_2" %>
<%
    String strR=request.getParameter("r");
    double r=Double.parseDouble(strR);
    e4_1_2 obj=new e4_1_2(r);
    out.print("面积="+obj.calcArea());
%>
```

由于 page 标签中定义了 import="c4.e4_1_2",表明本页面要用到 c4 包下的类 e4_1_2。一般来说在 jsp 下编制的 JavaBean 类要在某具体包下,若在默认包下,例如类 e4_1_2,那么在 e4_1_2.jsp 中如何导入呢? 无外乎导入写法有三种:什么都不写(由于是默认包),import="e4_1_2",import=" * ",同学们可分别实验,结果要么是产生运行时异常,要么是生成编译异常。这一点同学们需要细细体会。

【例 4-2】 重新实现例 3-24 投票选举功能。

(1) 候选人 JavaBean 类 e4_2。

```java
package c4;
public class e4_2 {
    private String no;
    private String name;
    private int num;
    public e4_2(String no,String name){
        this.no=no;
        this.name=name;
    }
    public String getNo() {return no;}
    public void setNo(String no) {this.no=no;}
    public String getName() {return name;}
    public void setName(String name) {this.name=name;}
    public int getNum() {return num;}
    public void setNum(int num) {this.num=num;}
}
```

产生 getter-setter 方法,是为了将来要访问这些私有成员的缘故。

(2) 设置投票人信息页面 e4_2.jsp。

```jsp
<%@page language="java" contentType="text/html; charset=utf-8"
    pageEncoding="utf-8"%>
<%@page import="java.util.*,c4.e4_2" %>
<%
    TreeMap m=new TreeMap();
    e4_2 o=new e4_2("1001","张 1");
    e4_2 o2=new e4_2("1002","张 2");
    e4_2 o3=new e4_2("1003","张 3");
    e4_2 o4=new e4_2("1004","张 4");
    e4_2 o5=new e4_2("1005","张 5");
    m.put(o.getNo(),o); m.put(o2.getNo(),o2);
    m.put(o3.getNo(),o3); m.put(o4.getNo(),o4);
    m.put(o5.getNo(),o5);
    application.setAttribute("rollpara", m);
%>
```

本部分代码首先产生了 5 个候选人对象,将它们添加到 TreeMap 对象 m 中,最后将 m

添加到 application 共享变量中。由于 e4_2 是 JavaBean 外部类,所以可被其他页面访问,只需一个 TreeMap 映射即可。

投票页面、投票校验页面、浏览页面等代码与例 3-24 相似,只不过通过 application 获得的是候选人集合对象,遍历该对象关键代码如下所示,其他所需代码读者自行完成。

```
TreeMap m=(TreeMap)application.getAttribute("rollpara");    //候选人集合对象
Set se=m.keySet();                                          //获得键集合
Iterator it=se.iterator();
while(it.hasNext()){
    String key=(String)it.next();       //获得键值
    e4_2 obj=(e4_2)m.get(key);          //获得具体的候选人对象信息
}
```

4.2 动作标签创建 Bean 对象

4.1 节中讲述了在 JSP 中操作 JavaBean 的一般方法,还有一种方法,即用 JSP 动作标签创建 Bean 对象,其常用格式有两种形式,如下所示。

- <jsp：useBean id="bean 对象名"class="包含全包路径的类"scope="作用域"></jsp：useBean>。
- <jsp：useBean id="bean 对象名"class="包含全包路径的类" scope="作用域"/>。

那么,动作标签<jsp：useBean>作用通过下列示例加以说明。

【例 4-3】 对<jsp：useBean>中 id、class 属性理解示例。

仍以求圆面积为例,由于我们关注的是采用<jsp：useBean>创建 Bean 及操作的流程,因此简化了 Bean 内部的函数编码。

(1) 圆面积功能类 e4_3.java。

```
package c4;
public class e4_3 {
    private double r;
    public e4_3(){
        System.out.println("e4_3()");
    }
    public void calcArea(){
        System.out.println("calcArea()");
    }
}
```

与例 4-1 中求圆面积不同,该类定义了一个无参公有的构造方法,里面仅有一行控制台输出语句。若在控制台上输出了"e4_3",表明构造方法执行完毕,calcArea()方法中的控制台输出语句作用与此相同。

(2) 启动 JavaBean 的 jsp 文件 e4_3.jsp。

```
<jsp:useBean id="obj" class="c4.e4_3" />
<%
    obj.calcArea();
%>
```

当每运行一次 e4_3.jsp 时,控制台就出现两行输出"e4_3"及"calcArea()",表明<jsp:useBean>动作标签作用就是调用无参构造方法产生 Bean 对象的。具体来说,由于 class="c4.e4_3",因此系统知道要调用 c4 包下类 e4_3 中的无参构造方法,完成 Bean 对象的创建。同学们可进一步做实验:当去掉 Bean 类中无参构造方法,仍能成功执行 e4_3.jsp,正确运行<jsp:useBean>动作标签。这是因为类 e4_3 中没有显示构造方法,但有默认无参构造方法的缘故;当修改无参构造方法为有参,例如 public e4_3(double r){…},这时若运行 e4_3.jsp 就会出现运行时异常,这是因为类 e4_3 中没有无参构造方法的缘故。因此若用<jsp:useBean>创建 Bean 对象,Bean 中必须有无参构造方法。

有的同学认为 class 属性写得太复杂,认为先在文件头导入所需包"<%@ page import='c4.e4_3'>",那么<jsp:useBean>就可以写为"<jsp:useBean id='obj' class='e4_3'",其实若这样,编译都通不过,class 属性必须写全包路径,与 import 导入包无关。

<jsp:useBean>标签中的 id="obj",用字符串定义了 Bean 对象名 obj,那么在<%>中就可以直接调用 obj 中的方法及变量了。

<jsp:useBean>标签中还有一个属性 scope,本示例并没有定义,说明 scope 一定有默认值,那么 scope 到底有什么作用,请看下例。

【例 4-4】 对<jsp:useBean>中 scope 理解示例。

scope 属性值有 page、request、session、application 四种,与 Bean 生存期有关。scope 的默认值是 request。

- scope 取值为 page:对于同一客户,访问不同页面(一个页面只能是一个 JSP 文件),JSP 引擎分配给客户的 Bean 也不同。客户进入页面时 JSP 引擎给客户分配一个 Bean,客户离开该页面时,JSP 引擎取消分配给客户的 Bean。Bean 的生命周期是客户进入页面到客户离开这个页面这段时间。

- scope 取值为 request:对于同一客户,每次不同的请求(一个请求可包含多个 JSP 文件,如用到<jsp:forward>、<jsp:include>等),JSP 引擎分配给客户的 Bean 也不同。JSP 引擎对请求作出响应之后,取消分配给客户的这个 Bean。Bean 的生命周期在客户请求开始到对请求作出响应这段时间。

- scope 取值为 session:对于每一个一客户,访问 Web 目录下的页面,JSP 引擎分配给客户的 Bean 也不同。客户访问某个 Web 目录时 JSP 引擎给客户分配一个 Bean,客户离开该 Web 目录时 JSP 引擎取消分配给客户的 Bean。Bean 的生命周期是客户访问 Web 目录到客户离开这个 Web 目录这段时间。

- scope 取值为 application:JSP 引擎为每个客户分配同一个 Bean,就是说,所有客户共享同一个 Bean。Bean 的生命周期是从 Bean 分配给客户到服务器关闭这段时间。

一般来说,Bean 的生存期有四种情况,按上述值是由小到达排列的。本示例主要讨论

scope 为 request、session 两种情况的区别,实验代码仍用例 4-3 中的代码,操作步骤如下所示。

(1) 修改<jsp：useBean>标签为<jsp：useBean id="obj" class="c4.e4_3" scope="request"/>,多次运行 e4_3.jsp,控制台不断输出 e4_3,表明每次都创建了一个新的 Bean 对象。

(2) 修改<jsp：useBean>标签为<jsp：useBean id="obj" class="c4.e4_3" scope="session"/>,多次运行 e4_3.jsp,控制台仅第 1 次输出 e4_3,表明仅创建了一个 Bean 对象。

通过实验可以得出：Bean 定义的作用域与第 3 章 pageContext、request、session、applicaion 四个内置命令的作用域是一致的;对<jsp：useBean id="obj" class="XXX" scope="作用域"/>要进行深层次的理解,简单说有两层含义,要么创建类 XXX 的实例,要么类 XXX 的实例已在"作用域"中存在,我们获得的只是该实例的引用。

【例 4-5】 已知两个 JSP 代码部分关键代码如下所示,先运行 a.jsp,再运行 b.jsp,问产生了几个 Bean 对象。

```
//a.jsp
<jsp: useBean id="obj" class="c4.MyFunc" scope="session" />

//b.jsp
<jsp: useBean id="obj" class="c4.MyFunc" scope="session" />
<jsp: useBean id="obj2" class="c4.MyFunc" scope="session" />
```

由于 Bean 的作用域都是 session,当运行 a.jsp 时,产生一个名为 obj 的 MyFunc 类对象。当运行 b.jsp 时,由于名为 obj 的 MyFunc 类对象已在 session 中存在,故它获得的只是类 MyFunc 对象的引用。由于 session 中没有名为 obj2 的对象,因此创建了一个名为 obj2 的新的类 MyFunc 对象。

4.3 动作标签操作 Bean 方法

4.3.1 <jsp：setProperty>

<jsp：setProperty>通过调用 JavaBean 中 setter 方法设置已经实例化的 Bean 对象的属性,共有 4 种形式,如下所示。

(1) <jsp：setProperty name="Bean 实例名" property=" * "/>

该形式是设置 Bean 属性的快捷方式。在 Bean 中属性的名字,类型必须和 request 对象中的参数名称相匹配。由于表单中传过来的数据类型都是 String 类型的,JSP 会把这些参数转化成 Bean 属性对应的类型。

property=" * "表示所有名字和 Bean 属性名字匹配的请求参数都将被传递给相应的 Bean 中 setter 方法。

(2) <jsp：setProperty name="Bean 实例名"property="Bean 属性名"/>

使用 request 对象中的一个参数值来指定 Bean 中的一个属性值。在这个语法中,property 指定 Bean 的属性名,而且 Bean 属性和 request 参数的名字应相同。例如：如果在

Bean 中有 setUserName(String userName)方法,那么,property 的值就是"userName"。这种形式灵活性较强,可以有选择的对 Bean 中的属性赋值。

(3) <jsp：setProperty name = "Bean 实例名" property = "Bean 属性名" value = "BeanValue"/>

value 用来指定 Bean 属性的值。字符串数据会在目标类中通过标准的 valueOf 方法自动转换成数字、boolean、Boolean、byte、Byte、char、Character 等。例如,boolean 和 Boolean 类型的属性值(比如 true)通过 Boolean. valueOf 转换,int 和 Integer 类型的属性值(比如 42)通过 Integer. valueOf 转换。

(4) <jsp：setProperty name="Bean 实例名"
    property="Bean 属性名"param="request 对象中的参数名"/>

param 指定用哪个请求参数作为 Bean 属性的值。Bean 属性和 request 参数的名字可以不同。如果当前请求没有参数,则什么事情也不做,系统不会把 null 传递给 Bean 属性的 set 方法。因此,你可以让 Bean 自己提供默认属性值,只有当请求参数明确指定了新值时才修改默认属性值。例如,下面的代码表示：如果存在 numItems 请求参数的话,把 numberOfItems 属性的值设置为请求参数 numItems 的值；否则什么也不做。

```
<jsp: setProperty name="orderBean" property="numberOfItems" param="numItems"/>
```

4.3.2　<jsp：getProperty>

<jsp：setProperty>通过调用 JavaBean 中 getter 方法获得已经实例化的 Bean 对象的属性值,并输出到浏览器上,有一种形式,如下所示。

```
<jsp: getProperty name="Bean 实例名" property="Bean 属性名"/>
```

【例 4-6】　编制完整的求圆面积的页面 Jsp 及 JavaBean。

(1) JavaBean 类 e4_6.java

```java
package c4;
public class e4_6 {
    private double r;
    private double area;
    public double getR() {
        return r;
    }
    public void setR(double r) {
        this.r=r;
    }
    public double getArea() {
        area=3.14*r*r;
        return area;
    }
}
```

由于是利用动作标签完成求面积的功能，<jsp：useBean>标签仅用到默认无参构造方法，因此本类中无须写任何构造方法。半径 r 定义成私有成员变量并有可访问的 setter-getter 方法是容易理解的，那么圆面积可由半径 r 计算获得，按照 Java 学习经验，圆面积 area 不可能定义成成员变量，为什么呢？见下文对 e4_6_2.jsp 文件的描述。

（2）输入半径 form 表单页面 e4_6.jsp

```
<%@page language="java" contentType="text/html; charset=utf-8"
    pageEncoding="utf-8"%>
<html>
<body>
<form action="e4_6_2.jsp">
    半径：<input type="text" name="r" /><br>
    <input type="submit" value="ok" />
</form>
</body>
</html>
```

（3）计算圆面积页面 e4_6_2.jsp

```
<jsp: useBean id="obj" class="c4.e4_6" scope="request"/>
<jsp: setProperty name="obj" property="*" />
<jsp: getProperty name="obj" property="area" />
```

由于 e4_6 中 form 表单输入半径<input>标签的 name 属性值 r 与类 e_6 中的成员变量 r 名称是一样的，固用<jsp：setProperty name="obj" property="*" />为 Bean 属性赋值从形式上来说是最简单的，它是通过调用 Bean 中 setR()方法为半径赋值的。拓展开来，若 form 表单中有 n 个 name 属性值与 Bean 中 n 个成员变量名称是一致的，那么用一条语句<jsp：setProperty name="obj" property="*" />就完成了 Bean 属性的设置。否则就得用 n 条语句来完成，形如：<jsp：setProperty name="obj" property="属性 1" />…<jsp：setProperty name="obj" property="属性 n" />。

<jsp：getProperty name="obj" property="area" />语句获得并输出了圆的面积值。从该语句形式上知道 Bean 类中必有 area 属性，必有 getArea()方法。尽管我们知道圆面积是可推出的量，但必须定义成成员变量 area，否则<jsp：getProperty>语句就会出现异常。因此可以得出对于<jsp：setProperty>、<jsp：getProperty>来说，setter-getter 方法是广义的，包含成员变量及可推导出的变量，这些可推导出的变量可能也需要定义为成员变量，希望同学们细细体会。

【例 4-7】 求学生平均成绩。

要求：在学生信息输入页面（学号、姓名、语文、数学、英语）上输入信息，按 OK 按钮后显示该生平均成绩。

（1）学生基本信息类 e4_7.java。

```
package c4;
public class e4_7 {
```

```java
    String no;
    String name;
    int grade[];
    double average;
    public String getNo() {return no;}
    public void setNo(String no) {this.no=no;}
    public String getName() {return name;}
    public void setName(String name) {this.name=name;}
    public int[] getGrade() {return grade;}
    public void setGrade(int[] grade) {this.grade=grade;}
    public double getAverage() {
        double sum=0;
        for(int i=0; i<grade.length; i++)
            sum+=grade[i];
        average=sum/grade.length;
        return average;
    }
}
```

由于要演示数组成员变量与 form 表单输入标签映射关系,所以将语文、数学、英语成绩用整形数组成员变量 grade[]表示。由于平均值成员变量 average 是可计算得出的变量,因此它只有 getter 方法 getAverage(),而无 setter()方法。

(2) 学生信息输入页面 e4_7.jsp。

```jsp
<%@page language="java" contentType="text/html; charset=utf-8"
    pageEncoding="utf-8"%>
<html>
<body>
<form action=e4_7_2.jsp>
    学号:<input type="text" name="no" /><br>
    姓名:<input type="text" name="name" /><br>
    语文:<input type="text" name="grade" /><br>
    数学:<input type="text" name="grade" /><br>
    外语:<input type="text" name="grade" /><br>
    <input type="submit" value="ok" />
</form>
</body>
</html>
```

显然,语文、数学、成绩三个<input>标签 name 属性与 Bean 类 e4_7 中成员变量 grade[]数组名是一致的,若此条件满足,<jsp:setProperty>标签可自动完成 form 表单对 Bean 类数组成员变量的赋值。

(3) 显示平均值页面 e4_7_2.jsp。

```jsp
<%@page language="java" contentType="text/html; charset=utf-8"
    pageEncoding="utf-8"%>
<jsp: useBean id="obj" class="c4.e4_7" scope="request" />
<jsp: setProperty name="obj" property="*" />
学号：<jsp: getProperty name="obj" property="no" /><br>
姓名：<jsp: getProperty name="obj" property="name" /><br>
成绩：<jsp: getProperty name="obj" property="grade" /><br>
平均值：<jsp: getProperty name="obj" property="average"/><br>
```

运行后会发现如下问题。

问题 1：若在 e4_7.jsp 输入页面中输入中文姓名，则在 e4_7_2.jsp 显示页面中姓名项会乱码。可见<jsp：setProperty>标签不能自动解决中文乱码问题，必须人为解决，修改 Bean 中 setName()方法代码为如下即可。

```java
public void setName(String name) {
    try{
        byte buf[]=name.getBytes("iso-8859-1");
        this.name=new String(buf, "utf-8");
    }
    catch(Exception e){}
}
```

问题 2：成绩项显示的仅是一个地址，这是因为在 Bean 中 grade 是一个数组，不可能利用<jsp：getProperty>标签将数组中的每个元素输出到屏幕上，输出的仅是数组的首地址而已。其实，若不用<jsp：useBean>、<jsp：setProperty>、<jsp：getProperty>，也能方便达到所实现的功能。对本示例而言，可修改 e4_7.java、e4_7_2.jsp 为如下，e4_7.jsp 无须修改。

```java
//修改后的 e4_7.java
package c4;
public class e4_7 {
    String no;
    String name;
    int grade[];
    public String getNo() {return no;}
    public void setNo(String no) {this.no=no;}
    public String getName() {return name;}
    public void setName(String name) {this.name=name;}
    public void setGrade(String[] strgrade) {
        grade=new int[strgrade.length];
        for(int i=0; i<grade.length; i++)
            grade[i]=Integer.parseInt(strgrade[i]);
    }
```

```
        public int[] getGrade() {return grade;};
        public double getAverage() {
            double sum=0;
            for(int i=0; i<grade.length; i++)
                sum+=grade[i];
            average=sum / grade.length;
            return average;
        }
}
```

与修改前代码对比得出：无须定义 average 平均值成员变量，setGrade()方法参数由"int grade[]"变成了"String grade[]"，至于原因看完下述修改后的 e4_7_2.jsp 代码后就知道了。

```
//修改后的 e4_7_2.jsp
<%@page language="java" contentType="text/html; charset=utf-8"
    pageEncoding="utf-8"%>
<%@page import="c4.e4_7" %>
<%
    e4_7 obj=new e4_7();
    obj.setNo(request.getParameter("no"));
    String name=request.getParameter("name");
    name=new String(name.getBytes("iso-8859-1"), "utf-8");
    obj.setName(name);
    String grade[]=request.getParameterValues("grade");
    obj.setGrade(grade);

    out.print("学号："+obj.getNo()+"<br>");
    out.print("姓名："+obj.getName()+"<br>");
    out.print("成绩：");
    int v[]=obj.getGrade();
    for(int i=0; i<v.length; i++)
        out.print(grade[i]+"\t");
    out.print("<br>");
    out.print("平均值："+obj.getAverage()+"<br>");
%>
```

可以得出：利用＜%%＞操作 JavaBean 外部类（其实在 4.1 节中也有相关论述）要比用动作标签操作 JavaBean 类要灵活，在某些方面上功能可能更容易实现，千万不要学了＜jsp:useBean＞、＜jsp:setProperty＞、＜jsp:getProperty＞动作标签就把＜%%＞给忽略了。

4.4　session、application 仿真

在 JSP 程序中，session、application 是非常重要的页面通信对象，可能很多同学都感觉它们很神秘。其实，它们不是新技术，用我们学过的知识是能构建起来的。

(1) MyApp 类：与 application 对应。

```java
package c4;
import java.util.*;
public class MyApp {
    public static Map<String,Object>m=new HashMap();
    public static void setAttribute(String key, Object obj){
        m.put(key, obj);
    }
    public static Object getAttribute(String key){
        return m.get(key);
    }
}
```

该类非常简单，定义了一个静态的 HashMap 成员变量 m，两个常用的静态方法 setAttribute()、getAttribute()。

(2) MySession 类：与 session 对应。

```java
package c4;
import java.util.*;
public class MySession {
    public static Map<String,Map<String,Object>>m=new HashMap();
    public static void setAttribute(String client,String key, Object obj){
        Map<String,Object>climap=m.get(client);
        if(climap==null){
            climap=new HashMap();
            climap.put(key, obj);
            m.put(client, climap);
        }
        else
            climap.put(key, obj);
    }
    public static Object getAttribute(String client,String key){
        Map<String,Object>climap=m.get(client);
        if(climap==null)
            return null;
        return climap.get(key);
    }
}
```

由于 Web 工程允许多个 session 同时存在，每个 session 又可有多个对象，因此在 MySession 类中定义了一个静态的双级联的 HashMap 成员变量 m，由于 session 与客户会话相关，因此与 MyApp 类中的 setAttribute()、getAttribute()方法相比，多了一个方法参数 String client，表明要设置或读取哪一个客户的对象。

【例 4-8】 验证 MyApp、MySession 示例。

定义三个页面：e4_8.jsp 用于输入表单输入，e4_8_2 用于表单响应并按作用域保存变量，e4_8_3.jsp 用于读取作用域变量并保存。具体代码如下所示。

(1) 表单输入 e4_8.jsp。

```jsp
<%@page language="java" contentType="text/html; charset=utf-8"
    pageEncoding="utf-8"%>
<html>
<body>
<form action=e4_8_2.jsp>
    设置 session:<input type="text" name="sess" /><br>
    设置 application:<input type="text" name="app" /><br>
    <input type="submit" value="ok" />
</form>
</body>
</html>
```

该页面表明我们将要保存一个 session 及 application 作用域的共享变量。

(2) 作用域变量保存页面 e4_8_2.jsp。

```jsp
<%@page import="c4.MySession,c4.MyApp" %>
<%
    String strsess=request.getParameter("sess");
    String strapp=request.getParameter("app");
    String strclient=session.getId();
    MySession.setAttribute(strclient, "mysess", strsess);
    MyApp.setAttribute("myapp", strapp);
%>
```

该页面用自定义的 MyApp、MySession 类保存了相应的共享变量。比较来说，MyApp 类应用较简单，MySession 类应用复杂，因为 MySession 类需要一个标识不同客户的字符串，本例是直接借用了 session 对象中 getID() 返回的字符串作为标识串的。

(3) 作用域变量读取页面 e4_8_3.jsp。

```jsp
<%@page language="java" contentType="text/html; charset=utf-8"
    pageEncoding="utf-8"%>
<%@page import="c4.MySession,c4.MyApp" %>
<%
    String strclient=session.getId();
    out.print("session 值: "+MySession.getAttribute(strclient, "mysess"));
    out.print("application 值: "+MyApp.getAttribute("myapp"));
%>
```

有了上述三个页面，就可以做实验了。启动 Eclipse 内嵌浏览器及外置浏览器（模仿两个客户）；在两个浏览器内分别启动 e4_8.jsp，输入一个 session 及 application 代表的字符串值（保证在两个浏览器中输入的 session 及 application 值是不同的），按 OK 按钮，进入响应页面 e4_8_2.jsp,完成数据的保存;在两个浏览器内分别启动 e4_8_3.jsp,可以看出显示的 session 变量值是不同,而 application 变量值是相同的。

4.5 综合示例

【例 4-9】 阅读小说示例。

功能是首先有一个小说名称列表,选中某小说(按超链接按钮)则显示该小说的全部内容,假设所有小说在 Web 工程下的 mytxt 子目录下。

分析:很明显有两个 JSP 页面,两个 JavaBean 类。小说列表页面 e4_9.jsp,列表内容是通过操作 JavaBean 类 TxtListFile 获得的。具体小说内容显示页面 e4_9_2.jsp,小说内容是通过 JavaBean 类 TxtRead 获得的。代码如下所示。

(1) 列表内容获得所需相关接口及类。

```java
package c4;
public interface IList {
    public String[] listFiles();
}

package c4;
import java.util.*;
import java.io.*;
public class TxtListFile implements IList {
    private String strPath;
    public TxtListFile(String strPath){
        this.strPath=strPath;
    }
    public String[] listFiles() {
        File f=new File(strPath);
        String strFile[]=f.list();
        return strFile;
    }
}
```

定义了接口 IList 及其实现类 TxtListFile。定义接口的目的是说明在 JSP 中应用 Java 类与在 Java 工程中是大同小异的,在 JSP 中同样要考虑程序将来的维护、二次开发等。因此自定义功能类一般也需要从接口、抽象类派生,方便过程控制。

(2) 小说内容获得所需相关接口及类。

```java
package c4;
import java.io.*;
public interface IRead {
    String read() throws Exception;
}
```

```java
package c4;
import java.io.*;
public class TxtRead implements IRead {
    private String strPath;
    public TxtRead(String strPath){
        this.strPath=strPath;
    }
    public String read() throws Exception {
        File f=new File(strPath);
        int len=(int)f.length();
        byte buf[]=new byte[len];
        FileInputStream in=new FileInputStream(f);
        in.read(buf);
        String s=new String(buf);
        return s;
    }
}
```

文件操作常遇到的异常是 FileNotFoundException、IOException，文中为了写法方便，直接用了 Exception 异常。read()方法主要是先获得文件长度 len，建立大小为 len 的 byte 数组缓冲区 buf，之后一次将文件所有内容读入 buf，最后将 buf 转化为可见字符串。本文中假设所有小说文件都是 gbk 编码文本格式。

（3）小说列表页面 e4_9.jsp。

```jsp
<%@page language="java" contentType="text/html; charset=utf-8"
    pageEncoding="utf-8"%>
<%@page import="c4.*" %>
<%
    String strPath=application.getRealPath("/mytxt");
    IList list=new TxtListFile(strPath);
    String strFile[]=list.listFiles();

    String s="<table border=1>";
    for(int i=0; i<strFile.length; i++){
        s+="<tr>";
        s+="<td>"+(i+1)+"</td>";
        s+="<td>"+strFile[i]+"</td>";
        s+="<td><a href='e4_9_2.jsp?file="+strFile[i]+"'>显示</a>";
        s+="</tr>";
    }
    s+="</table>";
%>
<html>
<body>
```

```
    <%=s %>
</body>
</html>
```

可以看出，建立列表对象采用了多态形式"IList list＝**new** TxtListFile(strPath)"，通过操作类 TxtListFile 获得了所有小说名称，之后将它们动态地添加到＜table＞表格中。

一个着重理解点是如何形成每本小说的超链接？超链接的响应页面都是 e4_9_2.jsp，但形成的参数值不同，参数值是小说的文件名称。因此可以得出：在 e4_9_2.jsp 中一定是通过判定参数值来确定显示哪个具体的小说内容。

(4) 小说内容显示页面 e4_9_2.jsp。

```
<%@page language="java" contentType="text/html; charset=utf-8"
    pageEncoding="utf-8"%>
<%@page import="c4.*" %>
<%
    String strFile=request.getParameter("file");
    strFile=new String(strFile.getBytes("iso-8859-1"),"utf-8");
    String root=application.getRealPath("/mytxt");
    IRead in=new TxtRead(root+"/"+strFile);
    String s=in.read();
    s=s.replaceAll("\n", "<br>");
%>
<html>
<body>
<div style="border: 1px solid black;">
    <%=s %>
</div>
<a href="e4_9.jsp">返回</a>
</body>
</html>
```

该页面首先获得 file 参数值，要对获得的文件名进行 ISO-8859-1 至 UTF-8 的编码转换，否则容易引起中文乱码；然后调用 JavaBean 类 TxtRead，获得文件文本内容；最后将文本内容添加到＜div＞标签中。

有两点需要读者深入体会：(1)为什么从 Bean 读出的字符串内容要进行 replaceAll() 操作呢？这是因为小说原文本文件中换行符是\n,而在 HTML 超文本中换行符是＜br＞,因此必须执行 replaceAll()操作,将所有的\n 由＜br＞替代,这样才能在浏览器页面中完成正确格式的显示;(2)为什么不把"s＝s.replaceAll("\n", "<br>")"直接封装在 Bean 类中？这是因为 Bean 类包含了一类事物的共性,换言之,特殊性的东西一般不放在其中。由于现在用浏览器显示小说文本,特殊性在于必须进行\n 至＜br＞的字符替换,因此不要将 replaceAll()操作封装在 Bean 中。如果我们在 Java 应用程序中利用 JTextArea 显示小说内容,则直接用 Bean 类中 read()方法返回的字符串就可以了。也就是说我们编制的 Bean 类尽量做到不仅适用 Web 工程,而且适用 Java 应用工程等。如果有了这样的思维方式,就能真正体会到编程的乐趣。

【例 4-10】 求三角形面积示例。

功能是输入三角形边长,当按确定按钮时,若符合三角形边长条件,显示面积;否则提示重新输入。

本例实现方法多种多样,本文采用"动作标签＋Bean 类＋Bean 异常处理类＋JSP 异常框架"来实现,具体代码如下所示。

(1) 三角形 Bean 类 Triangle 及异常类 TriangleException。

```java
package c4;
public class Triangle {
    private double a,b,c;
    private double area;

    public void setA(double a){this.a=a;}
    public void setB(double b){this.b=b;}
    public void setC(double c){this.c=c;}
    public double getArea() throws TriangleException{
        if(a<=0||b<=0||c<=0)
            throw new TriangleException(TriangleException.NUM_EXCEPTION);

        if(a+b<=c || b+c<=a || a+c<=b)
            throw new TriangleException(TriangleException.RULE_EXCEPTION);
        double s=(a+b+c)/2;
        area=Math.sqrt(s*(s-a)*(s-b)*(s-c));
        return area;
    }
}

package c4;
import java.io.*;
public class TriangleException extends Exception{
    public final static int NUM_EXCEPTION=100;
    public final static int RULE_EXCEPTION=101;
    privateint no;
    public TriangleException(int no){
        this.no=no;
    }
    public int getNo(){
        return no;
    }
}
```

功能类 Triangle 要求三边必须满足以下条件:

① 边长必须大于 0;

② 两边之和大于第三边,否则生成 TriangleException 异常。可能有读者会问为什么所有异常都在 getArea()方法中生成,在 setA()、setB()、setC()中不也可能吗? 例如输入边长是负数的情况。以 setA()为例,代码如下所示。

```java
public void setA(double a){
    if(a<=0||b<=0||c<=0)
        throw new TriangleException(TriangleException.NUM_EXCEPTION);
    this.a=a;
}
```

这是因为本题要求由动作标签实现所需功能,由于<jsp:setProperty>要远比<jsp:getProperty>复杂,<jsp:setProperty>首先必须完成字符串数据向 Bean 所对应数据类型转换,才能调用 setXXX()方法完成对 Bean 成员变量的真正赋值,在数据类型转换时就可能产生系统异常(非 TriangleException 异常)。而<jsp:getProperty>仅调用 getter 方法,一般无系统异常。因此,本题的思路是不要在 setXXX()中产生自定义异常,避免与<jsp:setProperty>产生的系统异常混杂在一起,而要在 getXXX()方法中生成自定义异常,方便统一处理。

(2) 三角形边长输入页面 e4_10.jsp。

```jsp
<%@page language="java" contentType="text/html; charset=utf-8"
    pageEncoding="utf-8"%>
<html>
<body>
<form action="e4_10_2.jsp">
    a: <input type="text" name="a" /><br>
    b: <input type="text" name="b" /><br>
    c: <input type="text" name="c" /><br>
    <input type="submit" value="ok" />
</form>
</body>
</html>
```

(3) 三角形面积显示页面 e4_10_2.jsp。

```jsp
<%@page language="java" contentType="text/html; charset=utf-8"
    pageEncoding="utf-8" errorPage="e4_10_3.jsp" %>
<%@page import="c4.*" %>

<jsp: useBean id="obj" class="c4.Triangle" scope="request"></jsp: useBean>
<jsp: setProperty property="*" name="obj"/>
三角形面积为: <jsp: getProperty property="area" name="obj"/>
```

该段代码比较简单,定义了 page 标签 errorPage 属性值为 e4_10_3.jsp,表明本页面中 JSP 代码若有异常产生,则转向异常处理页面 e4_10_2.jsp。

(4) 异常处理页面 e4_10_3.jsp。

```jsp
<%@page import="c4.TriangleException"%>
<%@page language="java" contentType="text/html; charset=utf-8"
    pageEncoding="utf-8" isErrorPage="true"%>
<%@page import="java.io.*" %>

<%
    if(exception instanceof c4.TriangleException){
        c4.TriangleException obj=(c4.TriangleException)exception;
        int mark=obj.getNo();
        if(mark==TriangleException.NUM_EXCEPTION)
            out.print("边长值不能小于 0!!!");
        elseif(mark==TriangleException.RULE_EXCEPTION)
            out.print("两边之和必须大于第三边");
    }
    else out.print("边长输入必须是数字字符串");
%>
<html>
<body>
<br><a href='e4_10.jsp'>请重新输入</a>
</body>
</html>
```

由于是异常处理页面,因此必须定义 page 标签中 isErrorPage 属性值为 true。本页面捕获了自定义 TriangleException 及系统产生的异常。TriangleException 异常是在 if 代码块中根据异常号判定的,系统异常是由＜jsp：setProperty＞标签引起的,在 else 代码块中捕获的。页面最后通过超链接进行了简单的处理。

【例 4-11】 简易留言板示例。

功能是发布留言与显示留言。利用"动作标签＋Bean 类＋Vector 向量实现",思路是将提交的留言保存到 Vector 向量中,遍历该向量就可显示所有留言,代码如下所示。

(1) Bean 类 Word.java。

```java
package c4;
import java.util.*;
public class Word {
    private String no;              //账号
    private String name;            //姓名
    private String word;            //内容
    private String time;            //时间
    public String getNo() {return no;}
    public void setNo(String no) {this.no=no;}
    public String getName() {return name;}
    public void setName(String name) {this.name=name;}
```

```java
        public String getWord() {return word;}
        public void setWord(String word) {
            this.word=word;
            Calendar c=Calendar.getInstance();
            int year=c.get(Calendar.YEAR);
            int month=c.get(Calendar.MONTH)+1;
            int day=c.get(Calendar.DAY_OF_MONTH);
            int h=c.get(Calendar.HOUR_OF_DAY);
            int m=c.get(Calendar.MINUTE);
            int s=c.get(Calendar.SECOND);
            time=year+"-"+month+"-"+day+" "+h+": "+m+": "+s;
        }
        public String getTime() {return time;}
}
```

该 Bean 类包含了每条留言的基本信息，如发布人账号、姓名、内容、发布时间。由于发布时间是提交留言（Word 成员变量）时生成的，因此写在了方法 setWord()内。

（2）提交留言页面 e4_11.jsp。

```jsp
<%@page language="java" contentType="text/html; charset=utf-8"
    pageEncoding="utf-8"%>
<jsp: useBean id="wobj" class="c4.Word" scope="session"/>
<jsp: setProperty name="wobj" property="no"/>
<jsp: setProperty name="wobj" property="name"/>
<html>
<body>
账号：<jsp: getProperty name="wobj" property="no" /><br>
姓名：<jsp: getProperty name="wobj" property="name" /><br>
留言：<br>
<form action="e4_11_2.jsp">
    <textarea rows="4" cols="20" name="word"></textarea><br>
    <input type="submit" value="ok" />
</form><br>
<a href="e4_11_3.jsp">浏览留言</a>
</body>
</html>
```

该页面首先利用<jsp：useBean>获得了名为 wobj 的 Word 类对象，并为发布人账号、姓名赋值，然后定义了提交留言的 form 表单，最后定义了浏览留言功能的超链接。由于本示例简化了功能，缺少登录功能，因此在浏览器中要输入参数，参数属性是 no 和 name，形如 http://…/e4_11.jsp?no=111&name=zhang。

（3）留言保存页面 e4_11_2.jsp。

```jsp
<%@page language="java" contentType="text/html; charset=utf-8"
    pageEncoding="utf-8"%>
```

```jsp
<%@page import="java.util.*,c4.Word" %>
<jsp: useBean id="wobj" class="c4.Word" scope="session" />
<jsp: setProperty name="wobj" property="word" />
<%
    Vector v=(Vector)application.getAttribute("words");
    if(v==null){
        v=new Vector();
        application.setAttribute("words", v);
    }
    Word newobj=new Word();
    newobj.setNo(wobj.getNo());
    newobj.setName(wobj.getName());
    newobj.setWord(wobj.getWord());
    v.add(newobj);
%>
<html>
<body>
<a href="e4_11.jsp">返回</a>
</body>
</html>
```

由于在 e4_11.jsp 中通过动作标签为 Bean 类中的发布人账号、姓名赋了值,本页面继续为留言赋值。也就是说我们要跨页面为相同 Bean 对象中的不同成员变量赋值,因此 <jsp：useBean> 标签中的 scope 应为 session,ID 名称必须一致,本示例中均为 wobj。

从代码可知,Vector 是留言 Word 对象的集合,由于 Vector 必须为所有客户所共享,因此必须将 Vector 对象置于 application 域中。

可能有读者问代码中为什么要新定义一个 Word 对象 newobj,下述代码不对吗?

```jsp
<%
    Vector v=(Vector)application.getAttribute("words");
    if(v==null){
        v=new Vector();
        application.setAttribute("words", v);
    }
    v.add(wobj);
%>
```

由于 wobj 是 session 作用域,假设按上述代码提交 n 次留言(保证同一 session 前提下),n 次提交的都是物理地址相同的同一 wobj 对象(共享 wobj)。因此在 Vector 向量中是有 n 个元素,但它们都指向最后一次提交的数据,之前提交的数据都被覆盖了,因此是错误的。

(4) 浏览留言页面 e4_11_3.jsp。

```jsp
<%@page language="java" contentType="text/html; charset=utf-8"
    pageEncoding="utf-8"%>
```

```jsp
<%@page import="java.util.*,c4.Word" %>
<%
    Vector v=(Vector)application.getAttribute("words");
    if(v==null) return;
    String s="<table border=1>";
    s+="<tr>";
    s+="<td width='80px'>姓名</td><td width='100px'>时间</td>
        <td width='200px'>留言</td>";
    s+="</tr>";
    for(int i=0; i<v.size(); i++){
        Word w=(Word)v.get(i);
        s+="<tr>";
        s+="<td>"+w.getName()+"</td>";
        s+="<td>"+w.getTime()+"</td>";
        s+="<td>"+w.getWord()+"</td>";
        s+="</tr>";
    }
    s+="</table>";
%>
<html>
<body>
<%=s %><br>
<a href="e4_11.jsp">返回</a>
</body>
</html>
```

【例 4-12】 类型转换 Java 类。

request 中的 getParameter()、getParameterValues()方法的返回值都是字符串类型，对 Bean 对象成员变量赋值很多时候必须进行类型转换，这种操作是经常发生的。虽然<jsp:setProperty>可以自动完成类型转换，但它是有条件的，因此编制一个类，实现这些常用的类型转化方法是可行的，代码如下所示。

```java
package c4;
import javax.servlet.http.HttpServletRequest;
public class MyConvert {
    public static String getParameter(HttpServletRequest req,String name){
        String s=req.getParameter(name);
        if(s==null) return null;
        try{
            s=new String(s.getBytes("iso-8859-1"), "utf-8");
        }
        catch(Exception e){}
        return s;
    }
```

```java
    public static String[] getParameters(HttpServletRequest req,String name){
        String s[]=req.getParameterValues(name);
        if(s==null) return null;
        try{
            for(int i=0; i<s.length; i++)
                s[i]=new String(s[i].getBytes("iso-8859-1"), "utf-8");
        }
        catch(Exception e){}
        return s;
    }
    public static int getIntParameter(HttpServletRequest req,String name, int defaultValue){
        String s=req.getParameter(name);
        if(s==null)return defaultValue;
        try{
            int n=Integer.parseInt(s);
            return n;
        }
        catch(Exception e){}
        return defaultValue;
    }
    public static int[] getIntsParameter(HttpServletRequest req,String name){
        String s[]=req.getParameterValues(req,name);
        int n[]=newint[s.length];
        if(s==null)return null;
        try{
            for(int i=0; i<s.length; i++){
                n[i]=Integer.parseInt(s[i]);
            }
        }
        catch(Exception e){}
        return null.;
    }
}
```

MyConvert 中的所有方法都定义成了静态方法，方便调用。其中的 getParameter()、getParameters()方法增加了中文乱码处理。getIntParameter()方法用于将字符串转化成整形数，其中的第 3 个参数 defaultValue 是默认整数值，当返回是默认值时，表明是非法字符串，不能转化成整形数。getIntsParameter()方法用于将字符串数组转化成整形数组，当返回是 null 时，表明是非法字符串，不能转化成整形数组。当然，本类并不完善，同学们可仿照此思路，写出对应的转化为 float、long、Object 等的方法。

利用 MyConvert 类，可简化编码，省去许多重复工作，例如下述代码表明 a 要获取字符串值，b 要获取整形数值，c 要获取整形数组值。

```
<%
    String a=MyConvert.getParameter("a");
    int b=MyConvert.getIntParameter("b");
    int c[]=MyConvert.getIntsParameter("c");
%>
```

习题

1. 为什么要引入 JavaBean 类？
2. 简述＜jsp：useBean＞动作标签各主要属性的作用是什么？该动作标签的执行流程如何？
3. 简述＜jsp：setProperty＞动作标签在表单赋值中的作用。
4. 要求用普通调用 JavaBean 方式计算长方体体积，描述如下。

Rect.java：长方体功能类。

Input.jsp：利用 form 表单输入长、宽、高值，响应页面是 calc.jsp。

Calc.jsp：调用 Bean 类 Rect，求出长方体体积并显示在桌面上。

5. 要求完全用动作标签实现第 4 题所述功能。
6. 保存登录信息仿真，描述如下。

login.jsp：利用 form 表单输入账号 no，密码 pwd，响应页面 check.jsp。

check.jsp：将 no，pwd 封装为 User 对象，并用 session 保存。

User.java：Bean 类，包含成员变量 no 及 pwd，setter 及 getter 函数。

上述三个文件功能是关联的，再编一个独立的 Read.jsp 文件，用以显示 session 保存的 User 对象信息。

7. 学生基本信息管理仿真，描述如下。

Student.java：学生基本类，成员变量学号 no，姓名 name，setter 及 getter 函数。

StudManage.java：学生管理类，包含一个 Vector＜Student＞成员变量 vec，添加学生成员函数 AddStud(Student s)。

Input.jsp：学生信息输入页面，可输入学号 no，姓名 name，响应页面 Add.jsp。

Add.jsp：将 no、name 封装成 Student 对象 s，产生 StudManage 对象 st，通过 AddStud() 函数将 s 添加到集合中。

Show.jsp：单独的显示页面，用于显示 StudManage 对象中的所有学生信息。

第 5 章 Servlet基础

Servlet 是 1997 年由 Sun 和其他几个厂商为了将 Java 浏览器端的 Applet 技术扩展到 Web 服务器端而提出的一种技术。一个 Servlet 实质上是一个符合 Servlet API 规范的 Java 类，它在 Web 服务器上接受并处理客户请求，然后将处理器结果发送给客户端浏览器。因为它本身是一个 Java 类，所以它拥有 Java 的所有特点，还有自己的一些特点：能与其他资源交互、安全性高、与协议无关。

5.1 引入 Servlet

至本章之前，编 Web 应用可有两种方法：一种是纯 JSP，一种是 JSP+JavaBean。前者将所有代码都封装在页面文本文件中，后者一部分在文本文件（JSP 文件）、一部分在字节码文件（JavaBean）中，从知识产权角度安全性来说 JSP+JavaBean 技术更好。那么，按此推论，JSP 中的内容越少，JavaBean 中封装的内容越多，就越趋近理想应用架构。我们目前所学的知识能够达到吗？没有问题。事实上，对于 Web 页面最重要的就是两个内置命令 request、response，如果将这两个参数传到 Java 类中就可以了，请看下述代码。

```
<%
    XXX obj=new XXX();
    obj.process(request, response);
%>
```

"XXX"代表一个 Java 类，process()是其中的一个方法。任何一个 JSP 程序都可以写成上述形式，所有功能都封装在 process()方法中。需要的文件个数是两个，一个是 JSP 文件，一个是 Java 类文件。进一步思考，能否将这两个文件合并，行成一个 Java 文件？浏览器发送请求，请求的是 Java 文件，而非 JSP 文件？这即是 Servlet 思维方式。

事实上，先有 Servlet，后有 JSP 技术。它们主要差异在于：JSP 提供了一套简单的标签，即使不了解 Servlet 的用户也可以通过 JSP 做出动态网页来。因此，很多对 Java 语言不熟悉的用户，会觉得 JSP 开发比较方便。JSP 页面修改后可以立即看到效果，不需要手工编译；而 Servlet 需要编译，重新启动 Servlet 引擎等一系列动作。

如果开发比较复杂的 Web 应用，Servlet 比 JSP 有明显的优势。许多应用框架如 struts 就是采用 Servlet 来实现的。

5.2 Servlet 建立

【例 5-1】 最简单 Servlet 程序：HelloWorld。

利用 Eclipse 开发环境创建即可，有两点需要注意。

（1）建立 Web 工程时，选中生成 XML 选项，当为 Tomcat7.0 以上版本时，默认是不选中的，如图 5-1 所示。

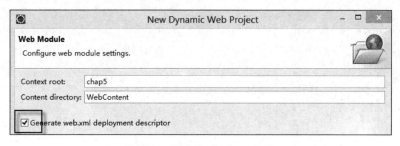

图 5-1　选中生成 XML 选项

（2）建立完 chap5 工程后，鼠标选中 Webcontent，按右键，选中 New→Servlet；若没有则按如下选中 New→Other→Web→Servlet，界面如图 5-2 所示。

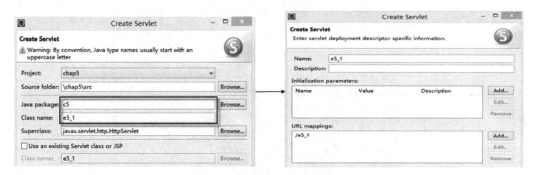

图 5-2　生成 Servlet 参数设置界面

图 5-2 左图中输入 Servlet 包名及类名，默认基类是 HttpServlet。右图可用默认信息，注意 URL mapping 为"/e5_1"，即在前一参数设置界面中所输入的类名，表明利用 http://…/e5_1 就可启动 Servlet 类 e5_1.java。

最后，设置 Servlet 方法为 service()，如图 5-3 所示。

生成的 Servlet 类 e5_1 代码如下所示。

```java
package c5;
import java.io.IOException;
import java.io.PrintWriter;
import javax.servlet.ServletException;
import javax.servlet.annotation.WebServlet;
import javax.servlet.http.HttpServlet;
```

```
import javax.servlet.http.HttpServletRequest;
import javax.servlet.http.HttpServletResponse;

@WebServlet("/e5_1")
public class e5_1 extends HttpServlet {
    private static final long serialVersionUID=1L;
    public e5_1() {
        super();
    }
    protected void service(HttpServletRequest request, HttpServletResponse
    response) throws ServletException, IOException {
        PrintWriter out=response.getWriter();
        out.print("Hello world!");
    }
}
```

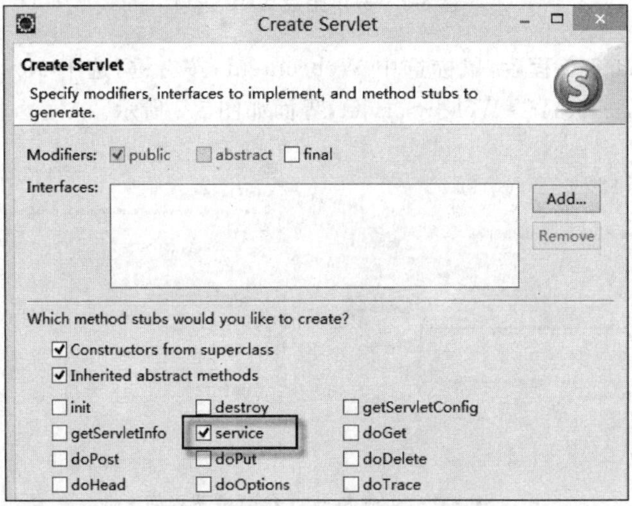

图 5-3 设置 Servlet 方法界面

在 service()方法中加上述两行语句后，启动 Tomcat 服务器，在浏览器中输入 http：//…/e5_1，运行后界面如图 5-4 所示。

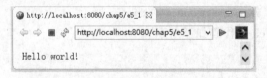

图 5-4 最简单 Servlet 运行界面

那么，为什么输入 http：//…/e5_1 就能运行类 e5_1 呢？
- 对本示例而言，由于 Tomcat 版本在 7.0 以上，它是通过 Tomcat 固有的注释技术找到并运行相应 Servlet 类的。请注意代码中有一句"@WebServlet("/e5_1")"，表明该类是一个 Servlet 类，其 URL("/e5_1")与类 e5_1 是捆绑在一起的。为了更好理解它们之间的关系，做如下实验，修改代码如下所示。

```
@WebServlet("/a/b/c/d")
```

重启 Tomcat 服务器，在地址栏中输入 http://…/a/b/c/d，仍能看到图 5-4 的页面。可以得出，Servlet 页面的 URL 可以写成任意的形式，只要定义好与对应的 Servlet 类就可以了。

- 当 Tomcat 版本在 7.0 以上时，它是通过配置文件（系统配置文件 web.xml，在 web-inf 子目录下）技术找到并运行 Servlet 类的。当利用 Eclipse 开发环境完成上文图 5-2～图 5-4 步骤后，生成的类 e5_1 代码少了"@WebServlet("/e5_1")"这一行，生成的配置文件的内容如下所示。

```
<web-app>
<servlet>
    <servlet-name>e5_1</servlet-name>
    <servlet-class>c5.e5_1</servlet-name>
</servlet>
<servlet-mapping>
    <servlet-name>e5_1</servlet-name>
    <url-pattern>/e5_1</url-pattern>
</servlet-mapping>
</web-app>
```

一个 Servlet 类参数定义是由＜servlet＞及＜servlet-mapping＞标签完成的，这两个标签通过共有子标签＜servlet-name＞进行了关联。＜servlet-class＞定义了 Servlet 类的全包路径，＜url-pattern＞子标签定义了 URL 内容。当输入 http://…/e5_1 时，URL 简写为"/e5_1"，通过查询配置文件＜servlet-mapping＞信息，得出＜servlet-name＞属性值为 e5_1，根据此值，再查询＜servlet＞标签内容，得出＜servlet-class＞属性值为 c5.e5_1，于是就执行该 Servlet 类的具体功能了。

如何将高版本（大于 Tomcat7.0）程序移植到低版本（小于 Tomcat7.0）中呢？一般来说很简单。首先去掉注释包，如"**import** javax.servlet.annotation.WebServlet"；然后去掉注释行，如"@WebServlet("/e5_1")"；最后打开 web.xml，添加一对＜servlet＞及＜servlet-mapping＞标签内容。那么，低版本（大于 Tomcat7.0）程序向高版本（小于 Tomcat7.0）移植需要做哪些工作？一般来说，无须改变任何内容，直接应用即可。

5.3 Servlet 常用类与接口

5.3.1 GenericServlet 类

它是一个抽象类，原型如下所示。

```
public abstract class GenericServlet implements Servlet, ServletConfig,
Serializable;
```

该类提供了一些通用及抽象方法,如下所示。

- 初始化方法,可重写,有两种形式。

void init() throws ServletException;用来对 GenericServlet 类进行扩充,使用这个方法时,你不需要存储 config 对象,也不需要调用 super.init(config)。

```
void init(ServletConfig config) throws ServletException;
```

init(ServletConfig config);该方法会存储 config 对象,然后调用 init()。如果重载了这个方法,就必须调用 super.init(config),这样 GenericServlet 类的其他方法才能正常工作。

- ServletConfig getServletConfig();在 Servlet 的配置文件中,可以使用一个或多个 <init-param> 标签为 Servlet 配置一些初始化参数。当 Servlet 配置了初始化参数后,Web 容器在创建 Servlet 实例对象时,会自动将这些初始化参数封装到 ServletConfig 对象中。
- String getInitParameter(String name);获取配置文件键所对应的值,它将会调用 ServletConfig 对象的同名的方法。
- Enumeration getInitParameterNames();获取配置文件键所对应的键集合,它将会调用 ServletConfig 对象的同名的方法。
- void destroy();默认不做任何工作,可重写。
- ServletContext getServletContext();获得 Servlet 对象上下文,它将会调用 ServletConfig 对象的同名的方法。
- String getServletInfo();返回 Servlet 版本。
- 日志功能,有两种形式。

```
void log(String msg);
void log(String msg, Throwable cause);
```

通过 Servlet content 对象将 Servlet 的类名和抛出的异常信息写入 log 文件中。

- abstract void service(ServletRequest request, ServletResponse response) throws ServletException, IOException;这是一个抽象的方法,当扩展这个类时,必须重写该方法,对读者而言,它是最主要的重写方法,业务逻辑都封装在该方法之中。

【例 5-2】 Servlet 生命周期示例。

主要体会 init()、service()、destroy() 的运行顺序。利用 Eclipse 开发环境创建 Servlet 类 e5_2 时,选择基类是 GenericServlet(默认是 HttpServlet),选择重写上述 3 个方法(默认仅 service())。生成的代码中,在 3 个方法及构造方法中分别加一条控制台输出语句,代码如下所示。

```
package c5;
import java.io.IOException;
import javax.servlet.*;
import javax.servlet.annotation.WebServlet;
@WebServlet("/e5_2")
public class e5_2 extends GenericServlet {
    private static final long serialVersionUID=1L;
    public e5_2() {super(); System.out.println("This is e5_2()");}
    public void init(ServletConfig config) throws ServletException {
        System.out.println("This is init()");
    }
    public void service (ServletRequest request, ServletResponse response)
    throws ServletException, IOException {
        System.out.println("This is service()");
    }
    public void destroy() {
        System.out.println("This is destroy()");
    }
}
```

实验过程如下：首先启动 Tomcat，然后运行 http://…/e5_2，再反复刷新运行 e5_2，最后停止 Tomcat 运行，其在控制台上运行情况如图 5-5 所示。

图 5-5　Servlet 生命周期演示图

当首次运行 e5_2 时，构造方法 e5_2()、init()、service() 运行了；当刷新运行该页面时，仅 service() 运行；当关闭 Tomcat 服务器时，destroy() 方法才运行。根据上述，可以更好地理解以下几个知识点。

- Servlet 作为一种在 Servlet 容器中运行的组件，有一个从创建到删除的过程，这个过程常被称为 Servlet 的生命周期，包括实例化、初始化、处理客户请求、卸载几个阶段。
- Servlet 实例化、初始化是在构造方法及 init() 方法完成的，且只运行一次。也就是说在服务器端仅有一份 Servlet 类的实例，为所有客户端访问所共享。
- Servlet 处理客户请求全过程是由 service() 方法完成的，包含了大部分的业务逻辑及相应处理。客户端每请求一次 Servlet，service() 方法就运行一次。

- Servlet destroy()方法一般是在关闭服务器的时候运行的,用于释放那些 Java 虚拟机垃圾回收机制不能回收的资源,例如关闭打开文件和数据库连接等。

5.3.2 ServletConfig 与 ServletContext 对象

1. ServletConfig 对象

ServletConfig 对象相当于 JSP 中的内置命令 config,每个 Servlet 对象所拥有的 ServletConfig 对象是不同的。在 Servlet 的配置文件中,可以使用一个或多个<init-param>标签为 Servlet 配置一些初始化参数(配置在某个 Servlet 标签下)。当 Servlet 配置了初始化参数后,Web 容器在创建 Servlet 实例对象时,会自动将这些初始化参数封装到 ServletConfig 对象中,并在调用 Servlet 的 init 方法时,将 ServletConfig 对象传递给 Servlet。进而,程序员通过 ServletConfig 对象就可以利用 getInitParameter( )、getInitParameterNames()得到当前 Servlet 的初始化参数信息。

2. ServletContext 对象

ServletContext 上下文对象相当于 JSP 中的内置命令 application,每个 Servlet 对象所拥有的 ServletContext 对象是相同的。Web 容器在启动时,它会为每个 Web 应用程序都创建一个对应的 ServletContext 对象,它代表当前 Web 应用。

ServletConfig 对象中维护了 ServletContext 对象的引用,开发人员在编写 Servlet 时,可以通过 ServletConfig.getServletContext( )方法获得 ServletContext 对象。由于一个 Web 应用中的所有 Servlet 共享同一个 ServletContext 对象,因此 Servlet 对象之间可以通过 ServletContext 对象来实现通信。ServletContext 对象通常也被称之为 context 域对象。

【例 5-3】 getInitParameter()示例。

ServletConfig 与 ServletContext 对象中都有 getInitParameter()方法,本例主要比较它们的不同。建立 Servlet 类 e5_3 过程中,在图 5-2 右图位置按参数设置 Add 按钮,增加名为 author,值为 zhangsan 的键值对。生成代码如下所示。

```
package c5;
import java.io.IOException;
import javax.servlet.*;
import javax.servlet.annotation.*;
@WebServlet(
        urlPatterns={ "/e5_3" },
        initParams={
                @WebInitParam(name="author", value="zhangsan")
        })
public class e5_3 extends GenericServlet {
    private static final long serialVersionUID=1L;
    public e5_3() {super();}
    public void service(ServletRequest request, ServletResponse response)
        throws ServletException, IOException {
```

```
        ServletConfig sc=this.getServletConfig();
        ServletContext st=this.getServletContext();
        System.out.println("The servlet is programed by
        "+sc.getInitParameter("author"));
        System.out.println("The web is programed by
        "+st.getInitParameter("author"));
    }
}
```

注释@WebServlet 中可看出 URL 及所加键值对信息,假设含义是本 Servlet 类编码是由 zhangsan 完成的。

修改系统配置文件 web.xml 并增加<context-param>内容,假设含义是本 Web 应用是由 Lisi 设计的。

```xml
<?xml version="1.0" encoding="UTF-8"?>
<web-app>
    <context-param>
        <param-name>author</param-name>
        <param-value>Lisi</param-value>
    </context-param>
</web-app>
```

可知,共有两对键值对,一对是 Servlet 类 e5_3 所独有的(author,zhangsan),一个是为所有 Servlet 对象所共有的(author,lisi)。当运行 http://…/e5_3 时,控制台上首先输出"The servlet is programed by zhangsan",然后输出"The servlet is programed by Lisi"。因此若获得页面独有的初始化参数,必先获得 ServletConfig 对象,再调用其中的 getInitParameter()方法;若获得共享的初始化参数(封装在 web.xml 中<context-param>标签中),必先获得 ServletConfig 对象,再调用其中的 getInitParameter()方法。

若 Tomcat 版本在 7.0 以下,当利用 Eclipse 开发平台产生 Servlet 类 e5_3 后,手动增加 web.xml 中的<context-param>及<init-param>标签内容,web.xml 内容如下所示。

```xml
<web-app>
<context-param>
    <param-name>author</param-name>
    <param-value>Lisi</param-value>
</context-param>
<servlet>
    <servlet-name>e5_3</servlet-name>
    <servlet-class>c5.e5_3</servlet-name>
    <init-param>
        <param-name>author</param-name>
        <param-value>zhangsan</param-value>
    </init-param>
```

```
</servlet>
<servlet-mapping>
    <servlet-name>e5_3</servlet-name>
    <url-pattern>/e5-3</url-pattern>
</servlet-mapping>
</web-app>
```

由标签的层次性可知，<init-param>是隶属于某个 Servlet 的，<context-param>与<servlet>标签是平齐的，不属于某个具体的 Servlet，可看作是所有<servlet>的共享信息。

5.3.3　HttpServlet 类

该类基于 Http 协议扩展了 GenericServlet 类，主要包括两个 service()及多个 doXXX()方法，主要方法如下所示。

- public void service(ServletRequest request,ServletResponse response);
- protected void service(HttpServletRequest request, HttpServletResponse response);
- protected void doGet(HttpServletRequest request，HttpServletResponse response);针对 Http 协议 get 方法。
- protected void doPost(HttpServletRequest request，HttpServletResponse response);针对 Http 协议 post 方法。

事实上，很多时候都是直接继承 HttpServlet 这个类，并且重写 doGet()或 doPost()方法，但是查看 API 时我们会发现 Servlet 接口，GenericSevlet 抽象类以及 HttpServlet 类中都有 Service 方法，那么为什么继承 HttpSevlet 类时不要重写 Service 而要重写 doGet()、doPost()呢？service()的作用是什么呢？

正如上文所述，Servlet 中，service()方法是一直存在的，因为最高层的接口 Servlet(像 HttpServlet 等具体的 Servlet 都是直接或者间接实现了这个接口)里面就有这个方法，所以不管是怎样的 Servlet 类，都有 service()方法，没有 service()就不能称为一个 Servlet 了。而对于 service()方法，一般来说这个方法是不需要重写的，因为在 HttpServlet 中已经有了默认的实现，它会根据请求的方式，调用 doGet(),doPost()以及其他 doXXX()方法，也就是说 service()是用来转向的，所以一般写一个 Servlet，只需要重写 doGet()或者 doPost()就可以了。如果重写了 Service()方法，那么 Servlet 容器就会把请求交给这个方法来处理，倘若你重写的 Service 方法没有调用 doXXX()，即使你在 Servlet 中又重写了其他 doGet()、doPost()等也是不会被调用的。所以如果由于某种需要，需要重写 service()方法，并且根据不同的 method 调用 doGet()、doPost()等时，就要在末尾加上一句 super.service()，这样就可以解决问题了。

加深对两个 service()方法的理解：service(ServletRequest，ServletResponse)方法是重写其父类 GenericServlet 类的方法，这个方法是公共的(public)，其作用是接受客户端的请求并将其传递给 service（HttpServletRequest， HttpServletResponse）方法；service(HttpServletRequest，HttpServletResponse)方法是 HttpServlet 类定义的方法，是受保护的(protected)，主要作用是接受标准的 Http 请求(HttpServletRequest)，并根据请求方式

不同分发到不同的 doXXX（HttpServletRequest，HttpServletResponse）方法。这就是 HttpServlet 有两个 Service 方法的原因。一般情况下 Servlet 只需重写受保护的 Service 方法就够了。

HttpServlet 就像是提供了一个模板，大框都已经写好了，只要向其中添加我们自己的内容就可以了。虽然 HttpServlet 是抽象类，但是它的里面并没有抽象方法，这就是说它并不会强迫我们去做什么，我们只是按需选择，重写父类的部分方法就可以了。这样使得代码更加简洁，更加合理。

HttpServletRequest 对象与 JSP 内置对象 request 对应，常用方法见 3.1；HttpServletResponse 对象与 JSP 内置对象 response 对应，常用方法见 3.2。

【例 5-4】 验证 service() 与 doGet()、doPost() 关系。

本示例目的是通过实验加深理解上文的大段论述。采用 JSP+Servlet 方式。e5_4.jsp 定义一个 form 表单，响应页面是 Servlet URL("e5_4")，Servlet 类是 c5.e5_4。具体代码如下所示。

```html
//e5_4.jsp: <form>表单页面
<html>
<body>
<form action="e5_4" method="post">
    <input type="submit" value="ok" />
</form>
</body>
</html>
```

```java
//e5_4.java: Servlet 类
package c5;
import java.io.IOException;
import javax.servlet.*;
import javax.servlet.annotation.WebServlet;
import javax.servlet.http.*;
@WebServlet("/e5_4")
public class e5_4 extends HttpServlet {
    private static final long serialVersionUID=1L;
    public e5_4() {super();}

    protected void service(HttpServletRequest request, HttpServletResponse response) throws ServletException, IOException {
        System.out.println("service");
        super.service(request, response);
    }
    protected void doGet(HttpServletRequest request, HttpServletResponse response) throws ServletException, IOException {
        System.out.println("doGet");
    }
```

```
    protected void doPost(HttpServletRequest request, HttpServletResponse
response) throws ServletException, IOException {
        System.out.println("doPost");
    }
}
```

通过在 service()、doGet()、doPost()方法中增加控制台输出语句来判断执行流程。实验步骤如下：

① 验证 e5_4.jsp 中<form>表单 method 属性分别为 get、post 时，控制台输出结果；

② 去掉 service()方法中 **super**.service(request，response)这一行，验证 e5_4.jsp 中<form>表单 method 属性分别为 get、post 时，控制台输出结果。读者可按此步骤分析结果，加深对这三个方法的理解。

【例 5-5】 重新实现例 4-1 求圆面积功能。

例 4-1 中利用 JSP+JavaBean 实现了求圆面积功能，学习了 Servlet 之后，可以有更多地选择方法：

① JSP+Servlet；

② Servlet+Servlet；

③ Servlet+Servlet+Javabean。

当然还有其他组合方式，读者可自行思考并实践。

方法 1：JSP+Servlet 方法

```
//e5_5.jsp
<html>
<body>
<form action="e5_5" method="get">
    R: <input type="text" name="r" /><br>
    <input type="submit" value="calc" />
</form>
</body>
</html>


//e5_5.java: servlet 类
package c5;
import java.io.*;
import javax.servlet.*;
import javax.servlet.http.*;
import javax.servlet.annotation.WebServlet;
@WebServlet("/e5_5")
public class e5_5 extends HttpServlet {
    private static final long serialVersionUID=1L;
public e5_5() {super();}
    protected void doGet(HttpServletRequest req, HttpServletResponse rep)
    throws ServletException, IOException {
```

```
        String sr=req.getParameter("r");
        double r=Double.parseDouble(sr);
        double area=Math.PI*r*r;

        PrintWriter out=rep.getWriter();
        out.print("area="+area);
    }
}
```

因为 e5_5.jsp 中的 form 表单属性 method="get",所以在 Servlet 中重写 doGet()方法就可以了。

方法 2: Servlet+Servlet 方法

```
//e5_5_2.java: servlet 类,功能是生成 form 表单
package c5;
import java.io.*;
import javax.servlet.*;
import javax.servlet.http.*;
import javax.servlet.annotation.WebServlet;
@WebServlet("/e5_5_2")
public class e5_5_2 extends HttpServlet {
    private static final long serialVersionUID=1L;
public e5_5_2() {super();}
    protected void service(HttpServletRequest req, HttpServletResponse rep)
    throws ServletException, IOException {
        String strResult="<html>"+
        "<body>"+
        "<form action='e5_5'>"+
            "R: <input type='text' name='r' /><br>"+
            "<input type='submit' value='calc' />"+
        "</form>"+
        "</body>"+
        "</html>";

        PrintWriter out=rep.getWriter();
        out.print(strResult);
    }
}
```

本 Servlet 类定义的 form 表单响应页面是 Servlet 类 e5_5,类 e5_5 与方法 1 中的相同。可知,Servlet 可代替 JSP 页面,HTML 语句在 Servlet 中就是一个个字符串,并由 PrintWriter 对象输出到客户端浏览器。总之,Servlet 既可处理业务逻辑,如计算圆面积,又能生成表示层界面,如 form 表单等。因此从理论上来说,一个 Web 应用都可由 Servlet 构建,一个明显的好处是客户所面对的都是字节码文件,安全性提高了许多。

在 Servlet 中生成 HTML 语句字符串要注意写法的美观性,本示例策略是生成一个总字符串 strResult,生成过程中利用缩进保证标签字符串的层次性(方便将来理解、维护),最后将该串输出到客户端。

方法 3:Servlet+Servlet+JavaBean

```java
//Circle: JavaBean 类
package c5;
public class Circle {
    private double r;
    public double getR() {return r;}
    public void setR(double r) {this.r=r;}
    double getArea(){
        return Math.PI * r * r;
    }
}

//e5_5_3.java:输入半径 Servlet 类
```

该类与 e5_5_2.java 相似,仅两处修改成下述即可:①@WebServlet("/e5_5_3");②<form action='e5_5_4'>。

```java
//e5_5_4.java:计算面积 Servlet 类
package c5;
import java.io.*;
import javax.servlet.*;
import javax.servlet.http.*;
import javax.servlet.annotation.WebServlet;
@WebServlet("/e5_5_4")
public class e5_5_4 extends HttpServlet {
    private static final long serialVersionUID=1L;
    public e5_5_4() {super();}
    protected void doGet (HttpServletRequest req, HttpServletResponse rep)
    throws ServletException, IOException {
        String sr=req.getParameter("r");
        double r=Double.parseDouble(sr);
        Circle c=new Circle();
        c.setR(r);
        double area=c.getArea();
        PrintWriter out=rep.getWriter();
        out.print("area="+area);
    }
}
```

着重理解类 e5_5_4,我们知道 Servlet 是负责处理客户请求的,本例中 doGet()包含了请求处理的全过程:获得圆半径、求圆面积、输出圆面积。推而广之,Servlet 核心方法

service()、doGet()、doPost()都包含大致如下过程：获得参数数据、各种业务处理、结果输出或判定转向。一般来说，对于复杂的Servlet，我们不可能把所有内容都直线式地写在Servlet中，一定是划分成许多相关的Java类，由Servlet类负责对这些类进行统一的流程管理，大大方便了合作开发。

5.4 请求转发与重定向

Servlet中能实现<jsp:include>、<jsp:forward>请求转发以及重定向（与内置命令response中sendRedirect()方法一致）功能。为了进一步解释，假设HttpServletRequest对象名为req，HttpServletResponse对象名为rep。

- req.getRequestDispatcher(String url).include(req,rep)；请求包含功能，同<jsp:include>相似，url指包含页面的url。
- req.getRequestDispatcher(String url).forward(req,rep)；请求转发功能，同<jsp:forward>相似，url指转发页面的url。
- rep.sendRedirect(String url)；页面重定向到url页面中。

那么，include、forward、redirect有什么区别呢？如下所示。

- 从地址栏显示来说，include、forward是服务器请求资源，服务器直接访问目标地址的url，把那个url的响应内容读取过来，然后把这些内容再发给浏览器。浏览器根本不知道服务器发送的内容从哪里来的，所以它的地址栏还是原来的地址。redirect是服务端根据逻辑，发送一个状态码，告诉浏览器重新去请求那个地址。所以地址栏显示的是新的url，等于客户端向服务器端发出两次请求，同时也接受两次响应。
- 从数据共享来说，include、forward页面和包含转发到的页面可以共享request里面的数据，redirect不能共享数据。

【例5-6】 请求包含简单示例。

功能是演示主页面由两个DIV标签构成，每个div标签包含不同的内容。由三个Servlet完成，类e5_6是主页面Servlet，类e5_6_2、e5_6_3对应两个子页面。由于本例主要实现"请求包含"功能，故尽可能地简化了每个子页面的编码。代码如下所示。

(1) e5_6.java：主页面

```java
package c5;
import java.io.*;
import javax.servlet.*;
import javax.servlet.http.*;
import javax.servlet.annotation.WebServlet;
@WebServlet("/e5_6")
public class e5_6 extends HttpServlet {
    private static final long serialVersionUID=1L;
    public e5_6() {super();}
    protected void service(HttpServletRequest req, HttpServletResponse rep)
        throws ServletException, IOException {
```

```
        PrintWriter out=rep.getWriter();
        out.print("<div>");
        req.getRequestDispatcher("e5_6_2").include(req, rep);
        out.print("</div>");
        out.print("<div>");
        req.getRequestDispatcher("e5_6_3").include(req, rep);
        out.print("</div>");
    }
}
```

(2) 两个子页面 e5_6_2.java,e5_6_3.java

```
package c5;
import java.io.*;
import javax.servlet.*;
import javax.servlet.http.*;
import javax.servlet.annotation.WebServlet;
@WebServlet("/e5_6_2")
public class e5_6_2 extends HttpServlet {
    private static final long serialVersionUID=1L;
    public e5_6_2() {super();}
    protected void doGet(HttpServletRequest req, HttpServletResponse rep)
        throws ServletException, IOException {
        PrintWriter out=rep.getWriter();
        out.print("This is Head");
    }
}

package c5;
import java.io.*;
import javax.servlet.*;
import javax.servlet.http.*;
import javax.servlet.annotation.WebServlet;
@WebServlet("/e5_6_3")
public class e5_6_3extends HttpServlet {
    privatestaticfinallongserialVersionUID=1L;
    public e5_6_3() {super();}
    protected void doGet(HttpServletRequest req, HttpServletResponse rep)
        throws ServletException, IOException {
        PrintWriter out=rep.getWriter();
        out.print("This is Head");
    }
}
```

5.5 Servlet 通信

内置命令 request、session、application 是 JSP 中页面信息通信的重要工具，在 Servlet 中，HttpServletRequest、HttpSession、ServletContext 相应对象分别于 request、session、application 一一对应，因此关键是如何在 Servlet 中如何得到 HttpServletRequest、HttpSession、ServletContext 这些对象，方法如下所示。

- 获得 HttpServletRequest 对象：当创建完 Servlet 后，其核心方法 service()、doGet()、doPost()方法参数中已经包含了 HttpServletRequest 对象，直接应用即可。
- 获得 HttpSession 对象：若 HttpServletRequest 对象名为 req，则有两种方法获得 HttpSession 对象，HttpSession se＝req.getSession()或者 HttpSession＝req.getSession(true|false)。
- 获得 ServletContext 对象：在 Servlet 类中直接应用 getServletContext()即可获得 ServletContext 对象。在 5.3.2 节中已经简单介绍过 ServletContext。

【例 5-7】 两个 getSession()方法的区别示例。

很明显，两个 getSession()方法与 Session 生存期是有关的，设 Servlet 类 e5_7 负责保存 session 变量并设置生存期，其键值对为("name","lisi")，Servlet 类 e5_7_2 负责读取 session 变量。

(1) e5_7.java：设置 session

```java
package c5;
import java.io.*;
import javax.servlet.*;
import javax.servlet.http.*;
import javax.servlet.annotation.WebServlet;
@WebServlet("/e5_7")
public class e5_7 extends HttpServlet {
    private static final long serialVersionUID=1L;
    public e5_7() {super();}
    protected void doGet(HttpServletRequest req, HttpServletResponse rep)
        throws ServletException, IOException {
        HttpSession se=req.getSession();
        se.setMaxInactiveInterval(30);
        se.setAttribute("name","jin");
    }
}
```

(2) e5_7_2.java：读取 session

```java
package c5;
import java.io.*;
import javax.servlet.*;
```

```java
import javax.servlet.http.*;
import javax.servlet.annotation.WebServlet;
@WebServlet("/e5_7_2")
public class e5_7_2 extends HttpServlet {
    private static final long serialVersionUID=1L;
    public e5_7_2() {super();}
    protected void doGet(HttpServletRequest req, HttpServletResponse rep)
    throws ServletException, IOException {
        HttpSession se=req.getSession(false);
        if(se==null){
            System.out.println("session is invalidate!");
        }
        else{
            String name=(String)se.getAttribute("name");
            System.out.println("name==="+name);
        }
    }
}
```

getSession()含义是若 session 有效,则返回该对象;若 session 已无效,则新创建一个 session 并返回。getSession(boolean)有两种形式,getSession(true)与无参的 getSession()是一致的。getSession(false)含义是若 session 有效,则返回该对象;若 session 已无效,则返回 null。也就是说 getSession()、getSession(true)确定能返回一个 session 对象,getSession(false)不一定能返回 session 对象。因此当需要设置 session 变量时,必须保证有 session 对象,因此要用到 getSession()或 getSession(true),如 e5_7 中代码;当读取 session 变量时,必须保证 session 对象是已有的,而不能创建 session 对象,因此要用到 getSession(false),如 e5_7_2 中代码。

本示例运行时先运行 http://…/e5_7,然后在 30 秒(session 生存期范围)内运行 http://…/e5_7_2,控制台会输出"name=jin",然后等待>30 秒的时间,再运行 http://…/e5_7_2,控制台上会输出"session is invalidate!"。

本示例设置 session 生存期是通过 setMaxInactiveInterval()方法完成的,也可以通过在 web.xml 添加<session-config>标签实现,内容参考如下所示。

```
<web-app>
<session-config>
    <session-timeout>1</session-timeout>
</session-config>
</web-app>
```

其含义是 session 有效期是 1 分钟,注意单位是分钟,而不是秒。当然就可把类 e5_7 中设置生存期的代码去掉了。

可以进一步思考,若有 n 个页面 p1、p2、…、pn,若仅 p1 页面设置了 session 变量,其他页面均访问该 session 变量,在程序设计时必须考虑这样的情况:若客户由于某原因长时间停止在 pk 页面而没有操作（2≤k≤n），这时他想继续操作 pk 页面，但此时 session 已经失效，一些数据已经访问不到。那么这种情况下，应该如何呢？一个办法是让客户返回到 p1 页面，重新设置 session 变量，再依步骤进行即可。

【例 5-8】 利用 Servlet 实现＜jsp：useBean＞、＜jsp：setProperty＞标签功能。
Student 是 JavaBean 类，如下所示。

```java
package c5;
public class Student {
    private String no;
    private String name;
    int age;
    public String getNo() {return no;}
    public void setNo(String no) {this.no=no;}
    public String getName() {return name;}
    public void setName(String name) {this.name=name;}
    public int getAge() {return age;}
    public void setAge(int age) {this.age=age;}
}
```

相对＜jsp：include＞、＜jsp：forward＞等动作标签，利用 Servlet 实现＜jsp：useBean＞、＜jsp：setProperty＞标签功能要复杂一些，关键是涉及字符串到 Bean 类成员变量数值的自动类型转换。好的思路是先写一个 JSP 代码，再查看它编译之后形成的 Servlet 源码，从中即可获得启示。

```
//e5_8.jsp：创建并赋值 Bean
<jsp: useBean id="obj" class="c5.Student" scope="session"></jsp: useBean>
<jsp: setProperty property="*" name="obj"/>
```

截取自动生成 Servlet 源码中_jspService()方法代码如下所示（为了突出重点，某些语句略去，但不影响理解）。

```java
public void _jspService(final javax.servlet.http.HttpServletRequest request,
final javax.servlet.http.HttpServletResponse response)
    throws java.io.IOException, javax.servlet.ServletException {
  try {
    response.setContentType("text/html");
    pageContext=_jspxFactory.getPageContext(this, request, response,
        null, true, 8192, true);
    _jspx_page_context=pageContext;
    application=pageContext.getServletContext();
    config=pageContext.getServletConfig();
    session=pageContext.getSession();
    out=pageContext.getOut();
    _jspx_out=out;
```

```
        c5.Student obj=null;
        synchronized (session) {
obj=(c5.Student) _jspx_page_context.getAttribute("obj",
javax.servlet.jsp.PageContext.SESSION_SCOPE);
if(obj==null){
obj= new c5.Student();
_jspx_page_context.setAttribute("obj", obj, javax.servlet.jsp.PageContext.
SESSION_SCOPE);
        }
      }
org.apache.jasper.runtime.JspRuntimeLibrary.introspect(_jspx_page_context.
findAttribute("obj"), request);
    } catch (Exception e) { }
  }
```

可以看出，为 Bean 赋值是由 org.apache.jasper.runtime 包下 JspRuntimeLibrary 类中的静态方法 introspect()完成的。由此可编制与 e5_8.jsp 等同功能的 Servlet 类 e5_8，如下所示。

```
package c5;
import java.io.*;
import javax.servlet.*;
import javax.servlet.http.*;
import javax.servlet.annotation.WebServlet;
import org.apache.jasper.runtime.JspRuntimeLibrary;
@WebServlet("/e5_8")
public class e5_8 extends HttpServlet {
    private static final long serialVersionUID=1L;
    public e5_8() {}
    protected void doGet(HttpServletRequest req, HttpServletResponse rep)
    throws ServletException, IOException {
        HttpSession se=request.getSession();
        Student s=new Student();
        se.setAttribute("stud", s);
        JspRuntimeLibrary.introspect(s, request);     //为 bean 自动赋值
    }
}
```

该类利用 import 导入了 JspRuntimeLibrary，代码中 JspRuntimeLibrary.introspect(s, request)自动完成了对 Bean 成员变量的赋值。由于要设置 session 变量，因此用了无参的 getSession()方法。

本例用了简化 Bean 赋值方法，若对具体成员赋值，则上述一行 JspRuntimeLibrary.introspect(s, request)可用下述三行代替。

```
JspRuntimeLibrary.introspecthelper(s,"no",req.getParameter("no"), req,
"no",false);
JspRuntimeLibrary.introspecthelper(s,"name",req.getParameter("name"), req,
"name",false);
JspRuntimeLibrary.introspecthelper(s,"age",req.getParameter("age"), req,
"age",false);
```

该 Servlet 要带参数运行,例如直接在地址栏中输入 http://…/e5_8?no=1000&name=wang&age=20。

我们可以再编制一个 Servlet 读取 session 变量,由于是读取,要用到 getSession(false) 方法,代码如下所示。

```
package c5;
import java.io.*;
import javax.servlet.*;
import javax.servlet.http.*;
import javax.servlet.annotation.WebServlet;
@WebServlet("/e5_8_2")
public class e5_8_2 extends HttpServlet {
    private static final long serialVersionUID=1L;
    public e5_8_2() {super();}
     protected void doGet (HttpServletRequest request, HttpServletResponse
     response) throws ServletException, IOException {
        HttpSession se=request.getSession(false);
        Student stu=(Student)se.getAttribute("stud");
    System.out.println(stu.getNo()+"\t"+stu.getName()+"\t"+stu.getAge());
    }
}
```

通过本例,我们发现最难的其实是实现＜jsp：setProperty＞标签功能,是用 JspRuntimeLibrary 类中的 introspect()、introspecthelper() 方法完成的。其实,我们也可以编制自定义数据转换类 MyRequest 来实现相似功能。如下所示。

```
public class MyRequest {
    public static String getParameter(HttpServletRequest req,String key){
        return req.getParameter(key);
    }
    public static int getIntParameter(HttpServletRequest req,String key,int
    defValue){
        int result=defValue;
        String s=req.getParameter(key);
        try{
            result=Integer.parseInt(s);
        }
```

```java
        catch(Exception e){}
        return result;
    }
    public static int[] getIntParameters(HttpServletRequest req,String key){
        String s[]=req.getParameterValues(key);
        int result[]=null;
        try{
            result=new int[s.length];
            for(int i=0; i<s.length; i++){
                result[i]=Integer.parseInt(s[i]);
            }
        }
        catch(Exception e){}
        return result;
    }
}
```

为了调用方便，所有方法都定义成静态方法，仅编制了字符串转化为字符串、整形数、整形数组的三个方法，读者可依此思路继续扩充。基本原则是：若字符串转化为基本数据类型，成功则返回正确数据，失败则返回默认值（默认值是初始传入的，如 getIntParameter() 中的第 3 个参数 defValue）；若字符串转化为基本数据类型数组，成功则返回正确数据，失败则返回 null。

例如，本示例利用该类实现<jsp:setProperty>的关键代码段如下所示。

```java
protected void doGet(HttpServletRequest req, HttpServletResponse rep) throws ServletException, IOException {
    HttpSession se=request.getSession();
    Student s=new Student();
    se.setAttribute("stud", s);
    s.setNo(MyRequest.getParameter(req,"no"));
    s.setName(MyRequest.getParameter(req,"name"));
    s.setAge(MyRequest.getParameter(req,"age", -1));
}
```

【例 5-9】 利用 Servlet 实现 ServletContext 共享变量。

ServletContext 对象与 JSP 内置命令 application 是一致的，为多客户所共享。服务器启动，它就存在；服务器关闭，它才释放。本示例编制两个 Servlet 类：e5_9，设置 ServletContext 共享变量；e5_9_2，读取 ServletContext 共享变量。代码如下所示。

(1) e5_9.java：设置共享变量

```java
package c5;
import java.io.*;
import javax.servlet.*;
import javax.servlet.http.*;
```

```java
import javax.servlet.annotation.WebServlet;
@WebServlet("/e5_9")
public class e5_9 extends HttpServlet {
    private static final long serialVersionUID=1L;
    public e5_9() {super();}
    protected void doGet(HttpServletRequest request, HttpServletResponse
    response) throws ServletException, IOException {
        ServletContext scx=getServletContext();
        scx.setAttribute("name", "wang");
    }
}
```

(2) e5_9_2.java：读取共享变量

```java
package c5;
import java.io.*;
import javax.servlet.*;
import javax.servlet.http.*;
import javax.servlet.annotation.WebServlet;
@WebServlet("/e5_9_2")
public class e5_9_2 extends HttpServlet {
    private static final long serialVersionUID=1L;
    public e5_9_2() {super();}
    protected void doGet(HttpServletRequest req, HttpServletResponse rep)
    throws ServletException, IOException {
        ServletContext scx=getServletContext();
        String name=(String)scx.getAttribute("name");
        PrintWriter out=rep.getWriter();
        out.print("name: "+name);
    }
}
```

实验时，首先启动 http://…/e5_9，然后在 Eclipse 内置、IE 或其他浏览器中启动 http://…/e5_9_2，我们发现所有浏览器都显示"name＝wang"，表明 ServletContext 变量可为所有客户所共享。

【例 5-10】 利用 getResourceAsStream()方法读文件示例。

由于 ServletContext 对象代表一个 Web 应用，通过它一定能解析 Web 目录的层次性。因此从理论上来说，若实现读文件操作，必须应用 ServletContext 对象。在第 3 章讲 application 内置对象时，我们用 getRealPath()方法获得了某文件绝对路径，进而完成读取功能。本示例主要学习另一个读取方法的应用，其原型如下所示。

```
InputStream getResourceAsStream(String relativePath)
```

其含义是：返回相对路径(相对于 Web 应用根目录)relativePath 所指向文件的读字节

流,relativePath 字符串必须以"/"开始。例如当 relativePath＝"/a.dat",表明 a.dat 文件存放在"Web 应用目录"下,当 relativePath＝"/web-inf/b.dat",表明 b.dat 文件存放在"Web 应用目录/web-inf"下。

本示例假设 Web 应用目录下有一文本文件 MyConfig.txt,Servlet 类 e5_10 读取它并将内容显示在浏览器上。类 e5_10 代码如下所示。

```java
package c5;
import java.io.*;
import javax.servlet.*;
import javax.servlet.http.*;
import javax.servlet.annotation.WebServlet;
@WebServlet("/e5_10")
    public class e5_10 extends HttpServlet {
    private static final long serialVersionUID=1L;
    public e5_10(){super();}
    protected void doGet(HttpServletRequest req, HttpServletResponse rep)
    throws ServletException, IOException {
        ServletContext scx=getServletContext();
        InputStream in=scx.getResourceAsStream("/Myconfig.txt");
        BufferedReader in2=new BufferedReader(new InputStreamReader(in));
        String strline;
        PrintWriter out=rep.getWriter();
        while((strline=in2.readLine())!=null){
            out.print(strline+"<br>");
        }
    }
}
```

getResourceAsStream()方法返回的是字节流,我们可以进一步将其封装成缓冲流 BufferedReader 对象,从而完成行读并显示在屏幕上。推而广之,可将字节流封装成满足需要的流对象,不一定直接应用获得的字节流。

5.6 Servlet 异常处理

5.6.1 ServletException 类

该类是 Servlet 重要的异常类,可以被 init()、service()和 doXXX()方法抛出,主要方法如下所示。

- public ServletException();该方法构造一个新的 Servlet 异常。
- public **ServletException**(String message);该方法用指定的消息构造一个新的 Servlet 异常。这个消息可以被写入服务器的日志中,或者显示给用户。
- public **ServletException**(String message,Throwable rootCause);在 Servlet 执行时,如果有一个异常阻碍了 Servlet 的正常操作,那么这个异常就是根原因(root cause)

异常。如果需要在一个 Servlet 异常中包含根原因的异常,可以调用这个构造方法,同时包含一个描述消息。例如:可以在 ServletException 异常中嵌入一个 java.sql.SQLException 异常。
- public **ServletException**(Throwable rootCause);该方法同上,没有指定描消息的参数。
- public java.lang.Throwable **getRootCause**();该方法返回引起这个 Servlet 异常的异常,也就是返回根原因的异常。

5.6.2 ServletException 异常处理方法

主要有两种方法:配置文件法及程序控制法,下面通过具体示例加以说明。

【例 5-11】 已知 Servlet 类 e5_11 代码如下所示。

```java
package c5;
import java.io.*;
import javax.servlet.*;
import javax.servlet.annotation.WebServlet;
import javax.servlet.http.*;
@WebServlet("/e5_11")
public class e5_11 extends HttpServlet {
    private static final long serialVersionUID=1L;
    public e5_11() {super();}
    protected void doGet(HttpServletRequest request, HttpServletResponse response) throws ServletException, IOException {
        FileInputStream in=new FileInputStream("d:/a.dat");
    }
}
```

很明显当运行 FileInputStream in=new FileInputStream("d:/a.dat")时,由于 a.dat 文件可能缺失,必须对 FileNotFoundException 异常进行捕获。假设捕获后的页面是 Servlet 类 e5_11_2,如下所示。

```java
package c5;
import java.io.*;
import javax.servlet.*;
import javax.servlet.annotation.WebServlet;
import javax.servlet.http.*;
@WebServlet("/e5_11_2")
public class e5_11 extends HttpServlet {
    private static final long serialVersionUID=1L;
    public e5_11() {super();}
    protected void doGet(HttpServletRequest request, HttpServletResponse response) throws ServletException, IOException {
        PrintWriter out=rep.getWriter();
```

```
        out.print("I have catched the exception!");
    }
}
```

那么如何使 e5_11、e5_11_2 进行关联呢？有两种方法，如下所示。

方法 1：配置文件法。

由于 IE 浏览器在出现错误时会使用缺省的错误页面代替返回的错误页面，因此必须先在 IE 中将该功能屏蔽才能看到运行结果。首先打开 IE 浏览器，然后在 IE 中选择"工具"→"Internet 选项"菜单，在弹出的"Internet 选项"对话框中选择"高级"选项卡，将"显示友好 HTTP 错误信息"复选框中的勾去掉，然后单击"确定"按钮，完成设置。配置文件法主要是在 web.xml 中增加<error-config>标签内容，该标签内容如下所示。

```
<error-page>
    <error-code></error-code>或者<exception-type></exception-type>
    <location></location>
</error-page>
```

其中<error-code>元素指定 HTTP 的错误代码，<exception-type>元素指定 Java 异常类的完整包名，<location>元素给出用于响应 HTTP 错误代码或者 Java 异常的资源的路径，该路径是相对于 Web 应用程序根路径的位置，必须以"/"开始。

对本示例而言，具体配置内容如下所示。

```
<web-app>
    <error-page>
        <exception-type>java.io.IOException</exception-type>
        <location>/e5_11_2</location>
    </error-page>
</web-app>
```

该配置含义是若 Web 应用产生 FileNotFoundException 异常，则用 http://…/e5_11_2 进行捕获。

方法 2：程序法。

即无须修改配置文件，直接在 e5_11 中 doGet()方法中修改即可，关键代码如下所示。

```
protected void doGet(HttpServletRequest req, HttpServletResponse rep)
throws ServletException, IOException {
    try{
        FileInputStream in=new FileInputStream("d:/a.dat");
    }
    catch(FileNotFoundException e){
        req.getRequestDispatcher("e5_11_2").forward(req, rep);
    }
}
```

即主要通过 getRequestDispatcher()转发函数实现。

配置文件法和程序法的区别在于：程序法对于每个具体的异常，可转向具体的捕获异常页面，在捕获具体异常的页面可以进行具体的处理，也就是说异常与捕获处理页面可以是 1∶1 关系。而对于配置文件法，则很难做到这点，这是由 service()、doXXX()方法决定的，它只能抛出两种异常 ServletException、IOException，在配置文件中可配置成下述形式。

```xml
<web-app>
    <error-page>
        <exception-type>java.io.IOException</exception-type>
        <location>/ioexceproc</location>
    </error-page>
    <error-page>
        <exception-type>javax.http.ServletException</exception-type>
        <location>/servletexceproc</location>
    </error-page>
</web-app>
```

其含义是只要有 IOException，页面即转向 http://…/ioexceproc，只要有 ServletException，页面即转向 http://…/servletexceproc。也就是说产生两种异常页面与转向页面是 n∶1 的关系，因此在异常转向页面中很难做个性化的处理，只能显示一些共性的东西，如显示异常类型、产生异常的源页面 URI 等。

还有一个值得深思的问题，若在 service()、doXXX()方法中产生非 ServletException、IOException 异常，还要用配置文件方法来处理，该怎样呢？其实很简单，还是先看下述的关键代码吧。

```java
protected void doGet(HttpServletRequest req, HttpServletResponse rep) throws ServletException, IOException {
    try{
        …; //可能产生 NullPointerException
        …; //可能产生 ArithmeticException
    }
    catch(NullPointerException e){
        throw new ServletException(e);
    }
    catch(ArithmeticException e){
        throw new ServletException(e);
    }
}
```

可以看出，只需把异常封装成 ServletException，利用 throw 抛出即可，这时就明白 5.6.1ServletException 类一节中为什么有 ServletException(Throwable rootCause)形式的构造方法了。通过这种方法，可以使任意 Servlet 产生的任何异常都对应着统一的异常捕获页面。那么如何在异常捕获页面中显示具体异常信息呢？假设异常捕获页面是 Servlet 类 ServletExceProc，关键代码如下所示。

```java
package c5;
import java.io.*;
import javax.servlet.*;
import javax.servlet.http.*;
import javax.servlet.annotation.WebServlet;
@WebServlet("/servletexceproc")
public class ServletExceProcextends HttpServlet {
    private static final long serialVersionUID=1L;
    public servletexceproc() {super();}
    protected void doGet(HttpServletRequest request, HttpServletResponse
    response) throws ServletException, IOException {
        PrintWriter out=response.getWriter();
        //HTTP 协议的状态码
        Integer statusCode=(Integer)request.getAttribute("javax.servlet.
        error.status_code");
        out.println(String.format("status_code: %s", statusCode));
        //未捕获的异常类名
        Class exceptionType=(Class)request.getAttribute("javax.servlet.
        error.exception_type");
        out.println(String.format("exception_type: %s", exceptionType));
        //错误发生画面 response.sendError 设置的消息或者未捕获的异常的消息
        String message=(String)request.getAttribute("javax.servlet.error.
        message");
        out.println(String.format("message: %s", message));
        //未捕获的异常
        Throwable throwable=(Throwable)request.getAttribute("javax.servlet.
        error.exception");
        out.println(String.format("Throwable: %s", throwable));
        //当前请求 URI
        String requestUri=(String)request.getAttribute("javax.servlet.
        error.request_uri");
        out.println(String.format("request_uri: %s", requestUri));
        //错误画面的 Servlet
        String servletName=(String)request.getAttribute("javax.servlet.
        error.servlet_name");
        out.println(String.format("servlet_name: %s", servletName));
    }
}
```

5.7 Servlet 监听器

5.7.1 监听器简介

用 swing 开发过 GUI 程序的读者应该知道，Java GUI 程序有一个典型的事件模型。当单击一个控件时就会触发一个或多个事件，而该控件会根据事件的类型，将事件发送给相应的监听器对象进行处理,在监听器的事件处理方法中包含处理该操作的处理逻辑。

与 Java GUI 程序中的监听器类似,Servlet 监听器也是 Web 应用程序事件模型的一部分。当 Web 应用中的某些状态改变时,Servlet 容器就会产生相应的事件。如 ServletContext 对象初始化时会产生 ServletContextEvent 事件,在 ServletRequest 对象中添加、删除或替换属性时会产生 ServletRequestAttributeEvent 事件。常用的监听器如表 5-1 所示。

表 5-1 常用监听器

监听对象	监听器接口	监听事件
ServletContext	ServletContextListener	ServletContextEvent
	ServletContextAttributeListener	ServletContextAttributeEvent
HttpSession	HttpSessionListener	HttpSessionEvent
	HttpSessionActivationListener	
	HttpSessionBindingListener	HttpSessionBindingEvent
	HttpSessionAttributeListener	
ServletRequest	ServletRequestListener	ServletRequestEvent
	ServletRequestAttributeListener	ServletRequestAttributeEvent

5.7.2 建立监听器

【例 5-12】 建立最简单的 HttpSession 监听器。

利用 Eclipse 建立监听器与建立 Servlet 是相似的,设监听器类名为 e5_12,父类为 HttpSession,表明我们要对 session 的建立与销毁进行监测,产生的代码如下所示。

```java
package c5;
import java.util.*;
import javax.servlet.http.*;
import javax.servlet.annotation.WebListener;
@WebListener
public class e5_12 implements HttpSessionListener {
public e5_12() {}
public void sessionCreated(HttpSessionEvent e) {
    String id=e.getSession().getId();
    Calendar c=Calendar.getInstance();
    String s=""+c.get(Calendar.MINUTE)+": "+c.get(Calendar.SECOND);
    System.out.println("sessionCreated: "+id+"\t"+s);
    }
public void sessionDestroyed(HttpSessionEvent e) {
    String id=e.getSession().getId();
    Calendar c=Calendar.getInstance();
    String s=""+c.get(Calendar.MINUTE)+": "+c.get(Calendar.SECOND);
```

```
        System.out.println("sessionDestroyed: "+id+"\t"+s);
    }
}
```

程序中通过注解"@WebListener"表明该类是一个监听器类。

HttpSessionListener 接口定义了两个方法 sessionCreated()、sessionDestroyed()，e5_12 重写了这两个方法。当 sessionCreated()响应时，表明客户与服务器的会话连接已经建立，HttpSession 对象已经建立；当 sessionDestroyed()响应时，表明 HttpSession 对象已经失效。通过 HttpSessionEvent 对象中的 getSession()方法，可获得正在操作的 HttpSession 对象。

本监听器类 sessionCreated()方法功能是显示已建立 HttpSession 对象的 ID 号及创建时间，sessionDestroyed()方法显示即将销毁的 HttpSession 对象的 ID 号及销毁时间。

为了测试该监视器类，编制 servlet 类 e5_12_2，代码如下所示。

```
package c5;
import java.io.*;
import javax.servlet.*;
import javax.servlet.http.*;
import javax.servlet.annotation.WebServlet;
@WebServlet("/e5_12_2")
public class e5_12_2 extends HttpServlet {
    private static final long serialVersionUID=1L;
    public e5_12_2() {super();}
    protected void doGet(HttpServletRequest req, HttpServletResponse rep)
    throws ServletException, IOException {
        HttpSession se=req.getSession();
        se.setMaxInactiveInterval(30);        //设 session 生命周期 30 秒
    }
}
```

若 Tomcat 版本小于 7.0，则产生的监听器类少了注解"@WebServlet("/e5_12_2")"行，必须在 web.xml 中增加相应内容即可，如下所示。

```
<web-app>
    <listener>
        <listener-class>c5.e5_12_2</listener-class>
    </listener>
</web-app>
```

该 Servlet 类功能简单，只是设置 session 生存周期为 30 秒。实验时启动 Eclipse 内置浏览器及 IE 浏览器，分别执行 http://…//e5_12_2，因为两个浏览器都是第 1 次向服务器发出请求，所以服务器分别建立了两个不同的 session 对象，分别调用监听器 e5_12 中的 sessionCreated()方法，在控制台上输出创建 session 的时间信息。之后不要在两个浏览器中发出任何请求，由于超过了 session 的生存期，分别两次调用了 sessionDestroyed()方法，表明两个 session 对象已经销毁了。

进一步做实验,三台联网机器取名为甲、乙、丙,甲为服务器,乙、丙为客户端。启动甲服务器,从乙、丙机器中运行 http://…//e5_12_2,可在服务器上看到 sessionCreated() 运行后的输出信息。在乙、丙客户机 Web 应用运行后 30 秒时间内,乙客户机断电、丙客户机复位,一段时间后,在服务器端仍然能看到 sessionDestroyed() 运行后的输出信息。

通过本例可得更一般的结论:若 Web 应用定义了 HttpSession 监听器,则一旦有新的 session 对象创建,则监听器类的 sessionCreated() 方法就会立刻响应。当超过了 session 生存期后(包括断电、复位等情况),sessionDestroyed() 才会响应。因此 session 生存期设置至关重要,常用有以下三种方法。

① 利用 session 中的 setMaxInactiveInterval(int seconds),seconds 单位是秒,若 second 为 0 或 -1,表明 session 生存期为永远。

② 利用 Web 应用配置文件 web.xml,通过<session-config>标签设置生存期。

③ 利用 Tomcat 系统配置文件 web.xml(在 tomcat 安装目录/conf/子目录下),打开该文件,我们看见 session 默认生存期是 30 分钟,如下所示。

```xml
<session-config>
    <session-timeout>30</session-timeout>
</session-config>
```

这三种设置 session 生存期方法按优先级来说是递减的,保证一定设置了 session 生存期,如果你在自己的 Web 应用中没有任何对 session 生存期的操作,那么系统就会按上文③来设置生存期。

如果 session 还在生存期内,有没有直接使 session 失效的方法呢?答案是有的,直接调用 session 中的 invalidate() 方法即可。

【例 5-13】 显示客户最后一次访问时间示例。

一般来说,有 n 个客户就有 n 个 session,由此可推出两个关键点:① 一定用到 HttpSessionListener 监听器类;② 一定有 session 集合变量,封装在 ServletContext 对象中,便于全局访问。主要代码如下所示。

(1) e5_13.java:监听器类

```java
package c5;
import java.util.*;
import javax.servlet.*;
import javax.servlet.http.*;
import javax.servlet.annotation.WebListener;
@WebListener
public class e5_13 implements HttpSessionListener {
public e5_13() {}
public void sessionCreated(HttpSessionEvent e) {
    HttpSession se=e.getSession();
    ServletContext sc=se.getServletContext();

    Map<String, HttpSession>m=(Map<String, HttpSession>)sc.getAttribute("se");
```

```
        if(m==null){
            m=new HashMap();
            m.put(se.getId(), se);
            sc.setAttribute("se", m);
        }
        m.put(se.getId(), se);
    }
    public void sessionDestroyed(HttpSessionEvent e) {
        HttpSession se=e.getSession();
        ServletContext sc=se.getServletContext();
        Map<String, HttpSession>m=(Map<String,
        HttpSession>)sc.getAttribute("se");
        m.remove(se.getId());
    }
}
```

当 sessionCreated()方法响应的时候,表明产生一个新的会话,把该会话对象加入 Map 映射中,会话 ID 号是键、会话对象是值。最后把 Map 对象存入 ServletContext 全局对象中。

当 sessionDestroyed()方法响应的时候,表明某 session 即将失效,因此一定要从全局 Map 映射中删除相应的键-值对。

(2) e5_13_2.java:servlet 类

```
package c5;
import java.io.*;
import java.util.*;
import javax.servlet.*;
import javax.servlet.http.*;
import javax.servlet.annotation.WebServlet;
@WebServlet("/e5_13_2")
public class e5_13_2 extends HttpServlet {
    private static final long serialVersionUID=1L;
    public e5_13_2() {super();}

    protected void doGet(HttpServletRequest req, HttpServletResponse rep)
    throws ServletException, IOException {
        ServletContext scx=req.getServletContext();
        Map<String, HttpSession>m=(Map<String, HttpSession>)
        scx.getAttribute("se");
        if(m==null)
            return;

        String s="<table border='1'>"+
            "<tr><td>session ID</td><td>Access time</td></tr>";
```

```
            Set<String>set=m.keySet();
            Iterator<String>it=set.iterator();
            while(it.hasNext()){
                s+="<tr>";
                String key=it.next();
                HttpSession se=m.get(key);
                long last=se.getLastAccessedTime();
                Calendar c=Calendar.getInstance();
                c.setTimeInMillis(last);
                String strTime=c.get(Calendar.HOUR_OF_DAY)+": "+c.get(Calendar.
                MINUTE)+": "+c.get(Calendar.SECOND);
                s+="<td>"+key+"</td>";
                s+="<td>"+strTime+"</td>";
                s+="</tr>";
            }
            s+="</table>";

            rep.setHeader("refresh", "5");        //每 5 秒刷新一次该页面
            PrintWriter out=rep.getWriter();
            out.print(s);
    }
}
```

doGet()方法中首先通过 ServletContext 对象 scx 获得 session 集合变量 m；然后遍历 m，获得每个 session 的 ID 号及最后一次访问 Web 网站时间（通过 getLastAccessedTime() 获得）；最后以表格形式显示在浏览器上，同时通过 setHeader()方法设置本页面刷新时间，我们就会周期性的看到各个会话的状态如何，如哪个会话处于频繁访问状态，哪个会话处于长时间停滞状态等等。

【例 5-14】 HttpSessionBindingListener 监听器示例。

顾名思义，该监听器可叫做绑定监听器，利用 Eclipse 产生最简单的 HttpSession-BindingListener 监听器类 e5_14，代码如下所示。

(1) e5_14.java：监听器代码

```
package c5;
import javax.servlet.http.*;
import javax.servlet.annotation.WebListener;
@WebListener
public class e5_14 implements HttpSessionBindingListener {
public void valueBound(HttpSessionBindingEvent e) {
        System.out.println("valueBound() run!");
        }
    public void valueUnbound(HttpSessionBindingEvent e) {
        System.out.println("valueUnbound() run!");
    }
}
```

很明显，HttpSessionBindingListener 监听器包含两个重要的方法，valueBound()及 valueUnbound()，前者与 HttpSessionListener 监听器中的 sessionCreated()功能相似，后者与 sessionDestroyed()功能相似。那么 HttpSessionListener 与 HttpSessionBindingListener 有什么不同呢？还是先看启动 HttpSessionBindingListener 监听器的下述源代码。

（2）e5_14_2.java：监听源代码

```java
package c5;
import java.io.*;
import javax.servlet.*;
import javax.servlet.http.*;
import javax.servlet.annotation.WebServlet;
@WebServlet("/e5_14_2")
public class e5_14_2 extends HttpServlet {
    private static final long serialVersionUID=1L;
    public e5_14_2() {super();}
    protected void doGet(HttpServletRequest req, HttpServletResponse rep)
    throws ServletException, IOException {
        e5_14 obj=new e5_14();
        HttpSession se=req.getSession();
        se.setAttribute("se", obj);            //引起监听器响应的代码
    }
}
```

当第 1 次运行 http://…/e5_14_2，控制台上输出"valueBound() run!"，表明 valueBound()方法响应了，是由代码行"se.setAttribute("se", obj)"引起的。一般来说 HttpSessionBindingListener 监听器响应缘起 session 中的 setAttribute(key,value)，value 必须是 HttpSessionBindingListener 派生对象，value 与自身的 valueBound()、valueUnbound()方法绑定了。

继续做实验，当第 2 次运行 http://…/e5_14_2，控制台上先输出"valueBound() run!"，再输出"valueUnbound() run!"，之后无论刷新页面多少次，都重复上面的结果。结合 setAttribute(key,value)可得出结论：只要 value 是新的对象，那么 valueBound()方法必响应；而对 HttpSessionListener 监听器来说，只要是新的 session，sessionCreated()方法必响应。这是 HttpSessionListener 与 HttpSessionBindingListener 最大的不同。

现在再仔细分析第 n(n≥2)次运行 http://…/e5_14_2 的具体过程，由于每次都新产生了监听器对象"e5_14 obj＝new e5_14()"，所以当运行到"se.setAttribute("se", obj)"时，valueBound()必响应，所以控制台上输出"valueBound() run!"，又由于该监听器是 session 作用域，一个键只能与一个监听器对象对应，所以第 n－1 次的监听器对象必须自动销毁，因此系统自动调用了 valueUnbound()方法，控制台上输出"valueUnbound() run!"。

那么还有哪些方法能引起 valueUnbound()响应呢？主要有三种原因：①session 生存期结束；②session 对象直接调用 invalidate()方法；③session 对象调用 removeAttribute()方法。

【例 5-15】 HttpSessionAttributeListener 监听器示例。

顾名思义，该监听器可叫做属性监听器，利用 Eclipse 产生最简单的 HttpSessionAttributeListener 监听器类 e5_15，代码如下所示。

(1) e5_15.java：监听器代码

```java
package c5;
import javax.servlet.http.*;
import javax.servlet.annotation.WebListener;
@WebListener
public class e5_15 implements HttpSessionAttributeListener {
public e5_15() {}
public void attributeAdded(HttpSessionBindingEvent e) {
    System.out.println("attributeAdded");
    }
public void attributeReplaced(HttpSessionBindingEvent e) {
    System.out.println("attributeReplaced");
    }
public void attributeRemoved(HttpSessionBindingEvent e) {
    System.out.println("attributeRemoved");
    }
}
```

很明显，HttpSessionAttributeListener 监听器包含三个重要的方法，attributeAdded() 与 sessionCreated()、valueBound() 功能相似，attributeRemoved() 与 sessionDestroyed()、valueUnbound() 功能相似，仅多了 attributeReplaced() 替换功能方法。那么 HttpSessionAttributeListener 与 HttpSessionBindingListener 有什么不同呢？还是先看启动 HttpSessionAttributeListener 监听器的下述源代码。

(2) e5_15_2.java：监听源代码

```java
package c5;
import java.io.*;
import javax.servlet.*;
import javax.servlet.http.*;
import javax.servlet.annotation.WebServlet;
@WebServlet("/e5_15_2")
public class e5_15_2 extends HttpServlet {
    private static final long serialVersionUID=1L;
    public e5_15_2() {super();}
    protected void doGet(HttpServletRequest req, HttpServletResponse rep)
    throws ServletException, IOException {
        HttpSession se=req.getSession();
        se.setAttribute("user", "zhang");
        se.setAttribute("pwd", "123");
    }
}
```

当第 1 次运行 http://…/e5_15_2,控制台上输出两行"attributeAdded",当第 n≥2)次运行 http://…/e5_15_2,控制台上输出两行"attributeReplaced"。可总结结论如下:HttpSessionAttributeListener 监听器对象响应是由 setAttribute(key,value)引起的,value 可以是任意类型的对象,这一点与 HttpSessionBindingListener 完全不同;当第 1 次设置 key-value 时,attributeAdded()方法响应,当第(n≥2)次设置 key-value(键相同、值不同)时,attributeReplace()方法响应。

那么有哪些方法引起 attributeRemoved()响应呢? 主要有三种原因:①session 生存期结束;②session 对象直接调用 invalidate()方法;③session 对象调用 removeAttribute()方法。

5.8 Servlet 过滤器

5.8.1 过滤器简介

Servlet 过滤器是在 Java Servlet 规范 2.3 中定义的,它能够对 Servlet 容器的请求和响应对象进行检查和修改。Servlet 过滤器本身并不生成请求和响应对象,只提供过滤作用。Servlet 过滤器能够在 Servlet 被调用之前检查 Request 对象,在 Servlet 被调用之后检查 Response 对象。Servlet 过滤器负责过滤的可以是 Servlet、JSP 或 HTML 文件。其过滤过程如图 5-6 所示。

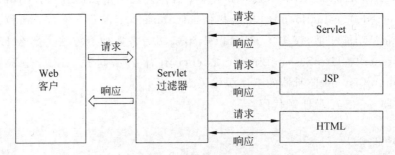

图 5-6 过滤器过滤过程图

5.8.2 建立过滤器

利用 Eclipse 建立过滤器与建立 Servlet 是相似的,设过滤器类名为 e5_16,产生的代码如下所示。

```
package c5;
import java.io.*;
import javax.servlet.*;
import javax.servlet.annotation.WebFilter;
@WebFilter("/*")
public class e5_16 implements Filter {
    public e5_16() {}
```

```java
    public void init(FilterConfig fConfig) throws ServletException {
        System.out.println("init()");
    }
    public void doFilter(ServletRequest req, ServletResponse rep, FilterChain
chain) throws IOException, ServletException {
        System.out.println("doFilter()");
        chain.doFilter(req, rep);
    }
    public void destroy() {
        System.out.println("destroy()");
    }
}
```

默认产生注解行内容是"@WebFilter("/e5_16")",将其修改为"@WebFilter("/*")"。若 Tomcat 版本低于 7.0,则产生的监听器类少了注解"@WebServlet("/*")"行,必须在 web.xml 中增加相应内容即可,如下所示。

```xml
<web-app>
    <filter>
        <filter-name>e5_16</filter-name>
        <filter-class>c5.e5_16</filter-class>
    </filter>
    <filter-mapping>
        <filter-name>e5_16</filter-name>
        <url-pattern>/*</url-pattern>
    </filter-mapping>
</web-app>
```

很明显,过滤器类必须实现 Filter 接口,重写 init()、doFilter()、destroy()方法。这三个方法与过滤器类的生存期有关,具体解释如下所示。

- init(FilterConfig config);Web 容器调用该方法来初始化过滤器,向过滤器传递 FilterConfig 对象,FilterConfig 用法和 ServletConfig 类似。利用 FilterConfig 对象可以得到 ServletContext 对象以及在部署描述符中配置的过滤器的初始化参数。
- doFilter(ServletRequest req,ServletResponse rep,FilterChain chain);该方法类似 Servlet 接口的 service()方法。当客户端请求目标资源的时候,容器会调用与这个目标资源想关联的过滤器的 doFilter()方法。在这个方法中,可以对请求和响应进行处理,实现过滤器的功能。在特定的操作完成后,可以调用 chain.doFilter()方法将请求传给下一个过滤器(或目标资源),也可以直接向客户端返回响应信息,或利用 RequestDispatcher 的 forward()和 include()方法,以及 sendRedirect()方法转发。但是要注意,这个方法的请求响应参数的类型是 ServletRequest 和 Servlet-Response,也就是说过滤器的使用不依赖具体的协议。
- destroy();Web 容器调用该方法只是过滤器的生存期结束。

实验过程如下:启动 Tomcat 服务器,这时我们发现控制台上会输出"init()",如图 5-7

所示,表明过滤器 e5_16 中的 init()方法运行了,也就是说过滤器对象随着服务器的运行而运行,Web 应用可共享过滤器对象。

```
七月06, 2015 3:16:03 下午org.apache.catalina.core.StandardEngine startInternal
信息: Starting Servlet Engine: Apache Tomcat/7.0.50
init()
七月06, 2015 3:16:05 下午org.apache.coyote.AbstractProtocol start
信息: Starting ProtocolHandler ["http-bio-8080"]
七月06, 2015 3:16:05 下午org.apache.coyote.AbstractProtocol start
信息: Starting ProtocolHandler ["ajp-bio-8009"]
七月06, 2015 3:16:05 下午org.apache.catalina.startup.Catalina start
信息: Server startup in 1600 ms
```

图 5-7　过滤器 init()方法运行图

继续实验,分别启动 Servlet、JSP、HTML 文件各一个,我们发现控制台上均输出"doFilter()",浏览器上输出各自的内容。表明在运行目标文件之前都执行了过滤器 doFilter()方法。进一步实验,屏蔽掉 e5_16 类中 doFilter()方法中的代码行"chain. doFilter(req, rep)",再分别启动 Servlet、JSP、HTML 文件各一个,我们发现控制台上均输出"doFilter()",而浏览器显示是空白的。表明 doFilter()方法中代码行"chain. doFilter(req, rep)"是转向目标文件的关键所在,若删除此行,则不可能转向目标文件,浏览器必然显示是空白的。

另外,过滤器 URL 映射写法也是有含义的,本示例中"@WebFilter("/*")"表明过滤器可响应任意 Servlet、JSP、HTML 的客户端请求。URL 映射总结如表 5-2 所示。

表 5-2　过滤器 URL 含义

序号	含　义	写　法	备　注
1	过滤所有资源	@WebFilter("/*")	
2	过滤指定类型文件	@WebFilter("*.html")	没有"/"
3	过滤指定目录	@WebFilter("/folder/*")	
4	过滤指定 Servlet	@WebFilter("loggerservlet")	没有"/"
5	过滤指定文件	@WebFilter("/simple.html")	

5.8.3　过滤器级联

多个 Servlet 过滤器可以级联起来协同工作,Servlet 容器将根据它们的顺序依次调用它们的 doFilter()方法,假设采用如下结构。

```
codebefore:          //表示调用 chain.doFilter()前代码
chain.doFilter();
codeafter:           //表示调用 chain.doFilter()后代码
```

当客户访问与级联过滤器相关的 Servlet 时,其工作流程如图 5-8 所示。

那么,如何确定过滤器的先后顺序呢? 若应用配置文件法,则 Servlet 容器将根据它们在 web.xml 中定义的先后顺序,调用它们各自的 doFilter()方法。例如配置文件内容如下所示,定义了两个过滤器,则第 1 级过滤器对应 B.java,第 2 级过滤器对应 A.java。

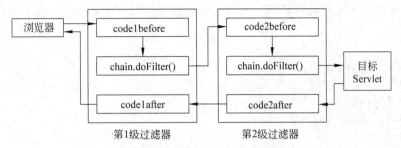

图 5-8　过滤器级联工作流程图

```
<web-app>
    <filter>
        <filter-name>B</filter-name>
        <filter-class>c5.B</filter-class>
    </filter>
    <filter-mapping>
        <filter-name>B</filter-name>
        <url-pattern>/*</url-pattern>
    </filter-mapping>

    <filter>
        <filter-name>A</filter-name>
        <filter-class>c5.A</filter-class>
    </filter>
    <filter-mapping>
        <filter-name>A</filter-name>
        <url-pattern>/*</url-pattern>
    </filter-mapping>
</web-app>
```

若采用注解法定义过滤器,由于注解在不同的过滤器类文件中,无法显示地定义过滤器的先后顺序。一个简单的办法是先假设已知过滤器先后顺序,对应的过滤器类文件按字典序升序起名即可。例如:对于上文所述的 1、2 级过滤器类文件 B.java、A.java,若采用注解法则必须修改类名,如 B.java 改为 oneB.java,A.java 改为 twoA.java。

5.8.4　过滤器示例

过滤器在 Web 编程中有广泛的应用,当对多个页面要进行相同的功能处理,就要想到过滤器技术,下面列举过滤器的各种应用。

【例 5-16】　过滤器在中文乱码中的作用。

前文说过出现中文乱码的两种情况:http 协议传参有 post、get 两种方式,在服务器端利用 request 解析参数时容易中文乱码;当服务器端向客户端传送响应结果时,容易引起中文乱码。我们可以在每个 servlet 中做相同的中文乱码处理,也就是说如果有 n 个 Servlet 文件,就几乎有 n 份相同的处理中文乱码代码拷贝。因此中文乱码是页面共性的问题,能否仅拥有一份处理中文乱码的代码呢？采用过滤器技术就可方便实现这一点。具体代码如下所示。

```java
package c5;
import java.io.*;
import javax.servlet.*;
import javax.servlet.annotation.*;
import javax.servlet.http.*;
@WebFilter(
    urlPatterns={"/*"},
    initParams={
        @WebInitParam(name="encode", value="gbk"),
        @WebInitParam(name="pagecode", value="gbk")
    })
public class e5_16 implements Filter {
    String encode;
    String pagecode;
    public e5_16() {}

    class MyServletRequest extends HttpServletRequestWrapper{
        public MyServletRequest(HttpServletRequest req){
            super(req);
        }
        public String getParameter(String name) {
            String value=super.getParameter(name);
            try{
                byte buf[]=name.getBytes("iso-8859-1");
                return new String(buf, encode);
            }
            catch(Exception e){}
            return null;
        }
    }

    public void destroy() {}
    public void doFilter(ServletRequest req, ServletResponse rep, FilterChain chain) throws IOException, ServletException {
        HttpServletRequest rq=(HttpServletRequest)req;
        HttpServletResponse rp=(HttpServletResponse)rep;
        String method=rq.getMethod();
        if(method.equals("POST"))
            req.setCharacterEncoding(encode);
        if(method.equals("GET"))
            req=new MyServletRequest(rq);
        rep.setCharacterEncoding(pagecode);
```

```
        chain.doFilter(req, rep);
    }
    public void init(FilterConfig fConfig) throws ServletException {
        fConfig.getInitParameter("encode");
        encode=fConfig.getInitParameter("encode");
        pagecode=fConfig.getInitParameter("pagecode");
    }
}
```

- Filter 初始参数的应用：本 Filter 类注解部分多了"@WebInitParam"定义的内容，可在 Eclipse 可视化操作中方便输入，encode 代表 HTTP 协议请求参数发送的编码方式，pagecode 代表响应编码，同时也代表本 Java 类的文件保存编码。Eclipse 下产生的 Servlet 源文件默认都是 gbk（当然可修改）编码，因此由 Servlet 引发的 HTTP 请求流和响应流都是 gbk 编码格式，固 encode、pagecode 都定义成了 gbk。
  那么，如何获得 Filter 初始化参数值呢？主要是利用 getInitParameter()方法，详见 init()方法中的代码。
- 解决响应中文乱码问题：主要是由 doFilter()中代码行"rep. setCharacterEncoding (pagecode)"完成的，这一行和如下的 JSP 代码行是一致的。

```
<%@page language="java" contentType="text/html; charset=gbk"
pageEncoding="gbk"%>
```

- 解决 post 中文乱码问题：主要是由 doFilter()中代码行"req. setCharacterEncoding (encode)"完成的。
- 解决 get 中文乱码问题：这一问题解决方法是最复杂的，主要是定义了内部类 MyServletRequest，该类是从 HttpServletRequestWrapper 类派生的。HttpServletRequestWrapper 类是系统类，其原型如下所示。

```
class HttpServletRequestWrapper extends ServletRequestWrapper
    implements HttpServletRequest
```

可知，在 Servlet 中传递的 request 对象都是 HttpServletRequestWrapper 类型的，调用的 getParameter()、getParameterValues()等方法默认都属于 HttpServletRequestWrapper 类的。因此利用过滤器解决 get 中文乱码的思路是从 HttpServletRequestWrapper 类派生，对已存在的 HttpServletRequest 对象进行再封装，重写所需的各个方法。本例中 MyServletRequest 是所需的派生类，重写了 getParameter()方法，同学们可以试着去完善。

- 测试过程：编制了两个 Servlet，一个形成 form 表单，一个显示 form 表单输入结果。

```
//e5_16_2.java:形成 form 表单
package c5;
import java.io.*;
```

```java
import javax.servlet.*;
import javax.servlet.http.*;
import javax.servlet.annotation.WebServlet;
@WebServlet("/e5_16_2")
public class e5_16_2 extends HttpServlet {
    private static final long serialVersionUID=1L;
    public e5_16_2() {super();}
    protected void doGet(HttpServletRequest req, HttpServletResponse rep)
    throws ServletException, IOException {
        String s="<form action='e5_16_3' method='get'>"+
            "<input type='text' name='name' />"+
            "<input type='submit' value='ok' />"+
            "</form>";
        PrintWriter out=rep.getWriter();
        out.print(s);
    }
}
//e5_16_3.java: 显示表单输入结果
package c5;
import java.io.*;
import javax.servlet.*;
import javax.servlet.http.*;
import javax.servlet.annotation.WebServlet;
@WebServlet("/e5_16_3")
public class e5_16_3 extends HttpServlet {
    private static final long serialVersionUID=1L;
    public e5_16_3() {super();}
    protected void doGet(HttpServletRequest req, HttpServletResponse rep)
    throws ServletException, IOException {
        doPost(req, rep);
    }
    protected void doPost(HttpServletRequest req, HttpServletResponse rep)
    throws ServletException, IOException {
        String name=req.getParameter("name");
        System.out.println(name.length());
        PrintWriter out=rep.getWriter();
        out.print("name="+name);
    }
}
```

当在 e5_16_2 表单中输入中文后，按"确定"按钮后，不论 form 表单是否是 post 或 get 发送(method＝get 或 method＝post)，在响应页面 e5_16_3 中，中文显示都是正确的，这说明过滤器类 e5_16 发挥了作用。同学们可做对比实验，即屏蔽过滤器 e5_16，这时再重复之前运行步骤，就会发现中文乱码现象。进一步思考，如何修改 e5_16_3 中的代码，避免乱码呢？其实只要将过滤器 e5_16 中的部分代码复制过来应用即可。若有 n 个 Servlet 页面，则可能有 n 份相同的解决中文乱码代码拷贝，因此是没有必要的，这也凸显了过滤器的作用。

通过本例知，可用过滤器设置 request、response 的共享头（Header）信息。

【例 5-17】 自动转向默认页面。

我们都有这样的常识，当输入形如 http://www.XXX.com 时，实际上显示 http://www.XXX.com/index.html 内容；当输入形如 http://www.XXX.com/aaa 时，实际上显示 http://www.XXX.com/aaa/index.html 内容。也就是说当输入目录 uri 时，会形成新的转发 uri，满足 uri＝uri＋默认页面。这种功能是常用的，利用过滤器技术可方便实现，代码如下所示。

```java
package c5;
import java.io.*;
import javax.servlet.*;
import javax.servlet.http.*;
import javax.servlet.annotation.WebFilter;
@WebFilter("/*")
public class e5_17 implements Filter {
    public e5_17() {}
    public void destroy() {}
    public void doFilter(ServletRequest req, ServletResponse rep, FilterChain
        chain) throws IOException, ServletException {
        HttpServletRequest rq=(HttpServletRequest)req;
        String uri=rq.getRequestURI();
        if(uri.endsWith("/")){
            rq.getRequestDispatcher("index.html").forward(req, rep);
            return;
        }
        chain.doFilter(req, rep);
    }
    public void init(FilterConfig fConfig) throws ServletException {}
}
```

代码"String uri＝rq.getRequestURI()"是在服务器端获得的客户请求的 URI 字符串。若 URI 串以"/"结尾，则表明客户请求的是目录 uri，这种情况下必须通过 getRequestDispatcher()转发默认页面（本例中假设默认页面是 index.html）；若 URI 串以非"/"结尾，表明是页面 URI，无须处理，直接运行过滤链方法 doFilter()即可。

【例 5-18】 限制浏览权限过滤器。

一般在 Web 应用中有许多角色，例如有管理员、教师、学生三种角色，它们中有些界面是禁止访问的，如何实现呢？一个好的解决办法是固定 URI 前缀形式实现，管理员仅能访问的页面 URI 形如/admin/index.jsp,/admin/list.jsp 等，也就是说 URI 是前缀/admin 的仅能管理员访问。同理可设 URI 是前缀/teacher 的仅能教师访问，URI 是前缀/student 的仅能学生访问。在此前提下，编制权限过滤器就相当简单了，如下所示。

```java
package c5;
import java.io.*;
import javax.servlet.*;
import javax.servlet.http.*;
import javax.servlet.annotation.WebFilter;
@WebFilter("/*")
public class e5_18 implements Filter {
    public e5_18() {}
    public void destroy() {}
    public void doFilter(ServletRequest req, ServletResponse rep, FilterChain
        chain) throws IOException, ServletException {
        //获取 uri 地址
        HttpServletRequest rq=(HttpServletRequest)req;
        String uri=rq.getRequestURI();
        String ctx=rq.getContextPath();
        uri=uri.substring(ctx.length());
        //判断 admin 级别网页的浏览权限
        if(uri.startsWith("/admin")) {
            if(rq.getSession().getAttribute("admin")==null) {
                rq.setAttribute("message","您没有这个权限");
                rq.getRequestDispatcher("/login.jsp").forward(req,rep);
                return;
            }
        }
        //判断教师级别网页的浏览权限
        if(uri.startsWith("/teacher")) {
            //这里省去
        }
        //判断学生级别网页的浏览权限
        if(uri.startsWith("/student")) {
            //这里省去
        }
    }
    public void init(FilterConfig fConfig) throws ServletException {}
}
```

方法 doFilter()核心思想是首先提取 URI 特征前缀，根据特征前缀值知道网页所属角色(管理员、教师还是学生)类型，然后根据 session 获得相应角色的登录信息，若登录信息存在，则可以访问该网页，否则拒绝访问。当然，每个角色的键是相同的，仅对应值不同。如可设管理员、教师、学生角色对应的键为 admin、teacher、student。

【例 5-19】 字符串替代过滤器。

主要是指页面中包含不健康的东西，如下面的 Servlet 页面。

```java
package c5;
import java.io.*;
import javax.servlet.*;
import javax.servlet.http.*;
import javax.servlet.annotation.WebServlet;
@WebServlet("/e5_19_2")
public class e5_19_2 extends HttpServlet {
    private static final long serialVersionUID=1L;
    public e5_19_2() {super();}
    protected void doGet(HttpServletRequest req, HttpServletResponse rep)
    throws ServletException, IOException {
        //TODO Auto-generated method stub
        PrintWriter out=rep.getWriter();
        out.println("I like violent");
        out.println("I like superstition");
    }
}
```

可想而知，如果网上充斥着大量的"暴力（violent）、迷信（superstition）"等词语，无疑会对许多人特别是青少年造成不良影响，因此必须进行替换，例如将"暴力"替换成"和平"，"迷信"替换成"真理"。

根据代码可得字符串替换设计思想：必须重写 println()方法，println()默认属于 PrintWriter 类中的方法，因此必须定义 PrintWriter 的派生类 MyWriter，在 MyWriter 类中重写 println()方法。又由于代码行"PrintWriter out＝rep.getWriter()"根据多态性质必须返回 MyWriter 对象，因此必须重写 rep 对象所对应类的 getWriter()方法，而 rep 是 HttpServletResponse 类型的对象，因此必须定义 HttpServletResponse 的派生类 MyServletResponse，借鉴例 5-16，我们定义的派生类 MyServletResponse 是从 HttpServletResponseWrapper 类派生的。因此得过滤器类 e5_19 具体代码如下所示。

```java
package c5;
import java.io.*;
import javax.servlet.*;
import javax.servlet.http.*;
import javax.servlet.annotation.*;
    @WebFilter(
    urlPatterns={ "/*" },
    initParams={
        @WebInitParam(name="search", value="violent,superstition"),
        @WebInitParam(name="replace", value="peace,truth")
    })
public class e5_19 implements Filter {
    private String search[];
```

```java
    private String replace[];

class MyWriter extends PrintWriter{
    MyWriter(PrintWriter pw){super(pw);}
    public void println(String x) {
        StringBuffer sb=new StringBuffer(x);
        for(int i=0; i<search.length; i++){
            int pos=sb.indexOf(search[i]);
            if(pos>=0)
                sb.replace(pos, pos+search[i].length(), replace[i]);
        }
        super.println(sb.toString());
    }
}

class MyServletResponse extends HttpServletResponseWrapper{
    MyServletResponse(HttpServletResponse rep){super(rep);}
    public PrintWriter getWriter() throws IOException {
        return new MyWriter(super.getWriter());
    }
}

public e5_19() {}
public void destroy() {}
public void doFilter(ServletRequest req, ServletResponse rep, FilterChain chain) throws IOException, ServletException {
    HttpServletResponse rp=(HttpServletResponse)rep;
    MyServletResponse myrp=new MyServletResponse(rp);
    chain.doFilter(req, myrp);
}
public void init(FilterConfig fConfig) throws ServletException {
    String v=fConfig.getInitParameter("search");
    search=v.split(",");
    v=fConfig.getInitParameter("replace");
    replace=v.split(",");
}
}
```

将过滤词及替换词封装在注解@WebInitParam中,过滤词与替换词是一一对应的,词与词之间用逗号分隔,类中定义了与过滤词及替换词对应的数组 search[]及 replace[],其具体值是在 init()方法中获得的。

通过分析 doFilter(),可以得出更一般的结论:若想重写 HttpServletRequest 对象中的方法,则必须定义 HttpServletRequestWrapper 类的派生类;若想重写 HttpServletResponse 对象中的方法,则必须定义 HttpServletResponseWrapper 类的派生类。并将所需的派生类对象放入 doFilter() 中进行链传递。例如，若某过滤器产生的 HttpServletRequestWrapper 派生类对象是 rqobj，产生的 HttpServletResponseWrapper 派生类对象是 rpobj，则应有代码行 chain.doFilter(rqobj,rpobj)。

5.9 Servlet 与 Cookie

5.9.1 会话 Cookie 与持久 Cookie

如果不设置 Cookie 过期时间，则表示 Cookie 生命周期为浏览器会话期间，只要关闭浏览器窗口，Cookie 就消失了。这种生命期为浏览器会话期的 Cookie 被称为会话 Cookie。会话 Cookie 一般不保存在硬盘上而是保存在内存里。

如果设置了过期时间，浏览器就会把 Cookie 数据保存到硬盘上，关闭后再次打开浏览器，这些 Cookie 依然有效直到超过设定的过期时间，这即是持久 Cookie。存储在硬盘上的 Cookie 可以在不同的浏览器进程间共享，比如两个 IE 窗口。而对于保存在内存的 Cookie，不同的浏览器有不同的处理方式。

Cookie 可以很方便地将一些信息存放于客户端，但是有时会出现一些安全和隐私方面的问题。例如，别人使用了你的电脑去访问一个网站，而由于上次你登录网站时选择了保存用户名和密码，这个时候访问的网站就会将一段 Cookie 发送给你的机器。这样当其他人使用你的电脑的时候，网站并不关心现在是谁在使用你的电脑（网站只关心它找到你上次登录的 Cookie），这样别人登录的时候会使用你的账号及密码，所以可能会引发一些安全上的问题（尤其是公共场合的计算机）。

Cookie 虽然可以保存很多东西，但是由于 Cookie 是存放于客户端的，而浏览器一般不会在客户端存放很多的 Cookie，一般浏览器都会限制每个 Cookie 的大小小于 4K，同一个站点的 Cookie 的数量一般小于 20，以及浏览器保存的所有 Cookie 的数量一般小于 300。所以我们的应用最好不要使用太多的 Cookie。

设置、获得 Cookie 属性的类是 Cookie，其常用方法如下所示。
- String getName()；返回 Cookie 名字。
- void setValue(String newValue)；设置 Cookie 值。
- String getValue()；返回 Cookie 值。
- void setMaxAge(int expiry)；以秒为单位，设置 Cookie 过期时间。
- int getMaxAge()；返回 Cookie 过期之前的最大时间。

5.9.2 Cookie 操作

Cookie 常用操作有读、写、设置生存期操作等。下面通过示例一一说明。

【例 5-20】 会话 Cookie 写操作简单示例。

```
package c5;
import java.io.*;
import javax.servlet.*;
import javax.servlet.http.*;
```

```
import javax.servlet.annotation.WebServlet;
@WebServlet("/e5_20")
public class e5_20 extends HttpServlet {
    private static final long serialVersionUID=1L;
    public e5_20() {super();}
    protected void doGet(HttpServletRequest req, HttpServletResponse rep)
    throws ServletException, IOException {
        Cookie c=new Cookie("user","zhang");
        //c.setMaxAge(60*60);        //打开此行代码即成为持久Cookie,生存期1小时
        rep.addCookie(c);
    }
}
```

利用构造方法 Cookie(String key,String value)建立 Cookie 对象,由于要把该对象数据写到客户端,因此一定要用到 HttpServletResponse 对象(而不是 HttpServletRequest 对象)中的方法,具体方法名是 addCookie()。

一个 Cookie 可以理解为一对"键-值"映射,键是唯一的,若重复添加相同键的 Cookie 对象,则后面的对象将前面的对象覆盖。

由于没有利用 setMaxAge()方法设定 Cookie 生存期,该 Cookie 保存在客户端的内存中,所以是会话 Cookie。

【例 5-21】 Cookie 读操作简单示例。

```
package c5;
import java.io.*;
import javax.servlet.*;
import javax.servlet.http.*;
import javax.servlet.annotation.WebServlet;
@WebServlet("/e5_21")
public class e5_21 extends HttpServlet {
    private static final long serialVersionUID=1L;
    public e5_21() {super();}
    protected void doGet(HttpServletRequest req, HttpServletResponse rep)
    throws ServletException, IOException {
        PrintWriter out=rep.getWriter();
        Cookie[] c=req.getCookies();
        if(c==null){
            out.print("no cookies!");
            return;
        }
        for(int i=0; i<c.length; i++){
            out.print(c[i].getName()+": ");
            out.print(c[i].getValue()+"<br>");
        }
    }
}
```

读取 Cookie 是通过 HttpServletRequest 对象（而不是 HttpServletResponse 对象）中的 getCookies()方法获得的,结果是 Cookie[]数组,示例中遍历该数组可获得 Web 应用所有 Cookie 的键与值。

结合例 5-20、例 5-21 做如下实验。首先启动 eclipse 内嵌浏览器,运行 e5_20 页面,完成写会话 Cookie 操作；然后再运行 e5_21 页面,完成读 Cookie 操作,在浏览器上看见了 Cookie 的键与值（user：zhang）；进一步实验,启动外置浏览器,直接运行 e5_21 读 Cookie 页面（不运行 e5_20 页面）,确什么也不显示,这是为什么？先看图 5-9 所示内容。

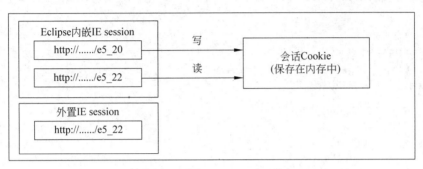

图 5-9 会话 Cookie 与 session 关系

图中表明有两个 session 会话,由于会话 Cookie 与 session 是 1∶1 关系,因此 Eclipse 内嵌 IE session 与外置 IE session 所对应的 Cookie 在内存中位置是不同的。所以在外置 IE 运行 e5_21 不可能读到 eclipse 内嵌 IE 由 e5_20 所写的 Cookie 数据。

那么,若修改代码使之成为持久 Cookie（只需在例 5_20 中将注释代码打开即可）,重做实验,则实验结果如图 5-10 所示,可知持久 Cookie 可为多 session 共享。

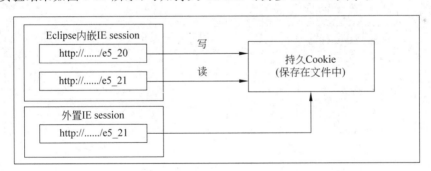

图 5-10 持久 Cookie 特点图

通过两种 Cookie 类型对比可知我们工作中经常用到的是持久 Cookie,由于 HttpServletRequest 对象操作 Cookie 的仅有 getCookies()方法,不可能直接获得所需的某个具体的 Cookie 值,再结合例 5-20,我们可以进一步对 HttpServletRequest 对象的 getCookies()及 HttpServletResponse 对象的 addCookie()方法封装,从而方便对 Cookie 的增加、查询、删除操作,具体类 MyCookie 如下所示。

```
package c5;
import javax.servlet.http.*;
```

```java
import javax.servlet.http.HttpServletRequest;
import javax.servlet.http.HttpServletResponse;
public class MyCookie {
privatefinalstaticintCOOKIE_MAX_AGE=1000 * 60 * 60 * 24 * 30;
public static void removeCookie(HttpServletResponse rep, Cookie cookie){
    if(cookie !=null){
        cookie.setMaxAge(0);
        rep.addCookie(cookie);
    }
}
public static String getCookieValue(HttpServletRequest req, String name){
    Cookie cookie=getCookie(req, name);
    if(cookie !=null){
        return cookie.getValue();
    }
    else{
        return null;
    }
}
public static Cookie getCookie(HttpServletRequest req, String name){
    Cookie cookies[]=req.getCookies();
    if(cookies==null || name==null || name.length()==0)
        return null;
    Cookie cookie=null;
    for(int i=0; i<cookies.length; i++){
        if(!cookies[i].getName().equals(name))
            continue;
        cookie=cookies[i];
    }
    return cookie;
}
public static void addCookie(HttpServletResponse rep, String name, String value){
    addCookie(rep, name, value, COOKIE_MAX_AGE);
}
public static void addCookie(HttpServletResponse rep, String name, String value, int maxAge){
    if(value==null)
        value="";
    Cookie cookie=new Cookie(name, value);
    if(maxAge!=0){
        cookie.setMaxAge(maxAge);
    }else{
        cookie.setMaxAge(COOKIE_MAX_AGE);
```

```
    }
    rep.addCookie(cookie);
  }
}
```

【例 5-22】 Cookie 设置路径问题示例。

Cookie 是通过 setPath()设置保存路径的,例 5-20 中保存 Cookie 的代码如下所示。

```
Cookie c=new Cookie("user","zhang");
//c.setPath("/");          //打开该注释,则设置固定保存目录
rep.addCookie(c);
```

其中并没有通过 setPath()设置保存路径,那么它就遵守默认保存路径规则。由于调用该页面的 URL 是 http://localhost:8080/chap5/e5_20,其工程根目录是 chap5,假设其对应的客户端 Cookie 保存路径是 root,所以当运行 e5_20 页面时,其 Cookie 保存在客户端的 root 目录下。同理可推得若 URL 是 http://localhost:8080/chap5/a/b/page,当运行 page 页面时,若产生 Cookie,则该 Cookie 默认存放在 root/a/b 目录下。

如果利用 setPath()设置保存路径,例如 setPath("/"),则表明不论 URL 为何内容,其 Cookie 都保存在 root 目录下;若设 setPath("/a/b"),则表明不论 URL 为何内容,其 Cookie 都保存在 root/a/b 目录下。

对于写 Cookie 而言,我们是体会不到 setPath()的作用的,对于读 Cookie 而言我们能切实感受到 setPath()的作用。一个简单的问题:Cookie c[]=request.getCookies()能得到已保存的所有 Cookie 吗?答案是不一定,正确解答是仅能得到相对该 URL 子路径(包括该 URL)对应的客户端路径下的所有 Cookie。例如假设在客户端建立的 Cookie 如图 5-11 所示。

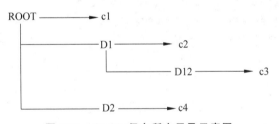

图 5-11 Cookie 保存所在目录示意图

其中 ROOT、D1、D12、D2 是目录,c1~c4 是四个 Cookie。若 URL 为 http://…/chap5/page,仅包含目录 chap5,所以 page 页可访问的 Cookie 为 c1;若 URL 为 http://…/chap5/d1/page,由于包含目录 chap5、chap5/d1,所以 page 页可访问的 Cookie 为 c1、c2;若 URL 为 http://…/chap5/d1/d12/page,由于包含目录 chap5、chap5/d1、chap5/d1/d12,所以 page 页可访问的 Cookie 为 c1、c2、c3。

因此,若对 Cookie 进行读操作,必须清楚客户端该路径及所有子路径下都有哪些具体 Cookie。如果希望不论 URL 路径为什么内容,都能访问所有 Cookie,一个简单的办法是当写 Cookie 的时候,用 setPath("/")设置路径,将 Cookie 强制保存到 root 目录下,由于所有 URL 上下文路径都对应着客户端的 root 目录,所以页面一定能访问 root 下的 Cookie 了。

5.9.3 Cookie 示例

【例 5-23】 自动账户录入示例。

我们都有用邮箱的经历：当第 1 次登录邮箱时，需要输入用户名和密码；当之后再次登录时用户名已显示在登录界面中（即使是关机后再启动机器），只需输入密码即可。类似这种功能利用 Cookie 技术是比较方便的，代码如下所示。

(1) e5_23.java：登录界面

```java
package c5;
import java.io.*;
import javax.servlet.*;
import javax.servlet.http.*;
import javax.servlet.annotation.WebServlet;
@WebServlet("/e5_23")
public class e5_23 extends HttpServlet {
    private static final long serialVersionUID=1L;
    public e5_23() {super();}
    protected void doGet(HttpServletRequest req, HttpServletResponse rep)
    throws ServletException, IOException {
        String user=MyCookie.getCookieValue(req, "user");
        if(user==null) user="";
        String s="<form action='e5_23_2'>"+
            "user: <input type='text' name='user' value='"+user+"' /><br>"+
            "pwd: <input type='password' name='pwd'/>"+
            "<input type='submit' value='ok' />"+
            "</form>";
        PrintWriter out=rep.getWriter();
        out.print(s);
    }
}
```

当形成登录界面前，首先利用 MyCookie 类（操作 Cookie 的封装类，见例 5-21 中的说明）从客户端 Cookie 获取 user 值。若 user=null，表明客户是首次登录；若 user!=null，表明客户在此机器之前登录过，直接将 user 值填入 form 表单中，运行时只需输入密码即可。

(2) e5_23_2.java：登录校验页面（仅演示了 Cookie 保存，其他功能均弱化了）

```java
package c5;
import java.io.*;
import javax.servlet.*;
import javax.servlet.http.*;
import javax.servlet.annotation.WebServlet;
@WebServlet("/e5_23_2")
public class e5_23_2 extends HttpServlet {
```

```
private static final long serialVersionUID=1L;
public e5_23_2() {super();}
protected void doGet(HttpServletRequest req, HttpServletResponse rep)
throws ServletException, IOException {
    String user=req.getParameter("user");
    Cookie c=new Cookie("user",user);
    c.setPath("/");
    c.setMaxAge(60 * 60 * 24);          //Cookie 生存期 24 小时
    rep.addCookie(c);
    }
}
```

习题

1. 简述 Servlet 与 JSP 的关系。
2. 简述 Servlet 异常处理方法。
3. 简述 Servlet 监听器与过滤器的作用。
4. 实现两个操作数加法，描述如下。

input.jsp：利用 form 表单定义两个操作数，响应页面 Servlet URL 为 calc。

calc.java：Servlet 类，计算并显示两个操作数相加的结果。

5. 重新实现第 4 题的功能，仅用一个 Servlet 类 InputAndCalc 来实现。
6. 编制统计在线人数的监听器程序，并编制测试程序进行测试。
7. 编制使用过滤器过滤 IP 地址程序，并编制测试类进行测试。

第 6 章 典型事例分析

到本章之前,我们学了 JSP 许多关键技术,如 JSP 语法、指令标签、动作标签、内置命令、JavaBean、Servlet 等。编写 Web 应用采用的方法可以是 JSP+JavaBean,Servlet+JavaBean。本章主要讲解 Servlet+JavaBean 技术在文件、邮件、数据库等方面的应用。

6.1 文件上传

【例 6-1】 文件上传功能设计与实现。

我们知道利用 form 表单可以将常规数据上传到服务端,服务器端通过 getParameter()、getParameterValues()方法获得上传的数据。文件上传同常规数据上传功能的实现思路是一致的,仍是采用 form 表单上传文件,但是在服务器端不能通过 getParameter()、getParameterValues()解析上传的文件数据,因为这两个方法从本质上来说仅能解析参数是文本格式的数据,而文件格式是不确定的,可以是文本文件,也可能是图像文件等等。因此,文件上传功能实现的关键点是在服务器端如何解析上传的文件数据流数据。

文件上传功能包括两部分,上传表单及保存功能 servlet,具体代码如下所示。

(1) 文件上传表单 servlet

```java
package c6;
import java.io.*;
import javax.servlet.*;
import javax.servlet.http.*;
import javax.servlet.annotation.WebServlet;
@WebServlet("/e6_1")
public class e6_1 extends HttpServlet {
    private static final long serialVersionUID=1L;
    public e6_1() {super();}
    protected void doGet(HttpServletRequest req, HttpServletResponse rep)
    throws ServletException, IOException {
        String s="<form action='e6_1_2' method='post' 
            enctype='multipart/form-data'>"+
                "<input type='file' name='myfile' /><br>"+
                "<input type='submit' value='ok' />"+
            "</form>";
```

```
        PrintWriter out=rep.getWriter();
        out.print(s);
    }
}
```

若实现文件上传功能,form 表单的 method 属性必须置为 post。enctype 属性必须设置为 multipart/form-data,含义是不对文件数据进行编码,保证上传到服务器端的数据流与原始文件字节数据是一致的。enctype 可取的属性及含义如表 6-1 所示。

表 6-1　enctype 属性及含义

值	描　　述
application/x-www-form-urlencoded	在发送前编码所有字符(默认)
multipart/form-data	不对字符编码。在使用包含文件上传控件的表单时,必须使用该值
text/plain	空格转换为 "+" 加号,但不对特殊字符编码

文件上传采用的输入标签是<input type=file>,type 属性必须置为 file,这一点读者要切记。

(2) 文件保存 Servlet(为了方便,假设保存到 c:/a.dat 文件)

不同格式的文件在网络上都可以看做是字节数据流,因此一个基本想法是在服务器端获得该子节流,并将该字节流数据最终保存到 c:/a.dat 中。基本代码如下所示。

```
package c6;
import java.io.*;
import javax.servlet.*;
import javax.servlet.http.*;
import javax.servlet.annotation.WebServlet;
@WebServlet("/e6_1_2")
public class e6_1_2 extends HttpServlet {
    private static final long serialVersionUID=1L;
    public e6_1_2() {super();}
    protected void doPost(HttpServletRequest req, HttpServletResponse rep)
    throws ServletException, IOException {
        InputStream in=req.getInputStream();
        ByteArrayOutputStream out=new ByteArrayOutputStream();
        int value=-1;
        while((value=in.read()) !=-1){
            out.write(value);
        }
        byte buf[]=out.toByteArray();
        FileOutputStream out2=new FileOutputStream("c:/jbd/a.dat");
        out2.write(buf);
        out2.close();
    }
}
```

该思路是：首先通过 getInputStream()获得请求输入字节流 in，建立字节数组输出流对象 out；然后利用 while 循环，in 每读一个字节，out 则写一个字节，直到请求字节流 in 结束；最后由 out 对象获得字节缓冲区数组 buf，并将其内容写到 c:/a.dat 文件中。

假设上传的是 Word 文档，我们用 Office 程序却打不开 a.dat 文件，若上传的是 jpg 图像文件，用画图程序也打不开相应文件。那么 a.dat 保存的内容是什么呢？可以用记事本打开 a.dat 文件，我们发现其文件格式如表 6-2 所示。

表 6-2 单文件上传结构图

说　明	数据结构示例
数据头	------------------------------7df1c2c70696 Content-Disposition: form-data; name="myfile"; filename="C:\c:/jbd\c:/2015u\c:/JSP 程序设计\c:/JSP 程序设计.docx" Content-Type: application/vnd.openxmlformats-officedocument.wordprocessingml.document
原始文件	…
数据尾	------------------------------7df1c2c70696-

可知文件上传数据流是由数据头＋原始文件＋数据尾三部分组成。数据头占用 4 行，第 1 行是标识信息，中间两行是文件参数信息，第 4 行是空行信息。数据尾占用 2 行，第 1 行是结束标识信息，第 2 行是空行。因此得出算法：提取中间原始文件信息，将其保存成相应文件即可。修改 doPost()方法代码如下所示。

```java
protected void doPost(HttpServletRequest req, HttpServletResponse rep)
throws ServletException, IOException {
    InputStream in=req.getInputStream();
    ByteArrayOutputStream out=new ByteArrayOutputStream();
    int value=-1;
    while((value=in.read()) !=-1){
        out.write(value);
    }
    byte buf[]=out.toByteArray();
    //获得文件内容字节起始偏移量 start
    int start=-1;
    int times=0;
    for(int i=0;;i++){
        if(buf[i]=='\r' && buf[i+1]=='\n'){
            times++;
            if(times==4){
                start=i+2; break;
            }
        }
    }
    //获得文件内容字节结束偏移量 end
    int end=-1; times=0;
    for(int i=buf.length-2;;i--){
```

```
        if(buf[i]=='\r' && buf[i+1]=='\n'){
            times++;
            if(times==2){
                end=i; break;
            }
        }
    }
    //将 buf[start]~buf[end-1]字节内容保存至文件
    FileOutputStream out2=new FileOutputStream("c:/jbd/a.dat");
    out2.write(buf, start, end-start);
    out2.close();
}
```

获得文件内容字节起始偏移量 start 的算法是：正向遍历缓冲区 buf，循环变量是 i，当查询到 4 次"\r\n"后，表明 4 行的数据头已读完，start＝i＋2 是上传文件内容的起始字节缓冲区位置。获得文件内容字节结束偏移量 end 的算法是：反向遍历缓冲区 buf，循环变量是 i，当查询到 2 次"\r\n"后，表明数据尾已读完，end＝i。对 buf 缓冲区索引而言，[start,end) 间代表的缓冲区内容与上传文件内容是一致的。

讨论 1：如何获得上传文件的文件名称？本示例为了简化功能将上传的所有文件都保存成了 a.dat 文件，一般情况是随着上传文件名称变化而变化。根据表 6-2 可得文件名称在数据头的第 2 行，因此正向遍历 buf 缓冲区，获得该行字符串数据，再进行适当处理就可获得上传文件的名称，关键代码如下所示。

```
int start=-1, end=-1;
int times=0;
//获得数据头第 2 行缓冲区 buf 起始及结束位置
for(int i=0;;i++){
    if(buf[i]=='\r' && buf[i+1]=='\n'){
        times++;
        if(times==1){
            start=i+2;
        }
        if(times==2){
            end=i; break;
        }
    }
}
//获得该行数据字符串
String s=new String(buf, start, end-start);
s=s.trim();
int nameStart=-1;
//后向遍历字符串，遇到路径分隔符"\\"结束
for(int i=s.length()-2; i>=0; i--){
    if(s.charAt(i)=='\\'){
```

```
            nameStart=i+1; break;
    }
}
//获得去掉目录后的文件名称
String strName=s.substring(nameStart, s.length()-1);
```

讨论 2：本示例仅讨论了单文件上传，如何实现多个文件同时上传呢？文件上传 Servlet 修改比较小，其中的 form 表单内包含多个＜input type＝file＞标签即可。关键是文件保存 Servlet 代码的修改，可知多文件上传后的字节数据流内容如图 6-1 所示。

图 6-1 多文件上传数据流结构

每个文件上传后由"数据头＋文件内容"组成，仅上传的最后文件 n 之后有一个数据尾。数据头中最关键的信息是第 1 行内容，如表 6-2 所示，该行是一个特征标识字符串，在总缓冲区 buf 中，每找到一个该串，则标识是一个新的上传文件数据头信息的开始。数据尾内容与数据头首行内容几乎完全一致，仅尾部多了"—"内容。

关键思路有两点：①将数据尾内容修改成与数据头首行特征字符串内容一致，方便统一处理；②正向遍历 buf 缓冲区，获得各数据头在 buf 缓冲区的索引位置，并将其保存在向量 Vector＜Integer＞中，知道各数据头位置，就可提取出相应文件字节缓冲区，并保存在相应文件中。具体算法描述如下所示。

```
(1) 建立 ByteArrayOutputStream 对象 out。
(2) 将 form 表单上传内容全部写入 out。
(3) 由 out 得到物理字节缓冲区 buf[]。
(4) 获得数据头特征字符串字节缓冲区 mark[]。
(5) 修改 buf 数据尾，使之与 mark[]一致，方便统一处理
(6) 定义 Vector＜Integer＞对象 v，用以保存数据头首地址
(7) 定义整形变量 start＝0,end＝0.含义是 buf 中相邻两个"\r\n"的位置
(8) while(start＜size)
(9)       if(buf[end]＝＝'\r' && buf[end＋1]＝＝'\n')
(10)           if(end-start＝＝mark.length)
(11)               if(buf[start]～buf[end-1]与 mark 对应相等，表明找到数据头)
(12)                   将 start 添加到向量 v 中
(13)               Endif
(14)           Endif
(15)           Start＝end＋2, end＝start
(16)           转向步骤 7
(17)       Endif
(18)       end＝end＋1
(19) End while
(20) 遍历向量 v，根据相邻元素数据头位置，可确定文件具体内容缓冲区，保存即可。
```

算法中(1)~(3),(20)与上文中 doPost()方法中的代码相同或相近,就不列举了,将 4~18步骤代码分功能列出,如下所示。

- 获得数据头特征字符串字节缓冲区 mark。

```
byte mark[]=null;
int pos=0;
while(buf[pos]!='\r' && buf[pos+1]!='\n')
    pos++;

mark=new byte[pos];
for(int i=0; i<pos; i++){
    mark[i]=buf[i];
}
```

获得的 mark 缓冲区是不包含"\r\n"的。

- 修改 buf 数据尾,使之与 mark[]一致,方便统一处理。

```
for(int i=buf.length-1;; i--){
    if((buf[i]>='0'&&buf[i]<='9')||((buf[i]>='a'&&buf[i]<='f'))){
        pos=i+1; break;
    }
}
buf[pos]='\r'; buf[pos+1]='\n';
```

数据头特征字符串形如"-------123abc234def\r\n",数据尾形如"-------123abc234def--\r\n"。前者的特点是十六进制字符串后直接加"\r\n",后者的特点是十六进制字符串后加"--\r\n"。因此只需反向遍历 buf 缓冲区,当 buf[i]是十六进制字符时停止遍历,令 buf[i+1]='\r',buf[i+2]='\n',则数据尾内容与特征字符串一致了。

- 获得各数据头的索引起始位置(步骤6~步骤19)。

```
Vector<Integer> v=new Vector();
int start=0; int end=start+1;
boolean bstate=true;
while(end<buf.length-1){
    if(buf[end]=='\r'&&buf[end+1]=='\n'){
        if(end-start==mark.length){
            bstate=true;
            for(int k=0; k<mark.length; k++){
                if(mark[k] !=buf[start+k]){
                    bstate=false; break;
                }
            }

            if(bstate)
```

```
            v.add(start);
        }//if(end-start==mark.length)
        start=end+2; end=start+1;
        continue;
      }//if(buf[end]=='\r'&&buf[end+1]=='\n')
      end++;
}//while(start<buf.length)
```

关键思路是遍历 buf 数组，依次找出相邻的两个"\r\n"位置，若它们之间的元素个数与特征字节缓冲区 mark 长度不相等，则继续向下搜索相邻的"\r\n"位置；若相等，则依次比较每个元素与 mark 数组对应元素是否相等，若完全相等则表明找到一个有效的数据头位置。

讨论 3：若 form 表单包含上传"文件＋常规字符串数据"，即包含＜input type＝file＞及＜input type＝text＞等标签，在服务器端如何解析呢？由于文件是上传的数据类型之一，form 表单的 enctype 必须设置为 multipart/form-data，这就导致无法用 getParameter()、getParameterValues() 解析上传的数据，即使上传的数据包含常规字符串数据，依然不能解析。因此，我们只能根据上传的数据流结构信息，自行完成解析功能，读者可以结合多文件上传代码加以实现。

讨论 4：采用第三方开发包实现文件上传好不好？目前市面上有许多开发好的文件上传组件，如著名的 SmartUpload、Apache Jakarta 的 FileUpload、O'Reilly 的 cos 组件等，利用这些组件可以方便实现文件上传功能。但对初学者而言，并不赞同应用这些组件，而是如上文所述自己开发，从中可以学到 form 表单的具体数据流传输格式、增强对字节流的深刻理解、理解数据头信息在文件数据提取算法中的重要性等。这些是提高 Web 编程基本功和编程乐趣的重要手段，也是不赞同采用第三方文件上传组件实现文件上传功能的原因所在。

6.2 文件下载

【例 6-2】 文件下载功能设计与实现。

与文件上传功能相比，实现文件下载功能要简单得多，通过 getOutputStream() 可以获取一个指向客户的输出流，将文件数据写入这个流，客户就可以下载这个文件了。本示例假设文件存储在 chap6/download 目录下，文件名为 jsp.docx，为了防止中文乱码，下载文件名字均由西文字母组成。启动该 Servlet 时，利用参数项直接将下载文件名写在 URL 中。例如 http://…/e6_2? myfile＝jsp.docx。

```
package c6;
import java.io.*;
import java.util.*;
import javax.servlet.*;
import javax.servlet.http.*;
import javax.servlet.annotation.WebServlet;
@WebServlet("/e6_2")
```

```java
public class e6_2 extends HttpServlet {
    private static final long serialVersionUID=1L;
    private static Map<String,String>map=new HashMap();
    static{
        map.put("doc", "application/msword");
        map.put("docx", "application/msword");
        map.put("pdf", "application/pdf");
    }
    public e6_2() {super();}
    protected void doGet(HttpServletRequest req, HttpServletResponse rep)
    throws ServletException, IOException {
        String strFile=req.getParameter("myfile");
        String strPath=req.getServletContext().getRealPath("/");
        strPath=strPath+"download/"+strFile;
        File file=new File(strPath);
        int len=(int)file.length();

        int value=-1;
        //文件保存对话框信息

        rep.setHeader("content-disposition","attachment;filename="+strFile);
        //利用正则表达式拆分字符串获得扩展名
        String strUnit[]=strFile.split("\\.");
        //设置文件 MIME
        String strMime=map.get(strUnit[strUnit.length-1]);
        if(strMime !=null)
            rep.setContentType(strMime);
        //设置文件长度信息
        rep.setHeader("content-length",""+len);
        FileInputStream in=new FileInputStream(strPath);
        OutputStream out=rep.getOutputStream();
        while((value=in.read()) !=-1){
            out.write(value);
        }
        in.close();
    }
}
```

当实现文件下载功能时应通过 response 向客户端发送一些头信息，主要包括：①文件默认保存名称：是通过设置 content-disposition 头信息完成的，一般来说原文件与保存文件的名称是一致的；②设置 MIME：主要是通过 setContentType()方法完成的，作用是当在客户端显示保存文件对话框时，可选择"打开"按钮，直接用对应 MIME 类型的应用程序打开下载文件。本示例中将文件扩展名与 MIME 特征串利用 HashMap 映射建立了关联（见代码中的 static{……}部分，读者可进行添加扩充），通过扩展名即可找到对应的 MIME 字符串;③设置下载文件长度,主要是通过设置 content-length 头信息获得的。

文件传送部分非常简单,在这里就不多加论述了。

那么,如何实现多文件批量传输呢?一个好的方法是将这些文件压缩,传输压缩流即可,这就要用到 ZipEntry、ZipOutputStream 类,它们都是 jdk 的系统类。

压缩的每一个子文件使用 ZipEntry 对象表示,在实例化 ZipEntry 的时候,要设置名称,此名称实际上就是压缩文件中每一个文件的名称。该类主要方法如下所示。

- ZipEntry(String name);构造方法,创建对象并指定要创建的 ZipEntry 名称。
- boolean isDirectory();判断此 ZipEntry 是否是目录。

ZipOutputStream 类的主要方法如下所示。

- ZipOutputStream(OutputStream);构造方法,创建新的压缩 zip 流对象。
- void putNextEntry(ZipEntry e);设置每一个 ZipEntry 对象。
- voidsetComment(String comment);设置 zip 文件的备注、注释内容。

假设利用参数项直接将下载的多文件名写在 URL 中。例如 http://…/e6_2?myfile=jsp.docx&myfile=java.docx,则修改后类 e6_2 中的 doGet()方法代码如下所示,默认在客户端保存的文件名为请求下载的第 1 个文件名前缀加". zip"。

```java
protected void doGet(HttpServletRequest req, HttpServletResponse rep) throws ServletException, IOException {
    String strFile[]=req.getParameterValues("myfile");
    String strPath=req.getServletContext().getRealPath("/");
    String unit[]=strFile[0].split("\\.");
    rep.setHeader("content-disposition","attachment;filename="+unit[0]+".zip");
    rep.setContentType("application/zip");

    ZipOutputStream zipOut=null;         //声明压缩流对象
    zipOut=new ZipOutputStream(rep.getOutputStream());
    for(int i=0; i<strFile.length; i++){
        File file=new File(strPath+"/download/"+strFile[i]);   //定义压缩文件
        InputStream input=new FileInputStream(file);    //定义文件输入流
        zipOut.putNextEntry(new ZipEntry(strFile[i]));   //设置 ZipEntry 对象
        int value=0;
        while((value=input.read())!=-1){                 //读取内容
            zipOut.write(value);                         //压缩输出
        }
        input.close();              //关闭输入流
    }
    zipOut.close();                 //关闭压缩流
}
```

6.3 发送邮件

6.3.1 文本邮件发送

【例 6-3】 发送邮件功能设计与实现。

发送邮件是 Web 常用功能之一,其采用 SMTP(Simple mail transfer protocol,简单邮件传输协议),目的是向用户提供高效、可靠的邮件传输。它的一个重要特点是能够在传送中接力传送邮件,即邮件可以通过不同网络上的主机接力式传送。通常它工作在两种情况下:一是邮件从客户机传输到服务器;二是从某一个服务器传输到另一个服务器。SMTP是一个请求/响应协议,它监听 25 号端口,用于接收用户的 Mail 请求,并与远端 Mail 服务器建立 SMTP 连接。

SMTP 协议传输示例格式如表 6-3 所示。

表 6-3 SMTP 协议传输示例格式

步骤	具 体 描 述
1	C:telent SMTP.163.com 25 //以 telenet 方式连接 163 邮件服务器
2	S:220 163.com Anti-spam GT for Coremail System //220 为响应数字,其后的为欢迎信息
3	C:HELO SMTP.163.com //除了 HELO 所具有的功能外,HELO 主要用来查询服务器支持的扩充功能
4	S:250-mail
5	S:250-AUTH LOGIN PLAIN
6	S:250-AUTH=LOGIN PLAIN
7	S:250 8BITMIME //最后一个响应数字应答码之后跟的是一个空格,而不是'-'
8	C:AUTH LOGIN //请求认证
9	S:334 dxNlcm5hbWU6 //服务器的响应——经过 base64 编码了的"Username"=
10	C:Y29zdGFYW1heGl0Lm5ldA== //发送经过 BASE64 编码了的用户名
11	S:334 UGFzc3dvcmQ6 //经过 BASE64 编码了的"Password:"=
12	C:MTk4MjIxNA== //客户端发送的经过 BASE64 编码了的密码
13	S:235 auth successfully //认证成功
14	C:MAIL FROM:bripengandre@163.com //发送者邮箱
15	S:250 … . //"…"代表省略了一些可读信息
16	C:RCPT TO:bripengandre@smail.hust.edu.cn //接收者邮箱
17	S:250 … . //"…"代表省略了一些可读信息
18	C:DATA //请求发送数据
19	S:354 Enter mail, end with "." on a line by itself
20	C:Enjoy Protocol Studing
21	C:.
22	S:250 Message sent
23	C:QUIT //退出连接
24	S:221 Bye

SMTP 协议遵循请求/响应模式,发送普通邮件主要包括以下步骤。

（1）建立 TCP 连接，如表 6-3 中步骤 1～步骤 2，客户端发送"邮件服务器域名＋端口号"信息，服务器端返回信息中包括状态码及相应字符串描述，若状态码为 220，则表明连接成功。

（2）发送 HELO 命令，如表 6-3 中步骤 3～步骤 7。客户端发送命令由前缀 HELO＋"邮件服务器域名"组成，步骤 4～步骤 6 是服务器响应信息，它表明了此邮件服务器的普通功能及有哪些扩展功能，至于详细解释读者可查阅相关书籍和文献。

（3）身份验证命令，如表 6-3 中步骤 8～步骤 13，主要查询邮件服务器中用户是否合法（根据用户名及密码判断），相当于邮箱系统中的用户登录部分。

（4）发送邮件源及目的邮箱，如表 6-3 中步骤 14～步骤 17。

（5）发送数据，如步骤 18～步骤 22。

（6）关闭连接，如步骤 23～步骤 24。

为此，编制了四个类：Servlet 类 e6_3 形成邮件发送表单，Servlet 类 e6_3_2 控制邮件发送流程，普通 Java 类 Message 用于封装邮件内容，普通 Java 类 SMTPSend 用于实现邮件发送具体过程。它们关系如图 6-2 所示。

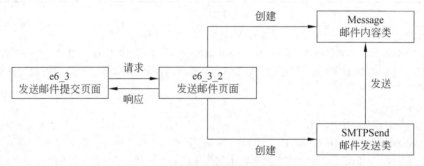

图 6-2 邮件发送页面及类关系图

其具体代码如下所示。

（1）Message.java：邮件内容类。

```java
package c6;
public class Message {
    private String user;           //用户名
    private String password;       //密码
    private String from;           //源邮箱
    private String to;             //目的邮箱
    private String subject;        //主题
    private String content;        //内容
    public String getPassword() {return password;}
    public void setPassword(String password) {this.password=password;}
    public String getUser() {return user;}
    public void setUser(String user) {this.user=user;}
    public String getContent() {return content;}
    public void setContent(String content) {this.content=content;}
    public String getFrom() {return from;}
```

```java
    public void setFrom(String from) {this.from=from;}
    public String getSubject() {return subject;}
    public void setSubject(String subject) {this.subject=subject;}
    public String getTo() {return to;}
    public void setTo(String to) {this.to=to;}
}
```

(2) SMTPSend.java：邮件发送类。

```java
package c6;
import java.io.*;
import java.net.*;
import java.util.StringTokenizer;
import sun.misc.BASE64Encoder;
public class SMTPSend {
    BASE64Encoder encode=new BASE64Encoder();      //用于加密后发送用户名和密码
    String server;
    int port;
    private Socket socket;
    BufferedReader in;
    BufferedWriter out;
    public SMTPSend(String server, int port){
        this.server=server;
        this.port=port;
    }
    private int sendServer(String str) throws IOException {
        out.write(str);
        out.newLine();
        out.flush();
        return getResult();
    }
    public int getResult() {
        String line="";
        try{line=in.readLine();}
        catch(Exception e) {e.printStackTrace();}
        //从服务器返回消息中读出状态码,将其转换成整数返回
        StringTokenizer st=new StringTokenizer(line, " ");
        return Integer.parseInt(st.nextToken());
    }
    //连接服务器
    private void connect() throws UnknownHostException,IOException {
        this.server=server;
        try {
            socket=new Socket(server, port);
```

```java
            in=new BufferedReader(new InputStreamReader(
                socket.getInputStream()));
            out=new BufferedWriter(new OutputStreamWriter(
                socket.getOutputStream()));
            int result;
            result=getResult();
            //连接上邮件服务后,服务器给出 220 应答
            if(result !=220) {throw new IOException("连接服务器失败");}
        }
        catch (Exception e) {e.printStackTrace();}
    }
    //发送 helo 命令
    public void helo() throws IOException {
        int result;
        result=getResult();
        //连接上邮件服务后,服务器给出 220 应答
        if(result !=220) {throw new IOException("连接服务器失败");}
        result=sendServer("HELO "+server);
        //HELO 命令成功后返回 250
        if(result !=250) {throw new IOException("注册邮件服务器失败!");}
    }
    //身份验证
    public void authLogin(Message msg) throws IOException {
        int result;
        result=sendServer("AUTH LOGIN");
        if(result !=334) {throw new IOException("用户验证失败!");}
        result=sendServer(encode.encode(msg.getUser().getBytes()));
        if(result !=334) {throw new IOException("用户名错误!");}
        result=sendServer(encode.encode(msg.getPassword().getBytes()));
        if(result !=235) {throw new IOException("验证失败!");}
    }
    //邮件源地址及目的地址
    public void mailFromTo(Message msg) throws IOException {
        int result;
        result=sendServer("MAIL FROM: <"+msg.getFrom()+">");
        if(result !=250) {throw new IOException("指定源地址错误");}
        result=sendServer("RCPT TO: <"+msg.getTo()+">");
        if(result !=250) {throw new IOException("指定目的地址错误!");}
    }
    //发送数据
    public void data(Message m) throws IOException {
        int result;
        result=sendServer("DATA");
        //输入 DATA 回车后,若收到 354 应答后,继续输入邮件内容
```

```java
        if(result !=354) {throw new IOException("不能发送数据");}
        out.write("From: "+m.getFrom());
        out.newLine();
        out.write("To: "+m.getTo());
        out.newLine();
        out.write("Subject: "+m.getSubject());
        out.newLine();
        out.newLine();
        out.write(m.getContent());
        out.newLine();
        //句号加回车结束邮件内容输入
        result=sendServer(".");
        if(result !=250) {throw new IOException("发送数据错误");}
    }
    //退出
    public void quit() throws IOException {
        int result;
        result=sendServer("QUIT");
        if(result !=221) {throw new IOException("未能正确退出");}
    }
    //发送邮件主程序
    public boolean sendMail(Message msg) {
        try {
            connect();           //建立连接
            helo();              //HELO 命令
            authLogin(msg);      //身份验证
            mailFromTo(msg);     //设置邮件源及目的地址
            data(msg);           //数据
            quit();              //关闭连接
        }
        catch(Exception e) {
            e.printStackTrace();
            return false;
        }
        return true;
    }
}
```

sendMail()是该类重要的方法,封装了发送邮件的 6 个子过程,包括建立与邮件服务器连接 connect()方法,发送 HELO 命令 helo()方法,身份验证 authLogin()方法,设置邮件地址 mailFromTo()方法,发送数据 data()方法,关闭与服务器连接 quit()方法。每个子过程均严格按表 6-3 所示流程运行,遵循请求响应机制,即先向邮件服夫器发送一个字符串,此过程由 sendServer()方法完成;然后获得响应串,响应串包含"状态码"及"信息字符串"两部分,提取出状态码后,就可知邮件服务器是否正确响应,这一过程是由 getResult()方法完成的。

另外,该类在 Eclipse 默认情况下编译会出现错误,需进行如下设置:打开 window→preferences→Java→compiler→errors/warning 选项,选中 deprecated and restricted API 条目,设置 deprecated API 为 warning 即可。

(3) e6_3.java:邮件提交表单。

```java
package c6;
import java.io.*;
import javax.servlet.*;
import javax.servlet.http.*;
import javax.servlet.annotation.WebServlet;
@WebServlet("/e6_3")
public class e6_3 extends HttpServlet {
    private static final long serialVersionUID=1L;
    public e6_3() {super();}
    protected void doGet(HttpServletRequest req, HttpServletResponse rep)
    throws ServletException, IOException {
        String s="<form action='e6_3_2' method='post'>"+
            "sender: <input type='text' name='from' /><br>"+
            "receiver: <input type='text' name='to'/><br>"+
            "topic: <input type='text' name='topic'/><br>"+
            "content<br>"+
            "<textarea rows='5' cols='40' name='content'></textarea><br>"+
            "<input type='submit' value='ok'>"+
            "</form>";
        PrintWriter out=rep.getWriter();
        out.print(s);
    }
}
```

该 form 表单依次输入发件人邮箱、收件人信箱、邮件主题、邮件内容提交即可。

(4) e6_3_2.java:邮件发送页面。

```java
package c6;
import java.io.*;
import javax.servlet.*;
import javax.servlet.http.*;
import javax.servlet.annotation.WebServlet;
@WebServlet("/e6_3_2")
public class e6_3_2 extends HttpServlet {
    private static final long serialVersionUID=1L;
    public e6_3_2() {super();}
    protected void doPost(HttpServletRequest req, HttpServletResponse rep)
    throws ServletException, IOException {
        Message m=new Message();
```

```
            m.setFrom(req.getParameter("from"));
            m.setTo(req.getParameter("to"));
            m.setSubject(req.getParameter("topic"));
            m.setContent(req.getParameter("content"));
            m.setUser("dqjbd");
            m.setPassword("123456");

            SMTPSend ss=new SMTPSend("smtp.163.com",25);
            ss.sendMail(m);
        }
}
```

该 Servlet 主要完成两个功能：①将发件人、收件人地址，邮件主题及内容等封装成 Message 对象。本示例为了简化，直接用 setUser()、setPassword()方法设置了用户名及密码，省略了登录页面(一般来说必须经过登录页面验证才能进入邮件系统，如 163、sohu 邮箱等)，因此读者测试时这两行程序需要修改。②产生发送邮件 SMTPSend 类对象，通过 sendMail()方法完成发送邮件功能。

6.3.2 带附件邮件发送

1. MIME 简介

到此为止，我们论述了发送纯文本邮件的实现方法，那么如何实现带附件的邮件发送呢？答案是采用 MIME。MIME 表示多用途 Internet 邮件扩充协议。它扩充了基本的面向文本的 Internet 邮件系统，可以在消息中包含二进制附件。在一个符合 MIME 的信息中，包含一个总信息头、各个 MIME 段，结束标识串。邮件的各个部分叫做 MIME 段，每段由子信息头及数据体组成。

邮件 Mime 总信息头一般包含如下主要信息。
- FROM：发件人邮件地址，形如 from：dqjbd@163.com。
- TO：收件人邮件地址，形如 to：dqjbd@163.com。
- SUBJECT：邮件主题，写法形如 subject：Test。
- MIME-Version：MIME 版本号，写 1.0 即可，写法形如 MIME-Version：1.0。
- Content-type：包含两项子信息，写法形如 Content-Type：multipart/mixed; boundary＝XXX。其中 multipart/mixed，表示该邮件既包含文本征文，又包含单附件(或多附件)；boundary＝XXX 定义了每个 MIME 子段的边界分隔特征串 XXX，XXX 必须是邮件内容中不包含的串。
- Content-Transfer-Encoding：数据所执行的编码方式，定义成 Content-Transfer-Encoding：7bit 即可。

MIME 段包括正文段、附件段及结束标识。正文段包括 3 个主要的头信息及 1 个文本数据区，如下所示。
- 特征串：形如"—XXX"，前缀是"--"，XXX 是在 mime 总信息头中定义在 boundary 中的字符串。该特征串标识着一个新 MIME 段的开始。

- Content-type：形如 content-type：text/plain；charset＝gb2312，表明是文本信息，按 gb2312 编码方式编码。
- Content-Transfer-Encoding：数据所执行的编码方式，定义成 Content-Transfer-Encoding：7bit 即可。
- 文本数据区。

附件段包括 3 个主要的头信息及附件数据区，如下所示。

- 特征串：形如"--XXX"，前缀是"--"，XXX 是在 mime 总信息头中定义在 boundary 中的字符串。该特征串标识着一个新 MIME 段的开始。
- Content-type：包含两项子信息，写法形如 content-type：application/octet-stream；name＝XXX。其中 XXX 设置了附件的文件名称。
- Content-Transfer-Encoding：数据所执行的编码方式，定义成 Content-Transfer-encoding：base64 即可。
- 附件数据区：必须将附件数据进行 base64 编码，发送编码后的数据。

结束标识与各 MIME 段定义的特征串几乎是一致的，形如"—XXX--"，XXX 是在 mime 总信息头中定义在 boundary 中的字符串。

一个 MIME 结构如图 6-3 所示。

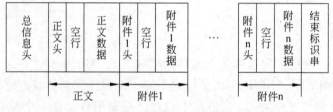

图 6-3 MIME 结构图

2．带附件发送功能类设计

其功能类关系如图 6-4 所示。

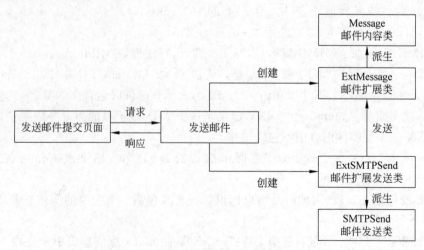

图 6-4 功能类关系图

各功能类的具体代码如下所示。

(1) ExtMessage.java：邮件扩展类。

```java
package c6;
import java.util.ArrayList;
import java.util.List;
public class ExtMessage extends Message{
    private List<AttachFile>list=new ArrayList();
    public List<AttachFile>getList() {
        return list;
    }
    public void addAttach(byte buf[], String strName){
        AttachFile af=new AttachFile(buf,strName);
        list.add(af);
    }
}
```

该类是 Message 的派生类，含义是邮件包含一个文本正文和多个附件。定义了一个多附件的集合类 ArrayList 对象 list，方法 addAttach()用于向 list 添加附件对象信息，其字节数组参数 buf 代表附件的物理缓冲区内容，这是因为附件的格式是多种多样的，因此采用了字节缓冲区描述其内容；参数 strName 代表附件的默认文件名称。AttachFile 是一个基本的附件描述类，其代码如下所示。

```java
package c6;
class AttachFile{
    private byte[] buf;
    private String strName;
    public AttachFile(byte[] buf, String strName){
        this.buf=newbyte[buf.length];
        System.arraycopy(buf, 0, this.buf, 0, buf.length);
        this.strName=strName;
    }
    public byte[] getBuf() {return buf;}
    public String getStrName() {return strName;}
}
```

该类目前较简单，读者可根据实际情况进行扩充。

(2) ExtSMTPSend：邮件发送扩展类。

```java
package c6;
import java.io.IOException;
import java.util.List;
public class ExtSMTPSend extends SMTPSend {
    private String boundary;
    public ExtSMTPSend(String server,int port,String boundary){
```

```java
        super(server,port);
        this.boundary=boundary;
}
//发送数据
public void data(ExtMessage m)
        throws IOException {
    int result;
    result=sendServer("DATA");
    if(result !=354) {
        throw new IOException("不能发送数据");
    }
    StringBuffer s=new StringBuffer();
    //总信息头
    String strHead="from: "+m.getFrom()+"\r\n"+
        "to: "+m.getTo()+"\r\n"+
        "subject: "+m.getSubject()+"\r\n"+
        "MIME-Version: 1.0\r\n"+
        "Content-Type: multipart/mixed;boundary="+boundary+"\r\n"+
        "Content-Transfer-Encoding: 7bit\r\n";
    //邮件正文
    String strText="--"+boundary+"\r\n"+
        "Content-Type: text/plain; charset=gb2312\r\n"+
        "Content-Transfer-Encoding: 7bit\r\n"+
        "\r\n"+
        m.getContent()+
        "\r\n";
    s.append(strHead); s.append(strText);
    //邮件附件
    List<AttachFile>list=m.getList();
    for(int i=0; i<list.size();i++){
        AttachFile af=list.get(i);
        byte bb[]=af.getBuf();
        String strUnit="--"+boundary+"\r\n"+
            "Content-Type: application/octet-stream;
                name="+af.getStrName()+"\r\n"+
            "Content-Transfer-Encoding: base64\r\n"+
            "content-description: Test\r\n"+
            "\r\n"+
            encode.encode(af.getBuf())+"\r\n";
        s.append(strUnit);
    }
    //邮件结束标识串
    s.append("--"+boundary+"--\r\n");
    out.write(s.toString());
```

```java
        out.flush();
        result=sendServer(".");
        if(result !=250) {
            throw new IOException("发送数据错误");
        }
    }
    //发送邮件主程序
    public boolean sendMail(ExtMessage message) {
        try {
            connect();              //建立连接
            helo();                 //HELO 命令
            authLogin(message);     //身份验证
            mailFromTo(message);    //设置邮件源及目的地址
            data(message);          //数据
            quit();                 //关闭连接
        }
        catch(Exception e) {
            e.printStackTrace();
            return false;
        }
        return true;
    }
}
```

该类是 SMTPSend 的派生类，重新定义了发送数据 data()方法，发送流程控制 sendMail()方法，其他如 connect()、helo()、authLogin()等方法均继承于 SMTPSend。构造方法中传入的第 3 个形参 boundary 是各 MIME 子段特征分割字符串，是由调用者传入的，下文还要进行论述。

(3) 测试 Servlet 类的编制

Web 邮件发送的过程可分为三部分：①正文＋附件上传至服务器；②重新包装上传数据；③发送到目的邮箱。因此文件上传是实现邮件发送的重要准备功能，从文件上传序列字节流中可得如下 3 个重要信息：①由于文件上传结构(如表 6-3 所示)可方便获得首行数据，用于作为邮件多 MIME 子段的特征边界字符串，即设置 boundary 字符串的值，否则要找一个恰当的 boundary 值还是非常不容易的；②获得上传文件的字节缓冲区；③获得上传文件的名称并用以设置在邮件中的附件名称。本 Servlet 简化了上述功能的实现，如下所示。

```java
package c6;
import java.io.*;
import javax.servlet.*;
import javax.servlet.http.*;
import javax.servlet.annotation.WebServlet;
@WebServlet("/e6_3_3")
public class e6_3_3 extends HttpServlet {
```

```java
    private static final long serialVersionUID=1L;
    public e6_3_3() {super();}
    protected void doGet(HttpServletRequest request, HttpServletResponse response) throws ServletException, IOException {
        String boundary="71acb1acdfgq";      //假设已获得特征标识串
        byte buf[]="abcde".getBytes();       //假设已获得第一附件缓冲区
        String name="a.txt";                 //假设第1个附件名称my.txt
        byte buf2[]="hello".getBytes();      //假设已获得第二附件缓冲区
        String name2="a.txt";                //假设第2个附件名称my.txt

        ExtMessage m=new ExtMessage();
        m.setFrom("dqjbd@163.com");
        m.setTo("zgjbc@163.com");
        m.setSubject("Test7");
        m.setContent("This is Test 6");      //邮件正文
        m.addAttach(buf, name);              //添加第1个附件
        m.addAttach(buf2, name2);            //添加第2个附件
        m.setUser("dqjbd");
        m.setPassword("m&o^ab5");

        ExtSMTPSend ss=new ExtSMTPSend("smtp.163.com",25,boundary);
        ss.sendMail(m);
    }
}
```

6.4 接收邮件

接收邮件是 Web 常用功能之一,其采用 POP3 简单邮件传输协议,POP3 协议由一些命令组成,如表 6-4 所示。

表 6-4 POP3 协议常用命令

命令	参数	应用状态	描述
USER	Username	认证	此命令与下面的 pass 命令若成功,则进入处理状态
PASS	Password	认证	此命令若成功,状态转化为更新
APOP	Name,Digest	认证	Digest 是 MD5 消息摘要
STAT	None	处理	返回关于邮箱的统计资料,如邮件总数和总字节数
UIDL	n(邮件号,下同)	处理	返回邮件的唯一标识符,POP3 会话的每个标识符都是唯一的
LIST	N(或无参)	处理	(1) 列出第 n 封邮件概要信息,如文件长度 (2) 若无参,列出所有邮件概要信息

续表

命令	参 数	应用状态	描 述
RETR	N	处理	返回第 n 封邮件的全部文本
DELE	N	处理	服务器将由参数标识的邮件标记为删除,由 QUIT 命令执行
TOP	N,m	处理	返回第 n 号邮件头＋前 m 行内容
NOOP	None	处理	服务器返回一个肯定的响应,用于测试连接是否成功
QUIT	None	处理、认证	(1) 如果服务器处于"处理"状态,则进入"更新"状态以删除任何标记为删除的邮件,并重返"认证"状态 (2) 如果服务器处于"认证"状态,则结束会话,退出连接

一个接收示例如下所示。

```
C：telnet pop3.126.com 110        /* 以 Telnet 方式连接 126 邮件服务器 */
S：+OK Welcome to coremail Mail Pop3 Server (126coms[3adb99eb4207ae5256632eecb8f8b4855])
                                 /* +OK,代表命令成功,其后的信息则随服务器的不同而不同 */
C：USER bripengandre              /* 采用明文认证 */
S：+OK core mail
C：PASS Pop3world                 /* 发送邮箱密码 */
S：+OK 654 message(s) [30930370 byte(s)]     /* 认证成功,转入处理状态 */
C：LIST 1                         /* 显示第一封邮件的信息 */
S：+OK 1 5184 .                   /* 第一封邮件的大小为 5184 字节 */
C：UIDL 1                         /* 返回第一封邮件的唯一标识符 */
S：+OK 1 1tbisBsHaEX9byI9EQAAsd
                                 /* 数字 1 后的长字符串就是第一封邮件的唯一标志符 */
C：RETR 1                         /* 下载第一封邮件 */
S：+OK 5184 octets
S：Receive…                       /* 第一封邮件的具体内容 */
S：…
C：QUIT                           /* 转入更新状态,接着再转入认证状态 */
S：+OK
C：QUIT                           /* 退出连接 */
S：+OK core mail                  /* 成功地退出了连接 */
```

POP3 协议中有三种状态,认证状态、处理状态和更新状态。命令的执行可以改变协议的状态,而对于具体的某命令,它只能在具体的某状态下使用。

客户机刚与服务器建立连接时,它的状态为认证状态;一旦客户机提供了自己身份并被成功地确认,即由认可状态转入处理状态;在完成相应的操作后客户机发出 QUIT 命令(具体说明见后续内容),则进入更新状态,更新之后又重返认可状态;当然在认可状态下执行 QUIT 命令,可释放连接。状态间的转移如图 6-5 所示。

【例 6-4】 接收邮件功能设计与实现。

主要实现两个功能:以表格形式显示邮件列表,当选中某一具体邮件时可显示邮件内容。为此编制了一个功能类(RecvEMail),两个 Servlet 测试类(e6_4,邮件显示列表;e6_4_2,显示某具体邮件内容),详细描述如下所示。

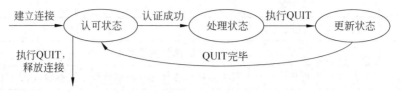

图 6-5 POP3 的状态转移图

(1) RecvEMail.java：接收邮件功能类。

```java
package c6;
import java.io.*;
import java.net.*;
public class RecvEMail {
    String server;          //POP3 服务器域名
    int port;               //端口
    Socket socket;
    BufferedReader in;
    BufferedWriter out;
    public RecvEMail(String server,int port){
        this.server=server;
        this.port  =port;
    }
    public void sendServer(String str) throws IOException {
        out.write(str);
        out.newLine();
        out.flush();
    }
    //连接服务器
    public void connect() throws UnknownHostException,IOException {
        this.server=server;
        try {
            socket=new Socket(server, port);
            in=new BufferedReader(new InputStreamReader(
                socket.getInputStream()));
            out=new BufferedWriter(new OutputStreamWriter(
                socket.getOutputStream()));
            String result=in.readLine();
            if(!result.startsWith("+OK")) {
                throw new IOException("连接服务器失败");
            }
        }
        catch(Exception e) {
            e.printStackTrace();
        }
    }
    //身份验证
    public void authLogin(String user,String pwd) throws IOException {
```

```java
    sendServer("user "+user);
    String result=in.readLine();
    if(!result.startsWith("+OK")) {
        throw new IOException("用户名错误");
    }
    sendServer("pass "+pwd);
    result=in.readLine();
    if(!result.startsWith("+OK")) {
        throw new IOException("密码错误");
    }
}
//获得统计信息
public int stat() throws IOException{
    sendServer("stat");
    String result=in.readLine();
    String unit[]=result.split(" ");
    inttotal=Integer.parseInt(unit[1]);
    return total;
}
/*
```

由于 POP3 stat 命令响应串形如"＋OK 3 1234"，表示总共有 3 封邮件，共 1234 字节。因此将该字符串按空格拆分可获得 3 个子串，第 2 个子串即表明邮件总数。

```java
*/
    //头信息
    String top(int n) throws IOException{
        String subject=null;
        sendServer("top "+n+" 0");
        String result=in.readLine();
        String content=in.readLine();
        while(content !=null&& !content.equals(".")){
            content=content.toUpperCase();
            if(content.startsWith("SUBJECT")){
                subject=content.split("\\: ")[1];
                // break;    //千万不要加此行程序
            }
            content=in.readLine();
        }
        return subject;
    }
/*
```

当用 sendServer() 传送 top 命令后，响应字符串结果保存在 result 变量中，本示例没有对该结果进行判断，假设它是成功的。之后返回的才是真正的头信息行内容，保存在变量 content 中。本方法功能是返回该邮件的主题，因此若 content 是以 SUBJECT 开头，则表明已经找到了主题所在的字符串内容，按":"拆分即可。

一般来说，POP3 协议若返回具体内容(非命令响应串)，以单行"."标明内容的结束，所以 while 循环条件中必须加入与"."判断的语句。

有一点需要特别注意，有的读者认为当找到主题串时，直接加 break 退出循环，效率不更高吗？这是大错特错的。因为头信息"Subject：…"下还有其他的信息，均由邮件服务器传送到了内存缓冲区中，必须将它读空，若用了 break，则内存缓冲区不为空，直接影响下一命令响应内容的读取，内容就可能读错了。因此切记 POP3"命令-响应"是对应的，必须缓冲区"对齐"。

```java
    */
    //下载内容
    String retr(int n) throws IOException{
        sendServer("retr "+n);
        String result=in.readLine();
        StringBuffer sb=new StringBuffer();
        String content=in.readLine();
        while(content !=null&& !content.equals(".")){
            sb.append(content);
            content=in.readLine();
        }
        return sb.toString();
    }
    public void quit() throws UnknownHostException,IOException {
        sendServer("quit");
    }
}
```

很明显，该部分主要实现了 POP3 协议的命令功能，读者可根据需要适当扩充。

(2) e6_4.java：Servlet 类，负责显示邮件列表。

```java
package c6;
import java.io.*;
import javax.servlet.*;
import javax.servlet.http.*;
import javax.servlet.annotation.WebServlet;
@WebServlet("/e6_4")
public class e6_4 extends HttpServlet {
    private static final long serialVersionUID=1L;
    public e6_4() {super();}
    protected void doGet(HttpServletRequest req, HttpServletResponse rep)
    throws ServletException, IOException {
        rep.setContentType("text/html; charset=gbk");
        int pageSize=20;                          //假设每页显示 20 封邮件
        int curPage=Integer.parseInt(req.getParameter("page"));   //当前页
        RecvEMail obj=new RecvEMail("pop3.163.com", 110);
        obj.connect();                            //连接 POP3 邮件服务器
        obj.authLogin("zgjbc", "bai123");  //身份验证
```

```java
    int total=obj.stat();                       //获得邮件总数
    //邮件总数-→总共有多少页
    int pages=(total%pageSize==0)?total/pageSize: total/pageSize+1;
    if(curPage>pages) curPage=pages;            //对当前页添加约束

    int start=(curPage-1)*pageSize+1;
    int end=start+pageSize -1;
    if(end>total) end=total;                    //对结束邮件添加约束条件

    String s="<table border=1>"+
        "<tr><td>NO</td><td>Topic</td></tr>";
    for(int i=start; i<=end; i++){
        s+="<tr>";
        s+="<td>"+i+"</td>";
        String subject=obj.top(total-i+1);
        s+="<td><a href=e6_4_2?index="+(total-i+1)+">"+subject+"</a>
        </td>";
        s+="</tr>";
    }
    s+="</table>";
    obj.quit();
    PrintWriter out=rep.getWriter();
    out.print(s);
    }
}
```

本示例设定每页面显示 20 封邮件(由变量 pageSize 决定),页数由 URL 参数决定,形如 http://…/e6_4?page=1。通过改变 page 参数值,可动态查看响应包页面邮件列表。在 for 循环形成邮件列表代码中,要懂得在实际的邮件服务器中邮件号是按 1、2、3…递增的,邮件号越大表明邮件保存时的时间距离当前的时间越近。因此在形成<table>表格中,要按实际邮件服务器中邮件号倒序填充,避免填反的情况发生。形成具体邮件超链接<a>标签中,要动态填充 index 参数值,该值是邮件在邮件服务器中的实际邮件号,这样在超链接响应 e6_4_2 Servlet 中就可以直接获得邮件号,从而完成邮件的内容显示。

(3) e6_4_2.java:具体邮件内容显示。

```java
package c6;
import java.io.*;
import javax.servlet.*;
import javax.servlet.http.*;
import javax.servlet.annotation.WebServlet;
@WebServlet("/e6_4_2")
public class e6_4_2 extends HttpServlet {
    private static final long serialVersionUID=1L;
    public e6_4_2() {super();}
    protected void doGet(HttpServletRequest req, HttpServletResponse rep)
    throws ServletException, IOException {
```

```
        int index=Integer.parseInt(req.getParameter("index"));
        RecvEMail obj=new RecvEMail("pop3.163.com", 110);
        obj.connect();
        obj.authLogin("zgjbc", "bai123");
        String s=obj.retr(index);
        obj.quit();

        PrintWriter out=rep.getWriter();
        out.print(s);
    }
}
```

6.5 数据库操作

数据库操作是 Web 应用的重要操作部分，主要包含增、删、改、查等实际功能，其与 Java 应用操作数据库是一致的，也是通过加载驱动程序操作数据库的。本书示例采用 MySQL 数据库，MySQL 的驱动程序称为 connector/j，可以在 MySQL 的官方网站上免费获得。对于 Web 应用，通常需要将驱动程序压缩包(jar 文件)放置到 web-inf/lib 目录下。

6.5.1 MySQL 数据库简介

MySQL 是一个开放源码的小型关联式数据库管理系统，开发者为瑞典 MySQL AB 公司。由于其体积小、速度快、总体拥有成本低，尤其是开放源码这一特点，许多中小型网站因此选择了 MySQL 作为网站数据库。

MySQL 软件系统内嵌了常用操作命令，在"MySQL 安装目录/bin"目录下，可直接将该目录添加到 path 环境变量中。MySQL 常用操作包含数据库连接、数据库操作及表操作三部分，如下所示。

1. 连接、关闭数据源

格式：mysql -h 主机地址 -u 用户名 -p 用户密码。

若连接到本机上的 MySQL：首先打开 DOS 窗口，再键入命令 mysql -uroot -p(表明用户名是 root)，回车后提示输入密码，输入正确的密码后回车即可进入到 MySQL 中了，MySQL 的提示符是 mysql>。其操作过程如图 6-6 所示。

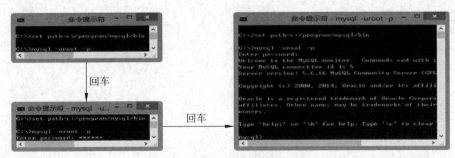

图 6-6　MySQL 连接操作示意图

若连接到远程主机上的 MySQL。假设远程主机的 IP 为 110.110.110.110，用户名为 root，密码为 abcd123。则键入以下命令：mysql -h110.110.110.110 -uroot -pabcd123。

若想关闭数据源，直接在 mysql> 提示符后输入 exit，按回车即可。

2. 操作数据库

在完成上述(1)连接数据源情况下，出现提示符 mysql> 提示符后，就可以进行如下的各种 SQL 语句操作了。

- 创建数据库，示例如下。

CREATE DATABASE my_db;创建 my_db 数据库。

CREATE DATABASE IF NOT EXISTS my_db;若数据库中无 my_db 数据库，则创建。

CREATE DATABASE IF NOT EXISTS my_db default character set utf8 COLLATE utf8_general_ci;

创建 UTF-8 编码的数据库，该数据库下创建的所有数据表的默认字符集将是 UTF-8，注意后面这句话 COLLATE utf8_general_ci，含义是在排序时根据 UTF-8 编码格式来排序。

- 打开数据库，示例如下。

use my_db；打开 my_db 数据库。

- 删除数据库，示例如下。

drop database my_db 或 drop database if exists my_db；删除 my_db 数据库。

- 显示数据库，示例如下。

show databases；显示数据库中含有的所有数据库的名称。

3. 操作数据库表

- 创建表，示例如下。

```
create table 表名 (
    列的名字(id)类型(int(4))primary key(定义主键) auto_increment(描述自增),
    ⋮
);
```

- 显示所有表，示例如下。

```
show tables;
```

显示数据库中包含的所有表名称。

- 显示表属性，示例如下。

```
desc 表名;
```

- 选择表中属性显示，示例如下。

```
select * from 表名 where id=?[and name=?] [or name= ?];
select id,name from 表名 order by 某一列的名称 desc(降序,asc为升序)
```

- 删除表中数据，示例如下。

```
delete from 表名 where id=?[or name=? (and name=?)];
```

- 删除表，示例如下。

```
drop table 表名
```

4. 其他常用命令

- 设置客户端编码方式。

```
set names 编码名称
```

- 运行 SQL 语句文件。

```
source 文件全路径
```

可批处理文件中包含的所有 SQL 语句，方便快捷。

- 显示变量及对应值。

```
show variables 或 show variables like "xxx%";
```

以列表形式显示。前者显示 MySQL 中所有系统变量的名称及对应值，后者利用后缀"％"可实现模糊查询，显示前缀为"xxx"的所有变量名称及对应值。

6.5.2 数据库普通操作方法

本章中所用的数据库名称为学生管理数据库 manage，数据库表为 student。其形成的 SQL 脚本为 manage.sql，内容如下所示。

```
DROP DATABASE IF EXISTS 'manage';              //创建 manage 数据库，默认编码 UTF-8
CREATE DATABASE 'manage' default character
    set utf8 COLLATE utf8_general_ci;
USE 'manage';                                   //打开 manage 数据库
DROP TABLE IF EXISTS 'student';                 //创建学生表，包含学号 studno、姓名
CREATE TABLE 'student' (                            studname、语文成绩 chinese、数学成绩 math、
    'studno' varchar(16) NOT NULL,                  外语成绩 english 共 5 个字段，默认字符编码
    'studname' varchar(16) DEFAULT NULL,            UTF-8，学号 studno 是关键字
    'chinese' int(11) DEFAULT NULL,
    'math' int(11) DEFAULT NULL,
    'english' int(11) DEFAULT NULL,
    PRIMARY KEY ('studno')
) ENGINE=InnoDB DEFAULT CHARSET=utf8;
```

当按图 6-6 操作，完成登录 mysql 系统，出现 mysql＞提示符后，直接运行"mysql＞source XXX/manage.sql"后就可创建 manage 数据库及 student 表。"XXX"代表 manage.

sql 文件所属目录字符串内容。

【例 6-5】 编制简单的添加学生成绩信息功能。

编制两个 Servlet，e6_5 用于输入学生成绩信息，e6_5_2 用于将学生成绩信息保存至数据库。具体代码如下所示。

(1) e6_5.java：用于形成输入学生成绩信息表单。

```java
package c6;
import java.io.*;
import javax.servlet.*;
import javax.servlet.http.*;
import javax.servlet.annotation.WebServlet;
@WebServlet("/e6_5")
public class e6_5 extends HttpServlet {
    private static final long serialVersionUID=1L;
    public e6_5() {super();}
    protected void doGet(HttpServletRequest req, HttpServletResponse rep)
    throws ServletException, IOException {
        String s="<form action=e6_5_2>"+
            "no: <input type='text' name='studno' /><br>"+
            "name: <input type='text' name='studname' /><br>"+
            "chinese: <input type='text' name='chinese' /><br>"+
            "math: <input type='text' name='math' /><br>"+
            "english: <input type='text' name='english' /><br>"+
            "<input type='submit' value='ok' />";
        PrintWriter out=rep.getWriter();
        out.print(s);
    }
}
```

(2) e6_5_2.java：数据库操作功能。

```java
package c6;
import java.sql.*;
import java.io.*;
import javax.servlet.*;
import javax.servlet.http.*;
import javax.servlet.annotation.WebServlet;
@WebServlet("/e6_5_2")
public class e6_5_2 extends HttpServlet {
    private static final long serialVersionUID=1L;
    public e6_5_2() {super();}
    protected void doGet(HttpServletRequest req, HttpServletResponse rep)
    throws ServletException, IOException {
        String no=req.getParameter("studno");
        String name=req.getParameter("studname");
        String c=req.getParameter("chinese");
        String m=req.getParameter("math");
```

```
            String e=req.getParameter("english");

            String driver="com.mysql.jdbc.Driver";
            String url="jdbc:mysql://localhost:3306/manage";
            String user="root", pwd="";
            String sql="insert into student values('"+no+"'"
                       +",'"+name+"'"
                       +","+c+","+m+","+e+")";
            PrintWriter out=rep.getWriter();
            try{
                Class.forName(driver);
                Connection con=DriverManager.getConnection(url,user,pwd);
                Statement stm=con.createStatement();
                stm.executeUpdate(sql);
                stm.close();
                con.close();
                out.print("Add Success!!!");
            }catch(Exception ex){
                out.print("Add Failare!!!");
            }
        }
    }
```

可以看出，在 Web 工程中操作数据库与在 Java 工程中操作数据库几乎是一致的。对增、删、改功能而言，都有加载驱动程序、连接数据源、产生 Statement 对象、执行 SQL 语句、关闭 Statement 对象及数据库连接对象等步骤。对查询而言主要多了一个对查询结果 RecordSet 记录集对象的遍历过程。MySQL 数据库驱动程序是 com.mysql.jdbc.Driver，该特征串不能写错，否则当运行 Class.forName()语句时会生成异常。要着重注意连接数据源 URL 串的写法，格式为：jdbc:mysql://IP:port/数据库名称。要有前缀 jdbc:mysql，IP 是 MySQL 数据库服务器的 IP 地址，port 是端口号，MySQL 系统的默认端口号是 3306。

e6_5_2 类 doGet()方法代码是最普通方式的数据库操作代码。一般来说 Web 应用包含许许多多的数据库操作 Servlet，若每个类中都如类 e6_5_2 一样，毫无疑问，代码是冗余的。因此必须改进程序结构，一个较好的结构如图 6-7 所示。

图 6-7 数据库功能操作简图

即所有数据库功能都通过数据库基础组件与数据库进行通信，这也是下文即将要讲述的内容。

6.5.3 数据库基础类

毫无疑问，数据库基础类的特点是共享性，那么共享哪些内容呢？还是先看看如下实际的代码。

```java
package db;
import java.sql.*;
public class MyDB {
    private String driver="com.mysql.jdbc.Driver";
    private String url="jdbc: mysql: //localhost: 3306/manage";
    private String user="root", pwd="";
    private Connection con;
    public Connection connect(){
        try{
            Class.forName(driver);
            con=DriverManager.getConnection(url,user,pwd);
        }catch(Exception ex){}
        return con;
    }
    public int executeUpdate(String strSQL){
        int n=0;
        try{
            Statement stm=con.createStatement();
            n=stm.executeUpdate(strSQL);
            stm.close();
        }catch(Exception ex){}
        return n;
    }
    public int executeUpdate(String strSQL, String ... para){
        int n=0;
        try{
            PreparedStatement pstm=con.prepareStatement(strSQL);
            for(int i=0; i<para.length; i++){
                pstm.setString(i+1, para[i]);
            }
            n=pstm.executeUpdate();
            pstm.close();
        }catch(Exception ex){}
        return n;
    }
    public boolean isExist (String strSQL){
        boolean mark=false;
        try{
            Statement stm=con.createStatement();
```

```java
            ResultSet rst=stm.executeQuery(strSQL);
            if(rst.next())
                mark=true;
            stm.close();
        }catch(Exception ex){}
        return mark;
    }
    public boolean isExist(String strSQL, String ... para){
        boolean mark=false;
        try{
            PreparedStatement pstm=con.prepareStatement(strSQL);
            for(int i=0; i<para.length; i++){
                pstm.setString(i+1, para[i]);
            }
            ResultSet rst=pstm.executeQuery();
            if(rst.next())
                mark=true;
            pstm.close();
        }catch(Exception ex){}
        return mark;
    }
    public void close(){
        try{
            con.close();
        }catch(Exception ex){}
    }
}
```

connect()方法实现了数据库连接功能,本类将用到的数据库连接 URL、用户名、密码均封装为成员变量,且都赋了初值,这是因为数据库连接所需参数在 Web 程序应用后一般是不变的。更好的方法是将这些参数保存在配置文件中,后文还有论述。

两个 executeUpdate()方法对数据库增、删、改功能进行了封装,实现了 insert、update、delete SQL 语句的功能。前者有一个方法参数 strSQL,其必须是完整的 SQL 语句;后者支持变长参数,第 1 个参数 strSQL 是预处理 SQL 语句,形如"insert into student values (?,?,?,?,?)"等,"?"表示待填充参数,第 2 个参数是变长字符串参数值序列,与"?"对应,参数值个数与"?"个数必须相同。也许有读者问:数据库表字段类型是各异的,能按字符串统一处理吗? 没有问题(除了二进制数据以外)。

两个 isExist()方法对数据库查询功能进行了部分封装,其方法参数的解释与上文 executeUpdate()方法参数解释一致。该两个方法仅能判断查询结果集是否为空,若非空表明数据库中有对应记录。编程中经常需要这样的功能,例如若查询是否有某学号的学生,只需根据查询返回的布尔标志判断即可。很明显,MyDB 中没有定义获得查询结果集集合的方法,若定义的话,一定是形如 ArrayList executeQuery(String strSQL)形式,必须创建 ArrayList 对象空间,若查询结果集很大,则 ArrayList 对象将占用大量的内存空间,而且客户获得该集合对象后还需进一步解析才能获得具体的元素值。因此笔者不赞成将该功能封装在类 MyDB 中。

利用 MyDB 类重写 e6_5_2 类代码如下所示,可以看出是简便易懂的。

```java
package c6;
import db.MyDB;
import java.sql.*;
import java.io.*;
import javax.servlet.*;
import javax.servlet.http.*;
import javax.servlet.annotation.WebServlet;
@WebServlet("/e6_5_2")
public class e6_5_2 extends HttpServlet {
    private static final long serialVersionUID=1L;
    public e6_5_2() {super();}
    protected void doGet(HttpServletRequest req, HttpServletResponse rep)
    throws ServletException, IOException {
        String no=req.getParameter("studno");
        String name=req.getParameter("studname");
        String c=req.getParameter("chinese");
        String m=req.getParameter("math");
        String e=req.getParameter("english");
        String strSQL="insert into student values(?,?,?,?,?)";

        PrintWriter out=rep.getWriter();
        MyDB db=new MyDB();          //产生数据库基础类对象
        try{
            db.connect();            //连接数据源
            db.executeUpdate(strSQL, no,name,c,m,e);   //完成添加功能
            db.close();              //关闭数据源
            out.print("Add Success!!!");
        }catch(Exception ex){
            out.print("Add Failare!!!");
        }
    }
}
```

6.5.4 数据库表通用显示类

在 MyDB 类中,我们封装了两个与查询有关的方法,功能是通过返回布尔值来判断有无查询的记录,并没有对查询结果集方法的封装。一般来说查询结果集是与显示界面绑定的,而显示界面千差万别,很难将其封装在类 MyDB 中。也可以用一句话来描述,即若数据库操作与界面显示无关,就可将功能封装在类 MyDB 中。

虽然显示界面具有多样性,但有一类是常用的,即标准二维表显示,需要知道哪些已知

条件呢？事实上只需知道"表名＋字段名"即可。该基本类 DefShow 代码如下所示。

```java
package db;
import java.io.*;
import javax.servlet.*;
import javax.servlet.http.*;
import java.sql.*;
public class DefShow {
    protected String strSQL;
    protected String colNames[];
    public String getStrSQL() {return strSQL;}
    public void setStrSQL(String strSQL) {this.strSQL=strSQL;}
    public String[] getColNames() {return colNames;}
    public void setColNames(String[] colNames) {this.colNames=colNames;}
    //填充二维表
    protected void showTable(HttpServletResponse rep,ResultSet rst){
        try{
            String s="<table border='1'>";
            s+="<tr>";
            for(int i=0; i<colNames.length; i++){        //填充表头
                s+="<td>"+colNames[i]+"</td>";
            }
            s+="</tr>";
            while(rst.next()){                            //填充表中记录
                s+="<tr>";
                for(int i=0; i<colNames.length; i++){
                    s+="<td>"+rst.getString(i+1)+"</td>";
                }
                s+="</tr>";
            }
            s+="</table>";
            PrintWriter out=rep.getWriter();
            out.print(s);
        }catch(Exception ex){}
    }
    public void show(HttpServletResponse rep)throws ServletException{
        MyDB db=new MyDB();
        try{
            Connection con=db.connect();
            Statement stm=con.createStatement();
            ResultSet rst=stm.executeQuery(strSQL);        //获得查询记录集
            ResultSetMetaData rsmd=rst.getMetaData();      //获得记录集元数据
            int n=rsmd.getColumnCount();                   //获得字段数目
            colNames=new String[n];
            for(int i=0; i<n; i++)
```

```
            colNames[i]=rsmd.getColumnName(i+1);     //获得列名称
        showTable(rep, rst);                         //显示二维表
        stm.close();db.close();
    }catch(Exception ex){}
    }
}
```

成员变量 strSQL 必须是完整的 select 查询语句，colNames[]是列字段名称数组。公有 show()方法是外部调用方法，包含了实现二维表显示的流程：获得数据源连接 con(通过 MyDB 对象获得)、产生 Statement 对象 stm、获得查询结果集 rst、获得查询字段列名称数组、填充<table>二维表。由于每个表的字段数都是不确定的，因此若实现通用显示，关键是必须动态获得表所对应的各个字段数目及名称。本基础类是通过获得查询结果记录集 ResultSet 对象 rst，由 rst 中的 getMetaData()方法获得了元数据 ResultSetMetaData 对象 rsmd，由 rsmd 中的 getColumnCount()可获得列字段数目，由 getColumnName(int index) 可获得对应索引的列字段名称，索引 index 是从 1(而不是从 0)开始的。

【例 6-6】 编制数据库表显示功能。

编制两个 Servlet，e6_6.java 用于输入表名，e6_6_2.java 用于显示表中所有的数据。利用 DefShow 基础类编制的具体代码如下所示。

(1) e6_6.java：输入表名 form 表单。

```
package c6;
import java.io.*;
import javax.servlet.*;
import javax.servlet.http.*;
import javax.servlet.annotation.WebServlet;
@WebServlet("/e6_6")
public class e6_6 extends HttpServlet {
    private static final long serialVersionUID=1L;
    public e6_6() {super();}
    protected void doGet(HttpServletRequest req, HttpServletResponse rep)
    throws ServletException, IOException {
        String s="<form action='e6_6_2'>";
        s+="TableName<input type='text' name='tabname'/><br>";
        s+="<input type='submit' value='ok'>";
        s+="</form>";
        PrintWriter out=rep.getWriter();
        out.print(s);
    }
}
```

(2) e6_6_2.java：根据表名显示二维表数据。

```
package c6;
import db.*;
```

```java
import java.io.*;
import javax.servlet.*;
import javax.servlet.http.*;
import javax.servlet.annotation.WebServlet;
@WebServlet("/e6_6_2")
public class e6_6_2 extends HttpServlet {
    private static final long serialVersionUID=1L;
    public e6_6_2() {super();}
    protected void doGet (HttpServletRequest req, HttpServletResponse rep)
    throws ServletException, IOException {
        String strTable=req.getParameter("tabname");
        String strSQL="select * from "+strTable;      //形成查询 SQL 语句
        DefShow obj=new DefShow();                    //完成默认二维表显示
        obj.setStrSQL(strSQL);
        obj.show(rep);
    }
}
```

由于应用了显示基础类 DefShow，doGet()方法显得非常简洁、易懂，可以从中体会显示共性封装类 DefShow 的作用。

讨论：很明显，二维表显示的列名称与数据库表设计时的名称是一致的，表设计时的字段名一般是西文字母集（西文单词全称或缩写等），若将它们直接显示在屏幕上，很多时候表达含义是不清晰的，因此有必要改进 DefShow 类，一个较好的方法是定义它的派生类 MyShow，其代码如下所示。

```java
package db;
import java.sql.*;
import javax.servlet.*;
import javax.servlet.http.HttpServletResponse;
public class MyShow extends DefShow {
    public void show(HttpServletResponse rep) throws ServletException{
        if(strSQL==null || colNames==null)
            throw new ServletException("必须设置查询语句及列字段名称");
        MyDB db=new MyDB();
        try{
            Connection con=db.connect();
            Statement stm=con.createStatement();
            ResultSet rst=stm.executeQuery(strSQL);
            showTable(rep, rst);
            stm.close();db.close();
        }catch(Exception ex){}
    }
}
```

show()方法运行的前提是必须设置 select SQL 语句及列字段名称数组，是通过基类中的相应 setter 方法设置的,因此在 show()方法中无须再用 ResultSetMetaData 对象获得查询结果集的字段个数及名称。由于 MyShow 是派生类,因此将该类用到的父类成员变量 strSQL、colNames 及方法 showTable()定义成了 protected 类型。利用 MyShow 类重写类 e6_6_2,其关键修改部分代码如下所示。

```
protected void doGet(HttpServletRequest req, HttpServletResponse rep) throws
ServletException, IOException {
    String strTable=req.getParameter("tabname");
    String strSQL="select * from "+strTable;      //形成查询 SQL 语句
    MyShow obj=new MyShow();                       //完成二维表显示。
    obj.setStrSQL(strSQL);                         //设置 SQL 语句
    String t[]={"student no","student name","chinese","math","english"};
    obj.setColNames(t);                            //设置列显示字段名称
    obj.show(rep);
}
```

6.5.5 分页显示类

6.5.4 节中查询示例实现了将查询所有结果全部显示的功能,但许多时候,由于查询结果集很大,必须实现分页显示功能,总体思路是定义类 PageShow,从 DefShow 类派生,其具体代码如下所示。

```
package db;
import java.sql.*;
import javax.servlet.*;
import javax.servlet.http.*;
public class PageShow extends DefShow {
    static int pageSize=1;            //每页记录数目
    private String strTable;          //表名称
    private int curPage;              //当前显示页索引
    private int total;                //总记录数
    public String getStrTable() {return strTable;}
    public void setStrTable(String strTable) {this.strTable=strTable;}
    private void getCurPage(HttpServletRequest req)throws ServletException{
        String smark=req.getParameter("pagemark");
        if(smark==null)
            curPage=1;
        else{
            HttpSession sess=req.getSession(true);
            curPage=(Integer)sess.getAttribute(strTable);
            if(smark.equals("next")) curPage++;
            else curPage--;
        }
    }
}
```

```java
    private String getCountsSQL(){
        String countSQL=strSQL.toLowerCase();
        int pos=countSQL.indexOf(" from ");
        countSQL=countSQL.substring(pos);
        countSQL="select count(*)"+countSQL;
        return countSQL;
    }
    private void calcPara(HttpServletRequest req) throws ServletException{
        int totalPage=total/pageSize;
        if(total%pageSize !=0) totalPage++;
        if(curPage==0) curPage=1;
        if(curPage>totalPage)
            curPage=totalPage;
        HttpSession sess=req.getSession(true);
        sess.setAttribute(strTable, curPage);
    }
    public void show(HttpServletRequest req, HttpServletResponse rep) throws
    ServletException{
        getCurPage(req);                        //获得当前页
        String countSQL=getCountsSQL();         //返回获得查询结果集数目 SQL 语句

        MyDB db=new MyDB();
        try{
            Connection con=db.connect();
            //获取总记录数
            Statement stm=con.createStatement();
            ResultSet rst=stm.executeQuery(countSQL);
            if(rst.next())
                total=rst.getInt(1);
            rst.close();
            //计算所需页面参数
            calcPara(req);
            //获取本页 SQL 语句
            String s=strSQL+" limit "+(curPage-1)*pageSize+","+pageSize;
            //查询+画表格
            rst=stm.executeQuery(s);
            ResultSetMetaData rsmd=rst.getMetaData();
            int n=rsmd.getColumnCount();
            colNames=new String[n];
            for(int i=0; i<n; i++)
                colNames[i]=rsmd.getColumnName(i+1);
            showTable(rep, rst);
            stm.close(); db.close();
        }catch(Exception ex){ex.printStackTrace();}
    }
}
```

该类在继承 DefShow 类的基础上,还需定义表名称、当前页索引、总记录数三个实例成员变量 strTable、curPage、total。页面显示记录大小 pageSize 定义成了静态变量,表明该值是共享变量,本例为了方便,直接赋了初值,实际中可以将该值封装在配置文件中,通过程序获得即可。

getCurPage()方法是实现为当前页索引成员变量 curPage 赋值,根据页索引变化标识局部变量 smark 决定 curPage 的增减,其算法如下所示。

---

(1) 根据 URL 获取翻页标识变量值 smark。
(2) if smark 为空,表明初次进入分页页面,则 curPage=1。
(3) else 读 session,以表明为关键字,获取 curPage 值。
(4) if smark 等于"next",则 curPage 加 1。
(5) else curPage 减 1。
(6) endif。
(7) endif。

---

getCountsSQL()方法返回获得总查询记录的 SQL 语句,是从设置的查询语句成员变量 strSQL 获得的。例如若 strSQL = select * from student,则该方法返回值是 select count(*) from strSQL。其算法比较简单,在变量 strSQL 中截取"from"开始至末尾的 SQL 语句,再与前缀"select count(*)"合并即可。

calcPara()方法主要进一步对 curPage 变量值进行约束,保证 1≤curPage≤totalPage,totalPage 是查询结果集所能对应的最大页数,最后一定要将 curPage 值保存在 session 中,以便下一次分页显示用。

show()方法包含了分页显示的总流程,其描述如下所示。

---

(1) 通过 getCurPage()设置成员变量 curPage 值。
(2) 通过 getCountsSQL()设置获取总查询记录数目 SQL 语句,返回值赋给 countSQL,其值形如 select count(*) from student。
(3) 根据 countSQL,获取总查询记录数目值 total。
(4) 根据 total、pageSize、curPage,通过 calcPara()进一步约束 curPage,保证 1≤curPaqge≤totalPage,并将 curPage 保存在 session 中。
(5) 形成当前页对应的 sql 语句,保存在变量 s 中,形如 select * from student limit 0,10。
(6) 查询 s,获得查询字段数目及对应名称。
(7) 调用基类 showTable()方法完成当前页面显示。

【例 6-7】 编制数据库表简单分页显示功能。

本例为了方便,以 student 表为例,直接将该表固定在了 Servlet 中,无须输入表名,代码如下所示。

```
package c6;
import java.io.*;
import javax.servlet.*;
import javax.servlet.http.*;
import javax.servlet.annotation.WebServlet;
```

```java
import db.PageShow;
@WebServlet("/e6_7")
public class e6_7 extends HttpServlet {
    private static final long serialVersionUID=1L;
    public e6_7() {super();;}
    protected void doGet(HttpServletRequest req, HttpServletResponse rep)
    throws ServletException, IOException {
        PageShow obj=new PageShow();
        obj.setStrTable("student");
        obj.setStrSQL("select * from student");
        obj.show(req,rep);
        PrintWriter out=rep.getWriter();
        String s="<br><form>";
        s+="<input type='submit' name='pagemark' value='prev' />";
        s+="<input type='submit' name='pagemark' value='next' />";
        s+="</form>";
        out.print(s);
    }
}
```

可以看出,启动 PageShow 需要传入两个参数即可:表名称及带查询的 select SQL 语句字符串即可。示例中在表格下方增加了一个 form 表单,用以控制向前、向后翻页。

【例 6-8】 编制数据库表分页删改记录功能。

仍以 studnt 表为示例,相对来说删、改功能相对增加、显示功能要复杂得多,先看一下本例更新功能界面,如图 6-8 所示。

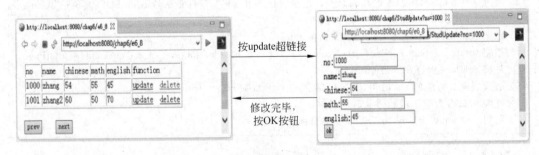

图 6-8 更新功能界面

本例修改功能的复杂性表现在:①若分页显示表有 n 列,前 n−1 列是数据库记录中的数据,第 n 列是超链接数据项;②当按某记录 update 超链接时,出现更新页面,且将数据已填充在界面中;③输入修改数据,按 OK 按钮后,又返回分页列表显示界面。本例删除记录功能与修改功能类似,只不过稍简单些而已。

为实现删改功能,编制了多个 Servlet 及基础类,其关系如图 6-9 所示。

各个类具体代码如下所示。

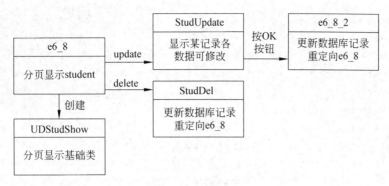

图 6-9　基础类关系图

(1) e6_8.java：Servlet 类，显示删改主页面。

```java
package c6;
import java.io.*;
import javax.servlet.*;
import javax.servlet.http.*;
import javax.servlet.annotation.WebServlet;
@WebServlet("/e6_8")
public class e6_8 extends HttpServlet {
    private static final long serialVersionUID=1L;
    public e6_8() {super();}
    protected void doGet(HttpServletRequest req, HttpServletResponse rep)
    throws ServletException, IOException {
        UDStudShow obj=new UDStudShow();        //调用删改功能类
        obj.show(req, rep);
        PrintWriter out=rep.getWriter();
        String s="<br><form>";                  //形成前、后翻页工具条
        s+="<input type='submit' name='pagemark' value='prev' />";
        s+="    ";
        s+="<input type='submit' name='pagemark' value='next' />";
        s+="</form>";
        out.print(s);
    }
}
```

(2) UDStudShow.java：删改分页显示基础类。

```java
package c6;
import db.*;
import java.io.*;
import java.sql.*;
import javax.servlet.*;
import javax.servlet.http.*;
public class UDStudShow{
```

```java
    static int pageSize=2;                              //每页记录数目
    private String strTable="student";                  //表名称
    private String strSQL="select * from student";      //查询SQL语句
    private String colNames[]={"no","name","chinese","math","english",
    "function"};
    private int curPage;                                //当前显示页索引
    private int total;                                  //总记录数
    public String getStrTable() {return strTable;}
    public void setStrTable(String strTable) {this.strTable=strTable;}
    public String getStrSQL() {return strSQL;}
    public void setStrSQL(String strSQL) {this.strSQL=strSQL;}
    protected void showTable(HttpServletResponse rep,ResultSet rst){
        try{
            String s="<table border='1'>";
            s+="<tr>";
            for(int i=0; i<colNames.length; i++){       //填充表头
                s+="<td>"+colNames[i]+"</td>";
            }
            s+="</tr>";
                while(rst.next()){                      //填充表中记录
                s+="<tr>";
                for(int i=0; i<colNames.length-1; i++){
                    s+="<td>"+rst.getString(i+1)+"</td>";
                }
                String key=rst.getString(1);
                String upUrl="StudUpdate?no="+key;
                String deUrl="StudDel?no="+key;
                s+="<td>";
                    s+="<a href='"+upUrl+"'>update</a>  ";
                    s+="<a href='"+deUrl+"'>delete</a>";
                s+="</td>";
                s+="</tr>";
            }
            s+="</table>";
            PrintWriter out=rep.getWriter();
            out.print(s);
        }catch(Exception ex){}
    }
    public void show(HttpServletRequest req,HttpServletResponse rep) throws
    ServletException{
        getCurPage(req);                                //获得当前页
        String countSQL=getCountsSQL();

        MyDB db=new MyDB();
```

```
        try{
            Connection con=db.connect();
            //获取总记录数
            Statement stm=con.createStatement();
            ResultSet rst=stm.executeQuery(countSQL);
            if(rst.next())
                total=rst.getInt(1);
            rst.close();
            //计算所需页面参数
            calcPara(req);
            //获取本页 SQL 语句
            String s=strSQL+" limit "+(curPage-1)*pageSize+","+pageSize;
            System.out.println("s="+s);
            //查询+画表格
            rst=stm.executeQuery(s);
            showTable(rep, rst);
            stm.close(); db.close();
        }catch(Exception ex){ex.printStackTrace();}
    }
    private void getCurPage(HttpServletRequest req) throws ServletException
    {//同上文 PageShow 类中代码}
    private void calcPara(HttpServletRequest req)throwsServletException
    {//同上文 PageShow 类中代码}
    private String getCountsSQL()
    {//同上文 PageShow 类中代码}
}
```

该类与 PageShow 类的代码是相似的,方法中仅 show()、showTable()有稍许变化。特别是在 showTable()里,除了在二维表中添加记录数据外,还要在最后一列添加删、改的超链接数据。修改的 URL 形如"StudUpdate?no＝XXX",关键字学号对应值 XXX 是动态填充的,StudUpdate 是修改功能超链接地址值,删除的 URL 形如"StudDel?no＝XXX",关键字学号对应值 XXX 是动态填充的,StudDel 是删除功能超链接地址值。

本例为了方便理解,并没有将该类从 DefShow 或 PageShow 派生,直接设置了成员变量值,如表名、查询的 SQL 语句等。那么,能否实现一定程度上的通用删改功能基础类?笔者认为除了 PageShow 类定义的成员变量外,还应将超链接前缀字符串、表关键字段信息等动态传入,增加相应的两个成员变量,读者可以进一步加以思考。

(3) StudUpdate.java:Servlet 类,更新数据界面。

```
package c6;
import db.MyDB;
import java.sql.*;
import java.io.*;
import javax.servlet.*;
```

```java
import javax.servlet.http.*;
import javax.servlet.annotation.WebServlet;
@WebServlet("/StudUpdate")
public class StudUpdate extends HttpServlet {
    private static final long serialVersionUID=1L;
    public StudUpdate() {super();}
    protected void doGet(HttpServletRequest req, HttpServletResponse rep)
    throws ServletException, IOException {
        String name="", c="",m="",e="";
        String no=req.getParameter("no");
        String strSQL="select * from student where studno='"+no+"'";
        try{
            MyDB db=new MyDB();
            Connection con=db.connect();
            Statement stm=con.createStatement();
            ResultSet rst=stm.executeQuery(strSQL);
            if(rst.next()){
                name=rst.getString("studname");
                c=rst.getString("chinese");
                m=rst.getString("math");
                e=rst.getString("english");
            }
            stm.close(); db.close();

            String s="<form action='e6_8_2'>";
            s+="no: <input type='text' name='sno' value='"+no+"'/><br>";
            s+="name: <input type='text' name='sname' value='"+name+"'/><br>";
            s+="chinese: <input type='text' name='c' value='"+c+"'/><br>";
            s+="math: <input type='text' name='m' value='"+m+"'/><br>";
            s+="english: <input type='text' name='e' value='"+e+"'/><br>";
            s+="<input type='submit' value='ok'>";
            s+="</form>";
            System.out.println(s);
            PrintWriter out=rep.getWriter();
            out.print(s);
        }catch(Exception ex){}
    }
}
```

该类功能较简单,根据关键字值信息,获得数据库相应记录信息,并将其显示在界面上。

(4) e6_8_2.java：Servlet 类,更新表记录。

```java
package c6;
import db.MyDB;
import java.io.IOException;
```

```java
import javax.servlet.*;
import javax.servlet.http.*;
import javax.servlet.annotation.WebServlet;
@WebServlet("/e6_8_2")
public class e6_8_2 extends HttpServlet {
    private static final long serialVersionUID=1L;
    public e6_8_2() {super();}
    protected void doGet(HttpServletRequest req, HttpServletResponse rep)
    throws ServletException, IOException {
        String no=req.getParameter("sno");
        String c=req.getParameter("c");
        String m=req.getParameter("m");
        String e=req.getParameter("e");
        String strSQL="update student set chinese=?,math=?,english=?"+
            " where studno=?";
        MyDB db=new MyDB();
        db.connect();
        System.out.println(c+"\t"+m+"\t"+e+"\t"+no);
        db.executeUpdate(strSQL,c,m,e,no);
        db.close();
        rep.sendRedirect("e6_8");
    }
}
```

利用 getParameter()方法获得更新后的数据,形成 update SQL 语句,完成数据库表记录的真正更新,并重定向到删改分页显示页面 e_8 中。

(5) StudDel.java：Servlet 类,删除数据库记录。

```java
package c6;
import db.MyDB;
import java.io.*;
import javax.servlet.*;
import javax.servlet.http.*;
import javax.servlet.annotation.WebServlet;
@WebServlet("/StudDel")
public class StudDel extends HttpServlet {
    private static final long serialVersionUID=1L;
    public StudDel() {super();}
    protected void doGet(HttpServletRequest req, HttpServletResponse rep)
    throws ServletException, IOException {
        String no=req.getParameter("no");
        String strSQL="delete from student where studno=?";
        MyDB db=new MyDB();
        db.connect();
```

```
        db.executeUpdate(strSQL, no);
        db.close();
        rep.sendRedirect("e6_8");
    }
}
```

利用 getParameter()方法获得表记录关键值,形成 delete SQL 语句,完成数据库表记录的真正删除,并重定向到删改分页显示页面 e_8 中。

习题

1. 完善例 6-1 文件上传程序,实现多文件上传功能。

2. 完善例 6-2 文件下载程序,增加选择下载页面 select.jsp,假设该页面以表格形式显示服务器端 download 目录下的所有文件名称,当选中某文件时按"下载"按钮即下载该文件,读者可根据需要灵活设计。

3. 完善例 6-7 数据库表分页显示程序,利用 frameset 创建左右两列格式框架,左侧用于显示某数据库中的某些表(可直接确定),当选中某表后,在右侧按分页形式显示表中数据。

第 7 章 自定义标签库

JSP 标签库技术是在 JSP1.1 版本中出现的,它支持用户在 JSP 文件中自定义标签,这样可以使 JSP 代码更加简洁。这些可重用的标签能处理复杂的逻辑运算和事物,或者定义 JSP 网页的输出内容和格式。

【例 7-1】 自定义表格标签。

功能是实现学生信息的自定义表格标签,以标准二维表显示,有表头、数据体,一行一条学生记录。学生基本类及集合类代码如下所示。

(1) Student.java 基本类。

```java
package c7;
    public class Student {
    private String no;
    private String name;
    public Student(String no, String name){
        this.no=no; this.name=name;
    }
    public String getNo() {return no;}
    public void setNo(String no) {this.no=no;}
    public String getName() {return name;}
    public void setName(String name) {this.name=name;}
}
```

(2) StudManage.java:集合类。

```java
//StudManage.java: 集合类
package c7;
import java.util.*;
public class StudManage {
    private Vector<Student>vec=new Vector();
    public void AddStudent(Student s){vec.add(s);}
    public Vector<Student>getVec() {return vec;}
    public void setVec(Vector<Student>vec) {this.vec=vec;}
}
```

学生基础类 Student 包含学号 no、学号姓名 name 两项内容,学生集合类 StudManage 定义了学生向量成员变量 vec,可通过 AddStudent()方法进行 Student 对象元素的添加。一般来说,用之前的 JSP 知识,我们编制的 JSP 显示代码如下所示。

```jsp
<%
    Student s=new Student("1000","zhang");
    Student s2=new Student("1001","zhang2");
    StudManage st=new StudManage();
    st.AddStudent(s);st.AddStudent(s2);
%>
<%
    Vector<Student>v=st.getVec();
    String ss="<table>";
    ss+="<tr><th>no</th><th>name</th></tr>";
    for(int i=0; i<v.size(); i++){
        Student stud=v.get(i);
        ss+="<tr>";
            ss+="<td>"+stud.getNo()+"</td>";
            ss+="<td>"+stud.getName()+"</td>";
        ss+="</tr>";
    }
    ss+="</table>";
    out.print(ss);
%>
```

第 1 个＜%%＞中代码形成了 StudManage 学生集合对象 st,第 2 个＜%%＞中代码通过遍历 st 中的每个学生对象利用 for 循环动态生成了二维表＜table＞标签的具体内容。通过运用自定义标签,我们希望的代码如下所示。

```jsp
<%
    //同上文第 1 个%的内容
%>
<mytag…></mytag>
```

也就是说通过自定义标签形如＜mytag＞的形式完成上文第 2 个＜%%＞中代码的显示功能,因此对本例而言可推出自定义＜mytag＞标签一定是对显示代码的封装,那么包含哪些步骤呢？主要有三部分:创建标签处理类、创建标签库 tld 描述文件、Web 应用中使用标签。自定义标签的运行流程如图 7-1 所示。

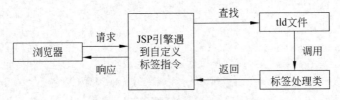

图 7-1　自定义标签处理流程

7.1　创建标签处理类

我们知道,自定义标签一般由"标签起始＋标签体＋标签结束"三部分组成,标签起始部分还可以进行多个属性值设置,例如:

```
<mytag key1=value1 key2=value2>hello</mytag>
```

该行定义了 mytag 标签，第 1 个"<>"是标签起始部分，含有两对属性 key-value 设置，"hello"是标签体，第 2 个"<>"是标签结束部分。因此标签处理类一定是对标签三部分内容的具体封装。JSP 容器编译 JSP 页面时，若遇到自定义标签，就会调用标签处理类，该类一般由 TagSupport 派生，TagSupport 类主要方法如下所示。

- void setPageContext(PageContext pageContext);将所在 JSP 页面的 pageContext 注入进来，目的是访问页面对象的 pageContext 属性。
- void setParent(Tag t);设置此标签的父标签。
- Tag getParent();获得此标签的父标签。
- void setValue(String key, Object o);在标签处理类中设置 key-value。
- Object getValue(String key);获得键对应的值。
- doStartTag();JSP 容器遇到自定义标签起始标志时调用该方法，如果返回 SKIP_BODY 则忽略标签体内容，如果返回 EVAL_BODY_INCLUDE 则将标签体的内容进行输出。
- doEndTag();JSP 容器遇到自定义标签结束标志时调用该方法，如果返回 SKIP_PAGE 则运行 release()方法，释放标签对象；如果返回 EVAL_PAGE 则在内存中保存该标签对象，直到该页面运行结束再调用 release()方法。
- release();生命周期结束时调用。

其中，doStartTag()、doEndTag()方法的返回值不是随意的，必须是系统规定的静态常量，前者返回 SKIP_BODY 或 EVAL_BODY_INCLUDE，后者返回 SKIP_PAGE 或 EVAL_PAGE。自定义标签运行流程如图 7-2 所示。

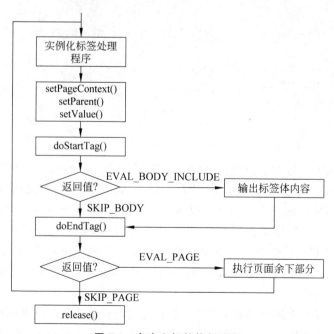

图 7-2　自定义标签执行流程

在框图中"实例化标签处理程序"及 3 个 setXXX()方法是由 Web 服务器自动完成的，主要完成对自定义标签对象成员变量的设定，如页面上下文对象及标签各属性的赋值，对读者而言，一般来说完成 doStartTag()、doEndTag()的方法编程即可。结合例 7-1，编制的标签处理类如下所示。

```java
package c7;
import java.util.*;
import javax.servlet.jsp.*;
import javax.servlet.jsp.tagext.*;
public class StudsTag extends TagSupport {
    private String name;
    public String getName() {return name;}
    public void setName(String name) {this.name=name;}
    public int doStartTag() throws JspException {
        StudManage st=(StudManage)this.pageContext.getAttribute(name);
        JspWriter out=this.pageContext.getOut();
        try{
            out.print("<table border=1>");
            out.print("<tr><td>no</td><td>name</td></tr>");
            Vector<Student>vec=st.getVec();
            for(int i=0; i<vec.size(); i++){
                Student s=vec.get(i);
                out.print("<tr>");
                    out.print("<td>"+s.getNo()+"</td>");
                    out.print("<td>"+s.getName()+"</td>");

                out.print("</tr>");
            }
            out.print("</table>");
        }catch(Exception ex){}
        return SKIP_BODY;
    }
}
```

如何确定自定义标签的成员变量呢？一般来说，自定义标签的属性与成员变量是对应的，有多少个属性就有多少个成员变量，成员变量的名称与标签所定义的键是一致的。由于标签定义的属性值原始都是字符串，因此成员变量可以是字符串或八种基本数据类型（可自动完成类型转换），当然必须在标签类中定义相应的 setter 方法，Web 服务器自动调用 setter 方法，完成成员变量的赋值。本例中定义了成员变量 name 及 setter 方法，表明在自定义标签中一定有 name 属性键，形如"name＝studcollect"，因此成员变量 name 被设定为字符串值"studcollect"。

doStartTag()是需要编码的重要方法，主要完成两部分功能：获得学生集合数据、动态绘制表格。其中着重理解如何获得学生数据的方法，关键代码是 StudManage st＝(StudManage)this.pageContext.getAttribute(name)。它隐含了标签处理类获得外部数据的一般方法，即通过 setAttribute(key,value)方法将外部数据保存在某域(page、request、session、application)中，在标签处理类中通过 getAttribute(key)方法获得外部数据，从而完成相应的业务功能。因此本类中成员变量 name 的含义是 key 值，是通过标签属性动态传入的。

请读者仔细思考，若去掉 doStartTag()方法，将其中代码拷贝到重写 doEndTag()中，还能实现标准二维表显示吗？为什么？

7.2 创建标签库描述文件

标签库描述文件(Tag Library descriptor)文件，简称 TLD，由三类常用标签组成：<taglib>标签库元素、<tag>标签元素、<attribute>标签属性元素。一个<taglib>可包含多个<tag>，一个<tag>可包含多个<attribute>。

1. 标签库元素<taglib>

<taglib>用于设置标签库的相关信息，如表 7-1 所示。

表 7-1　<taglib>信息表

```
<taglib>
    <tlib-version>mytag1.0</tlib-version>------------标签库版本号
    <jsp-version>jsp2.0</jsp-version>------------------JSP 版本号
    <short-name>mytag</short-name>------------------标签库默认前缀
    <uri>http://……</uri>----------------------------标签库唯一访问标识符
    <tag>…</tag>-------------------------------------定义标签
</taglib>
```

2. 标签元素<tag>

<tag>标签元素是<taglib>的一个子标签，其常用定义信息如表 7-2 所示。

表 7-2　<tag>信息表

```
<tag>
<name>mytable</name>------------------------------标签名字
<tag-class>c7.StudsTag</tag-class>-----------------标签处理类
<body-content>empty</body-content>---------------标签体内容，有 4 个可选值。
<attribute>……</attribute>                         empty：表示无标签体
</tag>                                             jsp：表示标签体可加入 JSP 代码
                                                   tagdependant：表示标签体内容由标签自己处理
                                                   scriptless：接收文本和 JSP 动作标签，不接收
                                                   <%=%>java 片段
```

3. 标签属性元素<attrib>

标签属性<attrib>是<tag>的一个子标签，其常用定义信息如表 7-3 所示。一般来说每个属性的名称要与标签处理类中的成员变量名称一致，请读者切记。

表 7-3 ＜attrib＞信息表

```
<attribute>
    <name>msg</name>------------------------属性名称
    <required>true</required>----------------属性是否必须输入,true 必须,false 不必,默认 false
    <rtexprvalue>true</rtexprvalue>---------是否支持 JSP 表达式输入,true 支持,false 不支持,
</attribute>默认 false
```

结合例 7-1,与之对应的完整标签库描述文件内容如下所示。

```xml
<?xml version="1.0" encoding="UTF-8"?>
<taglib>
    <tlibversion>1.0</tlibversion>
    <jspversion>1.0</jspversion>
    <shortname>mystudlib</shortname>
    <uri>/mystudlib</uri>
    <tag>
        <name>studtab</name>
        <tagclass>c7.StudsTag</tagclass>
        <bodycontent>empty</bodycontent>
        <info>table display</info>
        <attribute>
            <name>name</name>
            <required>true</required>
        </attribute>
    </tag>
</taglib>
```

7.3　Web中应用自定义标签

标签处理类及标签库描述文件完成后,如何在 Web 工程中应用呢？主要分为两步：在 web.xml 中注册标签,编制相应 JSP 页面。具体描述如下所示。

(1) 在 web.xml 中注册标签

在 web.xml 配置文件中增加如下内容。

```xml
<jsp-config>
    <taglib>
        <taglib-uri>/mystudlib</taglib-uri>
        <taglib-location>/WEB-INF/mystud.tld</taglib-location>
    </taglib>
</jsp-config>
```

即通过＜taglib-uri＞设置标签 URI,该值要与标签库描述 tld 文件中的＜uri＞定义的内容一致；通过＜taglib-location＞设置标签库描述文件所在位置。也就是说＜taglib-uri＞

标签内容相当于关键字,通过其值,可通过＜taglib-location＞确定标签库 tld 文件位置,通过 tld 文件,就可确定相应的标签处理类及相关信息。

(2) 定义 JSP 应用页面

结合例 7-1,其具体代码如下所示。

```
//e7_1.jsp
<%@taglib uri="/mystudlib" prefix="mm" %>
<%@page import="c7.*,java.util.*" %>
<%
    Student s=new Student("1000","zhang");
    Student s2=new Student("1001","zhang2");
    Student s3=new Student("1002","zhang3");
    StudManage st=new StudManage();
    st.AddStudent(s);st.AddStudent(s2);st.AddStudent(s3);

    pageContext.setAttribute("name", st );
%>
<mm: studtab name="name"/>
```

若在 JSP 页面中应用 web.xml 中注册的自定义标签,必须将其通过＜taglib＞标签导入,该标签有两个主要属性:URI 设置值要与 wem.xml 中注册的相应自定义标签中的＜taglib-uri＞标签体值一致,prefix 是用于设置标签前缀的,我们在 7.2 节中 mystud.tld 文件中已经通过＜shortname＞标签设定了自定义标签默认前缀值为 mystudlib,那么为什么还要设置 prefix 值呢? 这是为了防止命名冲突的缘故。例如有两套自定义标签,分别由不同专业人士开发,碰巧他们默认的标签前缀相同,而在 Web 应用中同时应用这两套标签,因此必须提供一种机制能够修改标签前缀,这即是 prefix 的作用。本例中通过 prefix=mm 将标签默认前缀修改为 mm(当然也可以设置为标签原有的默认值 mystudlib)。

例 7-1 涉及的文件较多,再集中说明如下:在包 c7 下文件有,学生基础类 Student.java、学生集合类 StudManage.java、标签处理类 StudsTag.java;在 webcontent 目录下有文件 e7_1.jsp;在 web-inf 目录下有,配置文件 web.xml、标签库描述文件 mystud.tld。

7.4 BodyTagSupport 标签类

如果希望操纵标签体的内容,可以让自定义处理类继承 BodyTagSupport 类,该类是 TagSupport 类的子类。该类常用成员变量及方法(与 TagSupprot 类相同内容略去)如下所示。

- bodyContent;成员变量,用于缓存主体内容。
- void setBodyContent(bodyContent b);设置成员变量 bodyContent 的值。
- void doInitBody();在 setBodyContent()方法之后被调用,用于 Web 容器执行标签体之前初始化 BodyContent 对象。
- void doAfterBody();允许用户有条件地重新处理标签的主体,在处理完标签主体后调用。

BodyTagSupport 标签对象的执行流程如图 7-3 所示。

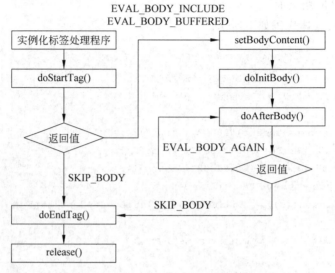

图 7-3　BodyTagSupport 标签对象运行流程

【例 7-2】 利用自定义标签控制当前时间显示及显示次数。

为了更好地理解实现功能,先看看 JSP 源码,如下所示。

```
//e7_2.jsp: 主页面
<%@ taglib uri="/mystudlib" prefix="mm" %>
<mm: loop counts="3">
time: <%=new java.util.Date().toString()%>
<br>
</mm: loop>
```

本例自定义标签<mm:loop>与例 7-1 中标签同属于一个标签库 mystud.tld,counts 动态传入循环次数,功能是在页面中显示 counts 次时间字符串,并用
完成换行显示。为了说明方便,我们采用"倒序"方式,讲解该标签功能实现步骤。

(1) 配置文件 web.xml:注册 mystud.tld。由于在例 7-1 中已完成了该标签库的注册,无须修改 web.xml 文件内容即可。

(2) 修改标签库 mystud.tld,增加对<loop>自定义标签的描述,也就是增加一个系统<tag>标签的定义即可,如下所示。

```
<tag>
    <name>loop</name>
    <tagclass>c7.BodyTagExample</tagclass>
    <bodycontent>JSP</bodycontent>
    <attribute>
        <name>counts</name>
```

```
        <required>true</required>
        <rtexprvalue>true</rtexprvalue>
    </attribute>
</tag>
```

从该标签定义可知：自定义标签名字是 loop,对应的标签处理类是 BodyTagExample,标签体支持 JSP 代码,标签有一个属性 counts,必须输入,且支持 JSP 表达式输入。

(3) 标签处理类 BodyTagExample 类(用两种方法实现)

方法 1：

```
package c7;
import javax.servlet.jsp.tagext.*;
import javax.servlet.jsp.*;
public class BodyTagExample extends BodyTagSupport {
    private int counts;          //与标签属性 counts 对应
    public BodyTagExample() {super();}
    public void setCounts(int counts) {this.counts=counts;}
    public int doStartTag() throws JspException {
        return EVAL_BODY_INCLUDE;
    }
    public int doAfterBody() throws JspTagException {
        if(counts>1) {
            counts--;
            return this.EVAL_BODY_AGAIN;//EVAL_BODY_TAG;
        } else {
            return SKIP_BODY;
        }
    }
}
```

有了上述的 1～3 步及 e7_2.jsp,就可以验证自定义标签＜loop＞的效果了,当运行主页面 e7_2.jsp 后,其运行界面如图 7-4 所示。

图 7-4　＜mm:loop＞标签运行图

该类中 doStartTag()方法返回 EVAL_BODY_INCLUDE,保证了执行图 7-3 中右侧标签体操作流程。doAfterTag()方法控制是否再次运行标签体内容代码,本例中标签体初始在页面显示一次。进入 doAfterBody()方法后由于 counts＝3,2 时,两次返回 EVAL_BODY_INCLUDE,两次系统又自动运行了标签体内容的代码;当 counts＝1 时,

doAfterBody()返回 SKIP_BODY,则转向运行 doEndTag()方法。因此本例中通过自定义 <mm:loop>标签显示了 3 次时间字符串。

若将 doStartTag()方法中返回值修改为"return EVAL_BODY_BUFFERED",其余不变,再次运行 e7_2.jsp 后,发现页面是空白的,无任何显示。当修改为如下代码,再运行 e7_2.jsp 后,就看见与图 7-3 一致的显示结果了。

方法 2：

```java
public class BodyTagExample extends BodyTagSupport{
private int counts;
    public BodyTagExample() {super();}
    public void setCounts(int counts) {this.counts=counts;}
    public int doStartTag() throws JspException {
        return this.EVAL_BODY_BUFFERED;
    }
    public int doAfterBody() throws JspTagException {
        if(counts>1) {
            counts--;
            return this.EVAL_BODY_AGAIN;//EVAL_BODY_TAG;
        } else {
            return SKIP_BODY;
        }
    }
    public int doEndTag() throws JspTagException {
        try {
            if(bodyContent !=null) {
                //将缓存内容输出到浏览器中
                bodyContent.writeOut(bodyContent.getEnclosingWriter());
            }
        } catch(java.io.IOException e) {
            throw new JspTagException("IO Error: "+e.getMessage());
        }
        return EVAL_PAGE;
    }
}
```

方法 1 中,由于 doStartTag()返回值是 EVAL_BODY_INCLUDE,则标签体内容直接显示在浏览器中。方法 2 中,由于 doStartTag()返回值为 EVAL_BODY_BUFFERED,则标签体内容先保存在系统缓存中,那么什么时候完成将缓存内容转化成屏幕显示呢？结合图 7-2 流程图可得：在 doEndTag()中实现是一个较好的选择,因此应重载 doEndTag()方法,本例中该方法主要完成对缓存的成员变量 bodyContent 内容完成输出操作,bodyContent 原型是类 BodyContent,该类常用方法如表 7-4 所示。

表 7-4　BodyContent 类常用方法

序号	方　　法	说　　明
1	String getString()	返回缓冲区内容字符串
2	Reader getReader()	获取可读取缓冲区内容的 Reader 对象
3	JspWriter getEnclosingWriter()	返回一个 JspWriter 对象
4	void clearBody()	清空缓冲区内容
5	void writeOut(Writer out)	将缓冲区内容写入 out 对象中，out 通常是 JspWriter 对象

7.5　SimpleTagSupport 类

对于一些简单功能的自定义标签来说，若利用上述的 TagSupport、BodyTagSupport 类去实现，就显得有些大材小用了。因此在 JSP 2.0 中定义了一个更为简单、便于编写和调用的 SimpleTagSupport 类来实现简单自定义标签的功能，应用时只需继承该类，重写所需方法即可，该类常用方法如下所示。

- void setJspContext(JspContext pc)；将 JSP 页面的 pageContext 对象传递给标签处理器对象。
- JspContext getJspContext()；获得当前页面上下文对象。
- void setParent(JspTag parent)；用于将父标签对象传递给标签处理器对象。
- JspTag getParent()；获得当前标签的父标签对象。
- void setJspBody(JspFragment jspbody)；将标签体的 JspFragment 对象传递给标签处理器对象。
- JspFragment getJspBody()；获得标签体 JspFragment 对象。
- void doTag()；用于完成所有的标签逻辑，包括输出、迭代、修改标签体内容等。可以抛出 jaax.servlet.jsp.SkipPageException 异常，用于通知 Web 容器不再执行 JSP 页面中位于结束标记后面的内容，这等效于在传统标签的 doEndTag 方法中返回 Tag.SKIP_PAGE 常量的情况。

SimpleTagSupport 简单标签运行流程可描述如下。

（1）当 Web 容器开始执行标签时，调用标签处理器对象的 setJspContext 方法，将代表 JSP 页面的 pageContext 对象传递给标签处理器对象。调用标签处理器对象的 setParent 方法，将父标签处理器对象传递给标签处理器对象。注意，只有在标签存在父标签的情况下，Web 容器才会调用这个方法。如果调用标签时设置了属性，容器将调用每个属性对应的 setter 方法把属性值传递给标签处理器对象。如果标签的属性值是 EL 表达式或脚本表达式，则 Web 容器首先计算表达式的值，然后把值传递给标签处理器对象。如果简单标签有标签体，容器将调用 setJspBody 方法把代表标签体的 JspFragment 对象传递进来。

（2）执行标签时，容器调用标签处理器的 doTag() 方法，开发人员在方法体内通过操作 JspFragment 对象，就可以实现是否执行、迭代、修改标签体的目的。

在本节中，我们会经常发现 JspFragment 类，该类是在 JSP2.0 中定义的，其实例对象代表 JSP 页面中的一段符合 JSP 语法规范的 JSP 片段,这段 JSP 片段中不能包含 JSP 脚本元素。Web 容器在处理简单标签的标签体时,会把标签体内容用一个 JspFragment 对象表示,并调用标签处理器对象的 setJspBody()方法把 JspFragment 对象传递给标签处理器对象。JspFragment 类中只定义了两个方法,如下所示:

- JspContext getJspContext();返回代表调用页面的上下文 JspContext 对象。
- void invoke(Writer out);输出标签体内容,用于执行 JspFragment 对象所代表的 JSP 代码片段。参数 out 用于指定将 JspFragment 对象的执行结果写入到哪个输出流对象中,如果传递给参数 out 的值为 null,则将执行结果写入到 JspContext.getOut()方法返回的输出流对象中(简而言之,可以理解为写给浏览器)。

该方法是 JspFragment 最重要的方法,利用这个方法可以控制是否执行和输出标签体的内容、是否迭代执行标签体的内容或对标签体的执行结果进行修改后再输出。例如:在标签处理器中如果没有调用 JspFragment.invoke()方法,其结果就相当于忽略标签体内容;在标签处理器中重复调用 JspFragment.invoke 方法,则标签体内容将会被重复执行;若想在标签处理器中修改标签体内容,只需在调用 invoke()方法时指定一个可取出结果数据的输出流对象(例如 StringWriter),让标签体的执行结果输出到该输出流对象中,然后从该输出流对象中取出数据进行修改后再输出到目标设备,即可达到修改标签体的目的。

【例 7-3】 利用 SimpleTagSupport 重新实现例 7-1 功能。

(1) 标签处理类 SimpleTagExample.java。

```java
package c7;
import java.io.*;
import java.util.Vector;
import javax.servlet.jsp.*;
import javax.servlet.jsp.tagext.*;
public class SimpleTagExample extends SimpleTagSupport {
    private StudManage st;
    private String name;
    public String getName() {return name;}
    public void setName(String name) {
        this.name=name;
        //获得 page 域中学生集合数据
        st=(StudManage)this.getJspContext().getAttribute("name");
    }
    public void doTag() throws JspException, IOException {
        //获得浏览器输出对象 out
        JspWriter out=this.getJspContext().getOut();
        try{
            out.print("<table border=1>");
            out.print("<tr><td>no</td><td>name</td></tr>");
            Vector<Student>vec=st.getVec();
            for(int i=0; i<vec.size(); i++){
```

```
            Student s=vec.get(i);
            out.print("<tr>");
                out.print("<td>"+s.getNo()+"</td>");
                out.print("<td>"+s.getName()+"</td>");
            out.print("</tr>");
        }
        out.print("</table>");
    }catch(Exception ex){}
    }
}
```

可以看出 doTag()方法无返回值,标签功能写在该方法内即可。而在例 7-1 中一方面要考虑 doStartTag()、doEndTag()的返回值问题,一方面要考虑在哪个方法中实现标签功能。因此毫无疑问编写简单标签利用 SimpleTagSupport 来实现是较好的选择。

那么在 SimpleTagSupport 中如何与上下文页面数据通信呢?关键是获得上下文对象。在 SimpleTagSupport 中,是通过 JspContext context=getJspContext()获得上下文对象的;在 TagSupport 类中直接将上下文对象封装为成员变量 pageContext,可以直接应用。有了上下文对象,我们就可以方便获得 page、request、session、application 域中所需的具体数据了。

(2) 在已有 mystud.tld 中增加标签描述信息。

```
<tag>
    <name>simpletab</name>
    <tagclass>c7.SimpleTagExample</tagclass>
    <bodycontent>empty</bodycontent>
    <attribute>
        <name>name</name>
        <required>true</required>
        <rtexprvalue>true</rtexprvalue>
    </attribute>
</tag>
```

(3) 配置文件 web.xml:已完成对 mystud.tld 标签库的注册,无须修改。
(4) 测试页面:e7_3.jsp。

```
<%@taglib uri="/mystudlib" prefix="mm" %>
<%@page import="c7.*,java.util.*" %>
<%
    Student s=new Student("1000","zhang");
    Student s2=new Student("1001","zhang2");
    Student s3=new Student("1002","zhang3");
    StudManage st=new StudManage();
```

```
      st.AddStudent(s);st.AddStudent(s2);st.AddStudent(s3);
      pageContext.setAttribute("name", st );
%>
<mm: simpletab name="name"/>
```

【例 7-4】 编写自定义标签,使标签体内容全部大写。

(1) 标签处理类 UpperTag.java。

```
package c7;
import java.io.*;
import javax.servlet.jsp.*;
import javax.servlet.jsp.tagext.*;
public class UpperTag extends SimpleTagSupport {
    public void doTag() throws JspException, IOException {
        JspFragment jf=this.getJspBody();          //获得标签体对象
        //将标签体内容写入 sw
        StringWriter sw=new StringWriter();
        jf.invoke(sw);
        //小写变大写
        StringBuffer sbuf=sw.getBuffer();
        String str=sbuf.toString();
        str=str.toUpperCase();
        //大写字符串输出到浏览器
        JspWriter out=this.getJspContext().getOut();
        out.print(str);
    }
}
```

该类仅对标签体进行处理,无须成员变量。关键思路包括三步:"获得标签体字符串→大写转换→输出到浏览器"。示例中通过 getJspBody()方法可获得标签体对象 jf,但 JspFragment 类中无直接获得标签体字符串内容的方法,只能通过 invoke(Writer w)方法,将标签体数据写入到 w 对象中,本例中 w 等同于 StringWriter 对象 sw,读 sw 即可获得标签体字符串 String 类型数据 str;通过 String 类中的 toUpperCase()方法,完成字符串 str 的大写转换;通过获得的浏览器输出流对象 out,即可将大写字母 str 输出到浏览器中。

(2) 在已有 mystud.tld 中增加标签描述信息。

```
<tag>
    <name>upper</name>
    <tagclass>c7.UpperTag</tagclass>
    <bodycontent>scriptless</bodycontent>
</tag>
```

在该描述信息中,注意<bodycontent>字段将其定义为 scriptless,表示标签体可以是纯文本或 JSP 动作标签,但不能是包含<%!…%>、<%…%>、<%=…%>的 Java 脚本。也就是说 SimpleTagSupport 类型的自定义标签<bodycontent>内容绝对不能定义成

"<bodycontent>jsp</bodycontent>"形式。

(3) 配置文件 web.xml：已完成对 mystud.tld 标签库的注册，无须修改。
(4) 测试页面：e7_4.jsp。

```
<%@taglib uri="/mystudlib" prefix="mm" %>
<mm: upper>abcde</mm: upper>
```

7.6 Tag 自定义标签

7.6.1 简介

  JSP2.0 中也支持另外一种更为简单的自定义标签方法，那就是直接将 JSP 代码保存成 *.tag 或者 *.tagx 标签定义文件。Tag 和 Tagx 文件不仅支持经典 JSP 代码，各种标签模版代码，还支持 xml 样式的 jsp 指令代码。
  如果某个 Web 服务目录下的 JSP 页面准备调用一个 Tag 文件，那么必须在该 Web 服务目录下，建立如下的目录结构：

```
Web 服务目录\WEB-INF\tags
```

  其中的 WEB-INF 和 tags 都是固定的目录名称，而 tags 下的子目录名称可由用户给定。
  一个 Tag 文件对应着一个标记，该标记被习惯地称为 Tag 标记，将存放在同一目录中的若干个 Tag 文件所对应的 Tag 标记的全体称之为一个自定义标记库或简称为标记库。
  一个 JSP 页面通过使用 Tag 标记来调用一个 Tag 文件。分为两步：

- 使用<taglib>指令标记引入该 Web 服务目录下的标记库。<taglib>指令的格式如下：

```
<%@taglib tagdir="自定义标记库的位置" prefix="前缀">
```

  一个 JSP 页面可以使用几个<taglib>指令标记引入若干个标记库，例如：

```
<%@taglib tagdir="/WEB-INF/tags" prefix="beijing"%>
<%@taglib tagdir="/WEB-INF/tags/geng" prefix="dalian"%>
```

- JSP 页面使用带前缀的 Tag 标记调用相应的 Tag 文件，其中的前缀由<taglib>指令中的 prefix 属性指定。例如：

```
<beijing: OddSum/>
```

7.6.2 Tag 指令

  Tag 文件中的 Tag 指令类似于 JSP 文件中的 page 指令。Tag 文件通过使用 Tag 指令可以指定某些属性的值，以便从总体上影响 Tag 文件的处理和表示。Tag 指令的语法如下所示。

```
<%@tag 属性1="属性值" 属性2="属性值" …属性n="属性值"%>
```

在一个Tag文件中可以使用多Tag指令,因此我们经常使用多个Tag指令为属性指定需要的值,如下所示。

```
<%@tag 属性1="属性值"%>
<%@tag 属性2="属性值"%>
…
<%@tag 属性n="属性值"%>
```

Tag指令可以操作的属性有:language、import、pageEncoding、body-content。language属性值指定Tag文件使用的脚本语言,目前只能取值Java,其默认值就是Java;import属性的作用是为Tag文件引入Java核心包中的类,这样就可以在Tag文件的程序片部分、变量及方法声明部分、表达式部分使用Java核心包中的类,该属性可以取多个值;pageEncoding属性指定Tag文件的字符编码,其默认值是ISO-8859-1;body-content属性值有empty、tagdependent、scriptless,默认值是scriptless,各参数值具体解释同上文表7-2。

7.6.3 include 指令

在Tag文件中也有和JSP文件类似的include指令标记,其使用方法和作用与JSP文件中的include指令标记类似。include指令标记的作用是在Tag文件中出现该指令的位置处,静态插入一个文件。其语法格式如下:

```
<%@include file="文件的URL " %>
```

7.6.4 attribute 指令

在Tag文件中通过使用attribute指令,可以让使用它的JSP页面向该Tag文件传递需要的数据。attribute指令的格式如下所示。

```
<%@attribute name="对象名字" required="true"|"false" type="对象的类型"%>
```

注:attribute指令中的name属性是必需的。
比如,一个Tag文件MyTag.tag中有如下的attribute指令:

```
<%@attribute name="length" required="true" %>
```

那么JSP页面就可以如下使用Tag标记(假设标记的前缀为computer)调用MyTag.tag:

```
<computer: MyTag length="1000" />
```

或

```
<computer: MyTag length="1000">
```

```
我向Tag文件中传递的值是1000
</computer:MyTag>
```

7.6.5 variable 指令

Tag 文件通过使用 variable 指令将 Tag 文件中的对象返回给调用该 Tag 文件的 JSP 页面。

- 其格式如下所示。

```
<%@variable name-given="对象名字" variable-class="对象的类型" scope="有效范围"%>
```

例如：

```
<%@variable name-given="time" variable-class="java.util.Date" scope="AT_END" %>
```

该 variable 指令给出的对象的名字是 time、类型为 java.util.Date、有效范围是 AT_END。

- 对象的返回。

jspContext 调用 setAttribute("对象的名字",对象的引用)方法存储对象的名字以及该对象的引用。比如：jspContext.setAttribute("time",new Date());将名字是 time 的 Date 对象存储到 jspContext 中。

以下的 variable 指令：<%@ variable name-given="time" variable-class="java.util.Date" scope="AT_END" %>为 JSP 页面返回名字是 time 的 Date 对象。

【例 7-5】 利用 Tag 文件实现时间显示自定义标签。

(1) 标签文件：time.tag,保存在 web-inf\tags 子目录下面,代码如下所示。

```
<%@tag language="java" pageEncoding="ISO-8859-1"%>
<%@tag import="java.util.*"%>
<%
    Calendar c=Calendar.getInstance();
    int y=c.get(Calendar.YEAR);
    int m=c.get(Calendar.MONTH)+1;
    int d=c.get(Calendar.DAY_OF_MONTH);
    int hh=c.get(Calendar.HOUR_OF_DAY);
    int mm=c.get(Calendar.MINUTE);
    int ss=c.get(Calendar.SECOND);
    out.print(y+"-"+m+"-"+d+"\t"+hh+":"+mm+":"+ss);
%>
```

(2) 测试页面：e7_5.jsp。

```
<%@taglib prefix="mytag" tagdir="/WEB-INF/tags" %>
<html>
<head>
</head>
<body>
    Today is<mytag: time/>.
</body>
</html>
```

可以看出，编制和应用 Tag 文件自定义标签是很简单的，Tag 文件与 JSP 文件内容是相似的，Tag 文件名即是标签的名称，而且无须添加或修改任何配置文件的内容。

【例 7-6】 利用 Tag 文件实现带属性随机数自定义标签。

(1) 标签文件：random.tag，保存在 WEB-INF\tags 子目录下面，代码如下所示。

```
<%@tag language="java" pageEncoding="ISO-8859-1"%>
<%@attribute name="a" type="java.lang.Integer" required="true" %>
<%@attribute name="b" type="java.lang.Integer" required="true" %>
<%!
    int random(int a, int b){
        int v=(int)(a+(b-a) * Math.random());
        return v;
    }
%>
<%
    out.print(random(a,b));
%>
```

根据 attribute 定义可知，random 标签有两个属性 a、b，是 Integer 类型。若无 type 定义，则标签参数属性类型默认为 String 类型。

(2) 测试页面：e7_6.jsp。

```
<%@taglib prefix="mytag" tagdir="/WEB-INF/tags" %>
<html>
<head>
</head>
<body>
    Random number is: <mytag: random a="100" b="1000"/>
</body>
</html>
```

本示例中，在 random.tag 文件代码中利用 out.print(random(a,b))将随机数输出到浏览器中，若修改为在 random.tag 中返回随机数，在 e7_9.jsp 中完成随机数的输出，该如何编制呢？毫无疑问，这就要用到 variable 属性的定义，修改后代码如下所示。

```
//修改后的 random.tag
<%@ tag language="java" pageEncoding="ISO-8859-1"%>
<%@ attribute name="a" type="java.lang.Integer" required="true" %>
<%@ attribute name="b" type="java.lang.Integer" required="true" %>
<%@ variable name-given="value" variable-class="java.lang.Integer" scope=
"AT_END" %>
<%!
    int random(int a, int b){
        int v=(int)(a+(b-a) * Math.random());
        return v;
    }
%>
<%
    int v=random(a,b);
    jspContext.setAttribute("value", v);
%>
```

很明显，该 Tag 标签定义了两个输入属性 a、b，一个输出属性 value。在 Tag 文件中 jspContext 等同于内置命令 pageContext 对象，且一定要利用 setAttribute(key,value)方法设置返回值，key 与%@variable…%>中定义的 name-given 值必须对应相等。

```
//修改后的测试页
<%@ taglib prefix="mytag" tagdir="/WEB-INF/tags" %>
<mytag: random2 b="100" a="10"></mytag: random2>
<%
    Integer obj=(Integer)pageContext.getAttribute("value");
    out.print(obj);
%>
```

7.7 其他示例

【例 7-7】 利用自定义标签实现防盗链。

防盗链是防止盗用内容链接的含义，盗用的内容不在自己服务器上，而是通过技术手段，盗取一些有实力的大网站的地址(比如一些音乐、图片、软件的下载地址)，然后放置在自己的网站中，通过这种方法盗取大网站的空间和流量。

那么，盗链是如何产生呢？这是因为浏览器显示一个完整的页面并不是一次全部传送到客户端的。若请求的是一个带有许多图片和其他信息的页面，那么最先的一个 HTTP 请求被传送回来的是这个页面的文本，然后客户端浏览器解释执行这段文本，发现其中还有图片，那么客户端浏览器会再发送一条 HTTP 请求，当该请求被处理后图片文件会被传送到客户端，然后浏览器会将图片安放到页面的正确位置，因此一个完整的页面也许要经过发送多条 HTTP 请求才能够被完整显示。基于这样的机制，就会产生是盗链问题：一个网站中如果没有页面中所包含的信息，例如图片信息，那么它完全可以将这个图片连接到别的网站。这样没有任何资源的网站利用了别的网站的资源来展示给浏览者,提高了自己的访问量,而大部分浏览者又不会很容易地发现。显然,对于那个被利用了资源的网站是不公平的,一些不良网站为了不增加成本而扩充自己站点内容,经常盗用其他网站的链接。一方面损害了原网站的合法利益,另一方面又加重了服务器的负担。

要实现防盗链,仍要从 HTTP 协议说起,在 HTTP 协议中,有一个表头字段叫 referer,采用 URL 的格式表示从哪儿链接到当前的网页或文件。换句话说,通过 referer,网站可以检测目标网页访问的来源网页,如果是资源网站,则可以跟踪到显示它的网页地址。有了 referer 跟踪,就可以通过技术手段来进行处理,一旦检测到来源不是本站即进行阻止或者返回指定的页面。

为了更好地理解自定义防盗链标签技术,要做如下准备工作,如表 7-5 所示。

表 7-5 防盗链技术相关准备文件

建立工程名	建立 JSP 文件	说　明

chap7	//e7_5.jsp
	<a href=e7_52.jsp>e7_52.jsp</a>
	//e7_52.jsp
	<%@ taglib uri="/mystudlib" prefix="mm" %>
	<mm:refer back="aaa" site=http://localhost:8080/chap7
	　　back="steal.jsp"/>
	This is e7_52.jsp
	//steal.jsp
	You steal the page link
		e7_5.jsp 页面可超链接到 e7_52.jsp 页面

dhap7	//d7_5.jsp <a href=http://localhost:8080/chap7/e7_52.jsp>e7_52.jsp</a>	d7_5.jsp 页面有超链接到 chap7 工程中 e7_52.jsp 页面

由于盗链技术一定是发生在至少两个网站之间,因此建立了两个 Web 工程 chap7(已存在)、dhap7。在 chap7 工程中,e7_5.jsp 通过超链接访问 e7_52.jsp 属于"站内"访问,是可以的。在 dhap 工程中,d7_5.jsp 也是通过超链接访问 chap7 工程中的 e7_52.jsp 文件,属于"站间"访问,即所谓的盗链,本示例通过编制自定义标签<mm:refer>来禁止盗链状况的发生。所编制的代码如下所示。

(1) 标签处理类 MyReferer.java。

```java
package c7;
import java.io.*;
import javax.servlet.http.*;
import javax.servlet.jsp.*;
import javax.servlet.jsp.tagext.SimpleTagSupport;
public class MyReferer extends SimpleTagSupport {
    private String site;
    private String back;
    public void setSite(String site) {
```

```java
        this.site=site;
    }
    public String getSite() {
        return site;
    }
    public String getBack() {
        return back;
    }
    public void setBack(String back) {
        this.back=back;
    }
    public void doTag() throws JspException, IOException {
        JspContext jc=this.getJspContext();
        PageContext pc=(PageContext)jc;
        HttpServletRequest req=(HttpServletRequest)pc.getRequest();
        HttpServletResponse rep=(HttpServletResponse)pc.getResponse();
        String source=req.getHeader("referer");     //获得来源网站串
        String url=req.getRequestURI();             //获得请求的 URI
        System.out.println("url="+url+"\tsource="+source);
        if(source !=null && source.startsWith(getSite())){
        }else{
            String url=site+"/"+back;
            rep.sendRedirect(url);
        }
    }
}
```

成员变量 site、back 表明自定义标签有两个属性，如表 7-5 所示，自定义标签形式为 <mm：refer site=http://localhost：8080/chap7 back=steal.jsp />，doTag()方法根据 site 值确定页面是否可访问。site 内容为 http://localhost：8080/chap7，表明只有来源网站地址为 localhost、端口号为 8080，工程名为 chap7 的 Web 应用可访问本页面，其他情况下均是不可访问的（此种情况下转向 back 属性定义的页面）。

着重理解 doTag()中的 getHeader("referer")、getRequestURI()方法返回值（在控制台上输出它们的结果）的含义。getRequestURI()返回当前页 URL 值，getHeader ("referer")返回当前页的来源 URL，对运行结果页面为 e7_52.jsp，本示例有三种情况，如下所示。

- 直接运行 http：//…/chap7/e7_52.jsp，在控制台中结果为：

```
url=/chap7/e7_52.jsp    source=null
```

- 先运行 http：//…/chap7/e7_5.jsp，通过超链接运行 e7_52.jsp，在控制台中结果为：

```
url=/chap7/e7_52.jsp    source=http://localhost:8080/chap7/e7_5.jsp
```

- 先运行 http://…/dhap7/d7_5.jsp，通过超链接运行 e7_52.jsp，在控制台中结果为：

```
url=/chap7/e7_52.jsp    source=http: //localhost: 8080/dhap7/d7_5.jsp
```

因此，只要 source 字符串以 site 开头且不为空，就表明本页面是可访问的。

（2）修改标签库 mystud.tld，增加对＜refer＞自定义标签的描述。

```
<tag>
    <name>refer</name>
    <tagclass>c7.MyReferer</tagclass>
    <bodycontent>empty</bodycontent>
    <attribute>
        <name>site</name>
        <required>true</required>
        <rtexprvalue>true</rtexprvalue>
    </attribute>
    <attribute>
        <name>back</name>
        <required>true</required>
        <rtexprvalue>true</rtexprvalue>
    </attribute>
</tag>
```

（3）配置文件 web.xml：已完成对 mystud.tld 标签库的注册，无须修改。

（4）测试页面：见表 7-5。

一般来说，若 Web 工程中某些网页需要"防盗链"，只需在相应网页添加形如本示例功能的＜mm：refer＞自定义防盗链标签即可。可能有读者问：若我的网站资源可被某些网站（而不仅仅自身）引用，该如何呢？由于多个确定的网站可共享一个网站资源，通过 site 属性传入多个信任网站信息并不好，应把这些信任网站信息封装在配置文件中，标签处理类可直接操作该配置文件，形成这些信任网站信息的集合对象，将当前页面来源信息与集合对象每个元素依次比较，就可知当前页是否可以访问，读者可试着扩充实现。

【例 7-8】 自定义条件标签。

Java 语言中，常用的条件语句是 if-else 结构，以此类推，条件标签应为＜mm：if＞…＜mm：else＞结构。if-else 是互斥的，仅执行一个分支；但是条件标签不是互斥的，如下所示。

```
<mm:if test="true">YES</mm:if>
<mm:else>NO</mm:else>
```

条件标签是顺序执行的，执行完＜mm：if＞标签后，由于 test＝true，屏幕上显示 YES，接着运行＜mm：else＞标签，＜mm：else＞标签必须获得 test 值，才能确定标签体是否运行。但是很明显按上文所述，由于＜mm：if＞、＜mm：else＞标签是"平行"标签，＜mm：else＞标签是无法获得＜mm：if＞标签中的 test 值的，因此必须对上述结构加以改造，增加一个父标签就可以了，如下所示。

```
<mm:select>
<mm:if test="true">YES</mm:if>
<mm:else>NO</mm:else>
</mm:select>
```

可知：<mm：if>、<mm：else>是<mm：select>子标签，可共享<mm：select>中的成员变量，这样就解决了<mm：if>、<mm：else>标签的数据通信问题。本示例需要的文件如下所示。

（1）标签处理类：由于涉及三个标签，因此共有三个标签处理类。

```java
//select 标签处理类：SelectTag.java
package c7;
import java.io.IOException;
import javax.servlet.jsp.*;
import javax.servlet.jsp.tagext.*;
public class SelectTag extends SimpleTagSupport {
    private boolean test;
    public boolean isTest() {return test;}
    public void setTest(boolean test) {this.test=test;}
    public void doTag() throws JspException, IOException {
        JspFragment jf=this.getJspBody();
        jf.invoke(null);
    }
}
```

定义子标签共享成员变量 test 及 setter-getter 方法，方便子标签设置或获得。

```java
//if 标签处理类：IfTag.java
package c7;
import java.io.IOException;
import javax.servlet.jsp.*;
import javax.servlet.jsp.tagext.*;
public class IfTag extends SimpleTagSupport {
    private boolean test;
    public boolean isTest() {return test;}
    public void setTest(boolean test) {this.test=test;}
    public void doTag() throws JspException, IOException {
        SelectTag parent=(SelectTag)this.getParent();
        parent.setTest(!test);
        if(test){
            JspFragment jf=this.getJspBody();
            jf.invoke(null);
        }
    }
}
```

定义成员变量 test，表明 if 标签有一个属性 test，由标签传入其值。doTag()方法中首先获得父标签 SelectTag 对象 parent；然后设置 parent 对象成员变量 test 的值（该值与 if 标签成员变量 test 值是互斥、相反的）；最后根据 if 标签对象 test 的值决定是否执行相应标签体，若 test 为 true，则执行标签体，反之则无须执行。

```java
//else 标签处理类：ElseTag.java
package c7;
import java.io.*;
import javax.servlet.jsp.*;
import javax.servlet.jsp.tagext.*;
public class ElseTag extends SimpleTagSupport {
    public void doTag() throws JspException, IOException {
        SelectTag parent=(SelectTag)this.getParent();
        if(parent.isTest()){
            JspFragment jf=this.getJspBody();
            jf.invoke(null);
        }
    }
}
```

该类无须定义成员变量，doTag()方法中获得父标签 SelectTag 对象 parent 中成员变量 test 的值。若该值为 true，则运行 else 标签标签体；否则无须运行。

（2）修改标签库 mystud.tld，增加对＜select＞、＜if＞、＜else＞自定义标签的描述。

```xml
<tag>
    <name>if</name>
    <tagclass>c7.IfTag</tagclass>
    <bodycontent>scriptless</bodycontent>
    <attribute>
        <name>test</name>
        <required>true</required>
        <rtexprvalue>true</rtexprvalue>
    </attribute>
</tag>
<tag>
    <name>else</name>
    <tagclass>c7.ElseTag</tagclass>
    <bodycontent>scriptless</bodycontent>
</tag>
<tag>
    <name>select</name>
    <tagclass>c7.SelectTag</tagclass>
    <bodycontent>scriptless</bodycontent>
</tag>
```

(3) 配置文件 web.xml：已完成对 mystud.tld 标签库的注册，无须修改。
(4) 测试页面：e7_8.jsp。

```
<%@taglib uri="/mystudlib" prefix="mm" %>
<mm:select>
    <mm:if test="false">YES</mm:if>
    <mm:else>NO</mm:else>
</mm:select>
```

【例 7-9】 自定义动态标签。

自定义标签包含静态属性和静态属性。在 TLD 标签库描述文件中定义的属性叫做静态属性，不需要在 TLD 文件中定义就可以使用，这种属性称为动态属性。使用动态属性的好处是可以根据需要为自定义标签添加相应的属性，而无须修改 TLD 文件，这无疑会大大增强自
定义标签的灵活性。为自定义标签增加动态属性功能需要如下两步。
- 标签类需要实现 javax.servlet.jsp.tagext.DynamicAttributes 接口。该接口只定义了一个 setDynamicAttribute 方法，该方法的定义如下所示。

```
public void setDynamicAttribute(String uri, String localName, Object value)
    throws JspException
```

其中 uri 参数表示属性的命名空间，如果属性在默认的命名空间中，该参数值为 null，localName 参数表示动态属性的名称，value 参数表示动态属性的值。
- 在 TLD 文件中定义标签时需要使用＜dynamic-attributes＞元素打开标签的动态属性功能。

标签中未使用＜attribute＞元素定义的属性都是动态属性，Web 容器每遇到一个动态属性，就会调用一次 setDynamicAttribute 方法。如果想在标签类中使用这些动态属性，通常将这些动态属性添加到 Map 对象中，再在其他的方法（如 doStartTag、doEndTag 等）中处理这些动态属性。

本示例编写的标签＜mm：options＞标签可以使用动态属性生成下拉列表框和可以显示多个选项的列表框。options 标签除了动态属性外，还有如下几个在 TLD 文件中定义的属性，如下所示。
- name：指定生成的列表框的 name 属性值。
- isMultiple：指定生成的列表框是下拉列表框，还是可以显示多个选项的列表框。默认值为 false，表示生成的是下拉列表框。
- style：指定生成的列表框的 CSS 样式属性值，也就是＜select＞元素的 style 属性值。

编制的具体代码如下所示。
(1) 标签处理类 OptionsTag.java。

```
package c7;
import javax.servlet.jsp.*;
```

```java
import javax.servlet.jsp.tagext.*;
import java.util.*;
import java.io.*;
public class OptionsTag extends TagSupport implements DynamicAttributes {
    private String name;                          //标签 name 属性,静态属性
    private boolean isMultiple=false;             //下拉框还是列表框,静态属性
    private String style;                         //标签 css 属性,静态属性
    //dynAttributes 用于保存动态属性
    private Map<String, String>dynAttributes=new HashMap<String, String>();
    public void setName(String name) { this.name=name; }
    public void setIsMultiple(boolean isMultiple)
    { this.isMultiple=isMultiple; }
    public void setStyle(String style) { this.style=style; }
    //实现处理动态属性的 setDynamicAttribute 方法
    public void setDynamicAttribute(String uri, String localName, Object value)
    throws JspException {
        //将所有的动态属性名称和属性值保存在 Map 对象中
        dynAttributes.put(localName, value.toString());
    }
    public int doStartTag() throws JspException {
        try {
            //获得动态属性名称集合
            Set<String>keys=dynAttributes.keySet();
            //生成<select>元素的开始标记
            String html="<select name='"+name+"' style='"+style+"'"+
                ((isMultiple==true) ? "multiple='multiple'" : "")+">";
            //根据动态属性名称查找动态属性值,根据每一个动态属性生成<option>元素
            for(String key : keys) {
                String value=dynAttributes.get(key);
                html+="<option value='"+key+"'>"+value+"</option>";
            }
            html+="</select>";
            //将生成的 select 元素的完整 HTML 代码发送到客户端
            this.pageContext.getOut().println(html);
        }
        catch(IOException e) { e.printStackTrace(); }
        return SKIP_BODY;
    }
}
```

由于标签动态属性个数不确定,因此对应标签处理类的成员变量一定是集合类对象,本示例定义了 Map 类型成员变量 dynAttributes,而该变量元素添加是在 setDynamicAttrbute()方法内部完成。doStartTag()方法主要是根据静态属性＋遍历动态属性形成所需的 select 标签。

请读者思考：若定义属性基本类 MyAttribute 如下所示。集合对象成员变量修改为 Vector< MyAttribute > dynAttributes = new Vector()，那么 setDynamicAttribute()、doStartTag()该如何修改呢？请思考后完成。

```
class MyAttribute{
    private String key;           //属性名
    private String value;         //属性值
    public String getKey() {return key;}
    public void setKey(String key) {this.key=key;}
    public String getValue() {return value;}
    public void setValue(String value) {this.value=value;}
}
```

本示例类是由 TagSupport 类派生的。若改为由 BodyTagSupport 派生，其余不变，运行测试页面后发现结果页面仍是正确的；若改为由 SimpleTagSupport 派生，将 doStartTag()方法体复制到 doTag()方法中，将"this.pageContext.getOut().println(html)"修改为"this.getJspContext().getOut().println(html)"，其余不变，运行测试页面后发现运行异常。因此，若想实现动态标签，标签处理类一般应从 TagSupport、BodyTagSupport 类派生，而不应从 SimpleTagSupport 类派生。

（2）修改标签库 mystud.tld，增加对<mm：options>标签的描述。

```
<tag>
    <name>options</name>
    <tag-class>c7.OptionsTag</tag-class>
    <body-content>empty</body-content>
    <attribute>
        <name>name</name>
        <required>true</required>
        <rtexprvalue>false</rtexprvalue>
    </attribute>
    <attribute>
        <name>isMultiple</name>
        <required>false</required>
        <rtexprvalue>false</rtexprvalue>
    </attribute>
    <attribute>
        <name>style</name>
        <required>false</required>
        <rtexprvalue>false</rtexprvalue>
    </attribute>
    <dynamic-attributes>true</dynamic-attributes>
</tag>
```

该标签表明<mm：options>标签有三个静态属性 name、isMultiple、style，由于包含动态属性,因此必须定义＜dynamic-attributes＞标签体值设置为 true。

(3) 配置文件 web.xml:已完成对 mystud.tld 标签库的注册,无须修改。

(4) 测试页面:e7_9.jsp。

```
<%@page language="java" contentType="text/html; charset=UTF-8"%>
<%@taglib uri="/mystudlib" prefix="mm" %>
<center>
选择你的爱好
<br>
<mm: options name="hobby" tennis="tennis" internet="internet" tour="tour"
    reading="reading" style="width: 10px" />
<hr>
选择你最喜欢的科幻电影:<br>
<mm: options name="movie" movie1="独立日"
    movie2="变形金刚(真人版)"
    movie3="黑超特警组"
    isMultiple="true"
    style="width: 150px;height: 200px" />
</center>
```

该测试页面包含两个＜mm:options＞标签。第一个以下拉框显示,有 tennis、internet、tour、reading 四个动态属性;第二个以列表框显示,有 move1、move2、move3 三个动态属性。

【例 7-10】 使用 Tag 标记文件编制页面框架。

为了拥有可维护的 Web 页,许多经过良好设计的 JSP1.0 应用程序使用了页片段,这些页片段是利用＜jsp:include＞或＜%@include%＞而包含在较大页面中的,而这不是在 Web 应用程序中重用 JSP 片段的理想方法。与页包含解决方案不同,标记文件专用于创建可重用的页片段库。假设一个页面由 Header 头区＋main 内容区＋footer 尾区构成,头、尾二区内容是不变的,只是 main 内容区随页面的不同而不同。其具体代码如下所示。

(1) wrapper.tag

```
<%@tag language="java" pageEncoding="ISO-8859-1"%>
<%@tag body-content="scriptless" %>
<%@attribute name="a" required="true" %>
<%@attribute name="b" required="true" %>
<%@attribute name="c" required="true" %>
<p>Header</p>
<jsp: doBody/>
<p>Attributes-<%=a+","+b+","+c %></p>
<p>Footer</p>
```

通过该标签内容可知:页面是由三部分组成的,header、footer 以及＜jsp:doBody /＞所代表的主页面内容,＜jsp:doBody＞是 JSP2.0 标记 Tag 文件中新增加的命令,它是如何运行的呢?要结合下述的测试页面才能说明。至于示例中参数 a、b、c,则表明利用 Tag 文件作页面框架同样是可动态传入参数的。

(2) 测试页面

```
//e7_10.jsp
<%@taglib prefix="tags" tagdir="/WEB-INF/tags" %>
<tags: wrapper a="1" b="2" c="3">
    <p>This is e7_10.jsp</p>
</tags: wrapper>
//e7_10_2.jsp
<%@taglib prefix="tags" tagdir="/WEB-INF/tags" %>
<tags: wrapper a="1" b="2" c="3">
    <p>This is e7_10_2.jsp</p>
</tags: wrapper>
```

分别运行两个测试页面,发现两个页面中 header、footer 内容是相同的,仅内容区不同,一个显示"This is e7_10.jsp",一个显示"This is e7_10.jsp",表明<tags:wrapper>确实是页面框架标签。例如当运行 e7_10.jsp 时,运行<tags:wrapper>则转向执行 wrapper.tag 中内容:首先显示 header 区内容,然后当运行到<jsp:doBody>时,转而执行 e7_10.jsp 页面中<tags:wrapper>标签体中的内容(向浏览器输出"This is e7_10.jsp"),最后再转回来执行 wrapper.tag 中剩余部分的内容。同理可分析出运行 e7_10_2.jsp 的完整流程。

总之,若页面结构形如"静态内容+动态内容+静态内容",就可以利用 Tag 文件形成页面框架,而利用<jsp:doBody>转向动态页面内容,这是一种较好的选择策略。

习题

1. 为什么引入自定义标签?
2. 创建自定义标签步骤是什么?
3. TagSupport、BodyTagSupport、SimpleTagSupport 作用是什么?
4. 利用 TagSupport 开发字体显示自定义标签<myfont>,共有 7 个属性:bgColor、color、border、bordercolor、align、fontSize 和 width,并加以测试。各属性均有默认值,读者可自行设置。
5. 利用 SimpleTag 编制自定义加法标签<myadd>,例如若<myadd num=10 num2=20>,则在浏览器上显示 10+20=30,自编测试程序加以测试。
6. 使用 Tag 文件实现例 7-1 功能,实现自定义表格标签。

第 8 章

配置文件、反射与注解

8.1 键值对配置文件

配置文件在 Web 应用中是很常见的,如 Tomcat 系统本身的 server.xml,context.xml,每个 Web 应用都包含 web.xml 等,配置文件的主要作用是实现动态传参功能,方便 Web 应用程序的开发和维护。

在 Web 应用中,键值对配置文件常用类型有两种:文本文件及 XML 文件,它们是用来在一个文件中存储"键-值"对的,JDK 中利用系统类 Properties 来解析 Properties 文件。Properties 类是 Hashtable 的一个子类,用于键 keys 和值 values 之间的映射。Properties 类表示了一个持久的属性集,属性列表中每个键及其键值都是一个字符串。其常用函数如下所示。

- Properties():创建一个无默认值的空属性列表。
- void load(InputString inStream):从简单文本文件输入流中读取属性列表。
- void loadFromXML(InputString inStream):从简单 xml 文件输入流中读取属性列表。
- String getProperty(String key):获取指定键 key 的键值,以字符串的形式返回。

【例 8-1】 已知文本配置文件 mytest.properties,内容如表 8-1 所示,保存在"工程目录/web-inf/"子目录下面,编制的读该配置文件 Servlet 类 e8_1.java 如下所示。

```
Key1=value1
Key2=value2
```

e8_1.java:读取并显示配置文件内容。

```java
package c8;
import java.util.*;
import java.io.*;
import javax.servlet.*;
import javax.servlet.http.*;
import javax.servlet.annotation.WebServlet;
@WebServlet("/e8_1")
public class e8_1 extends HttpServlet {
```

```java
    private static final long serialVersionUID=1L;
    public e8_1() {super();}
    protected void doGet(HttpServletRequest req, HttpServletResponse rep)
    throws ServletException, IOException {
        ServletContext scx=req.getServletContext();
        InputStream in=scx.getResourceAsStream("/WEB-INF/mytest.properties");
        Properties p=new Properties();
        p.load(in);
        String v=p.getProperty("key1");
        String v2=p.getProperty("key2");
        PrintWriter out=rep.getWriter();
        out.print("key1="+v+"<br>");
        out.print("key2="+v2+"<br>");
    }
}
```

通常来说,获取配置文件信息有四步:①获取配置文件输入流对象 in;②产生 Properties 对象 p;③利用 p.load(in),完成对输入输出流对象 in 的关联;④利用 p.getProperty(key)获得键值 key 所对应的值。

由于工程配置文件 web.xml 在 web-inf 子目录下,因此本示例配置文件 mytest.properties 也在该目录下,扩展名为 properties 也仅仅是因为默认规则所致。

若配置文件为 mytest.xml,其格式如下所示。

```xml
<?xml version="1.0" encoding="UTF-8" standalone="no"?>
<!DOCTYPE properties SYSTEM "http://java.sun.com/dtd/properties.dtd">
<properties>
    <comment>Test read XML</comment>
    <entry key="key2">value2</entry>
    <entry key="key1">value1</entry>
</properties>
```

其 XML 文件要求如下:一个 properties 标签,一个 comment 注释子标签,然后是任意数量的<entry>标签。对每一个<entry>标签,有一个键属性,输入的内容就是它的值。利用 Properties 类解析该文件与解析 properties 文本文件几乎是一致的,只不过用 loadFromXML()代替了 load()方法。关键代码 doGet()如下所示。

```java
protected void doGet(HttpServletRequest req, HttpServletResponse rep) throws
ServletException, IOException {
    ServletContext scx=req.getServletContext();
    InputStream in=scx.getResourceAsStream("/WEB-INF/mytest.xml");
    Properties p=new Properties();
    p.loadFromXML(in);
    String v=p.getProperty("key1");
```

```
        String v2=p.getProperty("key2");
        PrintWriter out=rep.getWriter();
        out.print("key1="+v+"<br>");
        out.print("key2="+v2+"<br>");
    }
```

类 properties 能解析简单的形式如上面格式的 XML 格式配置文件,若想解析一般格式的 XML 格式文件内容,则可以利用 JDOM 工具包,如下文所述。

8.2 一般配置文件

若配置文件为 mytest2.xml,一般的 XML 格式配置文件,其格式如下所示。

```
<?xml version="1.0" encoding="utf-8"?>
<students>
    <student id="20150001">
        <name>zhang</name>
        <age>20</age>
</student>
    student id="20150002">
        <name>li</name>
        <age>21</age>
    </student>
</books>
```

很明显,利用 Properties 不能解析 mytest2.xml,JDOM 工具包是一个较好的选择。JDOM 是一个开源项目,不是 JDK 自带的包,使用之前到 http://jdom.org/下载最新版本的 JDOM 的 jar 包,将 build 目录的 jdom.jar 文件复制到"工程目录/web-inf/lib"子目录下即可。

JDOM 基于树状结构,利用纯 Java 技术对 XML 文档实现解析、生成、序列化及其他操作。其常用 API 如下所示。

- SAXBulider 类:JDOM 中的 SAXBulider 类会使用 SAX 来建立一个 JDOM 的解析树。它可以通过 build(String path)方法由指定的输入数据流建立一个文件,返回 Document 对象。
- Document 类:Document 类的一个实例用来描述一个 XML 文档。这个 Document 是轻量级的,它可以包括文档类型、处理指令对象、根元素和注释对象等内容,可以通过 getRootElement()方法获得根元素 Element 对象。
- Element 类:元素类,根元素、中间元素、节点元素均为 Element 对象。通过 getChildren(String name)获得名称为 name 的标签对象集合,通过 getAttributeValue(String name)获得属性名为 name 对应的属性值,通过 getChildText(String name)获得子标签名为 name 的标签体的字符串值。

- Attribute 类：可以使用 Element 类的 getAttribute()方法来取得一个元素的属性，该方法会返回一个 Attribute 对象。Attribute 类提供了 getValue()方法，它将会以字符串的形式返回一个属性值。

【例 8-2】 编制 servlet 类 e8_2，解析上文所述的 mytest2.xml。

```java
package c8;
import java.io.*;
import java.util.*;
import org.jdom.*;
import org.jdom.input.*;
import javax.servlet.*;
import javax.servlet.http.*;
import javax.servlet.annotation.WebServlet;
@WebServlet("/e8_2")
public class e8_2 extends HttpServlet {
    private static final long serialVersionUID=1L;
    public e8_2() {super();}
    protected void doGet(HttpServletRequest req, HttpServletResponse rep)
    throws ServletException, IOException {
        String path=req.getServletContext().getRealPath("/web-inf/mytest2.xml");
        SAXBuilder builder=new SAXBuilder();
        try {
            //通过 XML 文件,构造文档对象
            Document read_doc=builder.build(path);
            //得到根元素
            Element stu=read_doc.getRootElement();
            //得到 student 元素的集合列表
            List list=stu.getChildren("student");
            //遍历 student 元素列表
            for(int i=0; i<list.size(); i++){
                //获得并显示所有子元素
                Element e=(Element)list.get(i);
                String id=e.getAttributeValue("id");
                String name=e.getChildText("name");
                String age=e.getChildText("age");
                PrintWriter out=rep.getWriter();
                out.print("id: "+id+"\tname="+name+"\tage="+age+"<br>");
            }
        }catch(Exception e) {
            e.printStackTrace();
        }
    }
}
```

【例 8-3】 更科学地管理配置文件信息。

科学管理配置文件信息包含两方面含义：共享配置文件、查询封装，下面一一论述。

(1) 共享配置文件信息

一般来说，Web 应用包含多个 JSP、Servlet、JavaBean 单元，每个单元可能仅用到配置文件中与己相关的内容，因此若各单元都向例 8-2 中那样操作配置文件无疑是耗时的、不科学的。既然配置文件信息为整个工程所共享，那么在服务器端就应该仅有一个配置文件相关的对象，将该对象保存成 application 域即可。

那么，什么时候建立并保存配置文件对象呢？在 Tomcat 服务器启动时创建该对象即可，具体代码如下所示。

```java
package c8;
import java.io.*;
import javax.servlet.*;
import javax.servlet.http.*;
import javax.servlet.annotation.WebServlet;
import org.jdom.*;
import org.jdom.input.SAXBuilder;
@WebServlet(urlPatterns={"/ShareConfig"},loadOnStartup=1)
public class ShareConfig extends HttpServlet {
    private static final long serialVersionUID=1L;
    public ShareConfig() {super();}
    protected void service(HttpServletRequest req, HttpServletResponse rep)
    throws ServletException, IOException {
        String path= req.getServletContext().getRealPath("/web-inf/mytest2.xml");
        SAXBuilder builder=new SAXBuilder();
        try {
            Document read_doc=builder.build(path);
            //得到根元素
            Element root=read_doc.getRootElement();
            ServletContext stx=req.getServletContext();
            stx.setAttribute("root", root);
        }catch(Exception e){e.printStackTrace();}
    }
}
```

注意注解行程序"@WebServlet(urlPatterns = {"/ShareConfig"}, loadOnStartup = 1)"，一定要设置 loadOnStartup 参数，当该参数值≥0 时，该 Servlet 随 Tomcat 服务器启动而自动启动，该值越小，启动优先级越高；当该参数值<0 或不设置时，必须执行 http://…/ShareConfig，该页面才能启动。

对配置文件信息而言，它在内存中对应的是一棵树，树最重要的是根节点，有了根节点，就能查找到我们所需节点的内容信息，因此在 service() 方法中直接将获得的根节点对象 root 直接保存在上下文 ServletContext 对象 stx (键值为字符串"root")中，为整个 Web 工程所共享。

（2）查询封装

首先，我们分析一下配置文件信息查询特点，以图 8-1 所示两种情况为例。

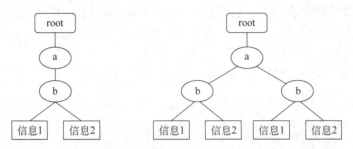

图 8-1　配置文件节点查询图

配置文件由根节点、中间节点、叶节点组成，中间节点一般是分类节点，叶节点一般是信息节点。对图 8-1 左图查询情况来说，有一个 b 节点，查询路径是 root/a/b，要求返回一个节点对象即可；对图 8-1 右图查询情况来说，有多个 b 节点，查询路径是 root/a/b，要求返回节点集合对象。若查询封装类为 ElementFind，其代码如下所示。

```java
package c8;
import java.util.List;
import javax.servlet.ServletContext;
import javax.servlet.http.HttpServletRequest;
import org.jdom.Element;
public class ElementFind {
    Element get(HttpServletRequest req,String path){
        ServletContext stx=req.getServletContext();
        Element cur=(Element)stx.getAttribute("root");
        String s[]=path.split("/");
        for(int i=0; i<s.length; i++){
            cur=cur.getChild(s[i]);
        }
        return cur;
    }
    List getList(HttpServletRequest req,String path){
        ServletContext stx=req.getServletContext();
        Element cur=(Element)stx.getAttribute("root");
        String s[]=path.split("/");
        int i=0;
        for(i=0; i<s.length-1; i++){
            cur=cur.getChild(s[i]);
        }
        return cur.getChildren(s[i]);
    }
}
```

get()、getList()方法都有一个字符串形参 path，含义是节点搜索路径(不包括根节点)，父子路径间用"/"相隔，对图 8-1 而言，path="a/b"。根据 path 字符串值按"/"拆分，就能获得层数及每层标签的名称，假设层数为 n。对 get()方法而言，[1,n]层可统一处理，利用循环及 getChild()方法即可获得第 n 层节点 Element 对象 cur；对 getList()方法而言，[1,n－1]层可统一处理，利用循环及 getChild()方法可获得第 n－1 层节点 Element 对象 cur，再利用 cur.getChildren()方法获得第 n 层的节点集合对象。

编制与例 8-2 等同功能的 servlet 类 e8_3 代码如下所示。

```java
package c8;
import java.io.*;
import org.jdom.Element;
import java.util.List;
import javax.servlet.*;
import javax.servlet.http.*;
import javax.servlet.annotation.WebServlet;
@WebServlet("/e8_3")
public class e8_3 extends HttpServlet {
    private static final long serialVersionUID=1L;
    public e8_3() {super();}
    protected void doGet(HttpServletRequest req, HttpServletResponse rep)
    throws ServletException, IOException {
        ElementFind ef=new ElementFind();
        List l=ef.getList(req, "student");
        for(int i=0; i<l.size(); i++){
            //获得并显示所有子元素
            Element e=(Element)l.get(i);
            String id=e.getAttributeValue("id");
            String name=e.getChildText("name");
            String age=e.getChildText("age");
            PrintWriter out=rep.getWriter();
            out.print("id: "+id+"\tname="+name+"\tage="+age+"<br>");
        }
    }
}
```

为了更好地说明问题，测试步骤如下：①重启 Tomcat 服务器，Servlet 类 ShareConfig 则自动运行，无须人为启动；②运行 http://…/e8_3，可看出与例 8-2 相同运行结果。

8.3 反射

8.3.1 简介

Java 反射(Java Reflection)是指在程序运行时获取已知名称的类或已有对象的相关信息的一种机制，包括类的方法、属性、父类等信息，还包括实例的创建和实例类型的判断等。

在常规程序设计中,我们调用类对象及相关方法都是显示调用的。例如:

```
public class A{
void func() { }
public static void main(String []args){
    A obj=new A();
    obj.func();
    }
}
```

那么能否根据类名 A,知道这个类有哪些属性和方法。对于任意一个对象,调用它的任意一个方法。这也即是"反过来映射——反射"的含义。

在 JDK 中,主要由以下类来实现 Java 反射机制,这些类都位于 java.lang.reflect 包中。
- Class 类:代表一个类。
- Constructor 类:代表类的构造方法。
- Field 类:代表类的成员变量(成员变量也称为类的属性)。
- Method 类:代表类的方法。

8.3.2 统一形式调用

运用上述 Class、Constructor、Field、Method 四个类,能实现解析无穷多的系统类和自定义类结构,创建对象及方法执行等功能,而且形式是一致的。

【例 8-4】 统一形式解析类的构造方法、成员变量、成员方法。

```
import java.lang.reflect.*;
public class A {
    int m;
    public A(){}
    public A(int m){ }
    private void func1(){}
    public void func2(){}
    public static void main(String []args) throws Exception{
        //加载并初始化指定的类 A
        Class classInfo=Class.forName("A");    //代表类名是 A
        //获得类的构造函数
        System.out.println("类 A 构造函数如下所示:");
        Constructor cons[]=classInfo.getConstructors();
        for(int i=0; i<cons.length; i++)
            System.out.println(cons[i].toString());
        //获得类的所有变量
        System.out.println();
        System.out.println("类 A 变量如下所示:");
        Field fields[]=classInfo.getDeclaredFields();
        for(int i=0; i<fields.length; i++)
            System.out.println(fields[i].toString());
```

```
    //获得类的所有方法
    System.out.println();
    System.out.println("类A方法如下所示: ");
    Method methods[]=classInfo.getDeclaredMethods();
    for(int i=0; i<methods.length; i++)
      System.out.println(methods[i].toString());
  }
}
```

- A 是自定义类。首先通过静态方法 Class.forName("A")返回包含 A 类结构信息的 Class 对象 classInfo，然后通过 Class 类中的 getConstructors()方法获得 A 类的构造方法信息，通过 getDeclaredFields()方法获得类 A 的成员变量信息，通过 getDeclaredMethods()方法获得类 A 的成员方法信息。获得其他类的结构信息步骤与上述是相似的，因此形式是统一的。
- 上述程序仅是解析了 A 类的结构，并没有产生类 A 的实例。怎样用反射机制产生类 A 的实例呢？请参考如下示例。

【例 8-5】 统一形式调用构造方法示例。

```
import java.lang.reflect.*;
public class A {
    public A(){System.out.println("This is A: ");}
    public A(Integer m){System.out.println("this is "+m);}
    public A(String s, Integer m){System.out.println(s+": "+m);}
    public static void main(String []args) throws Exception{
        Class classInfo=Class.forName("A");
        //第1种方法
        Constructor cons[]=classType.getConstructors();
        //调用无参构造函数
        cons[0].newInstance();
        //调用1个参数构造函数
        cons[1].newInstance(10);
        //调用两个参数构造函数
        cons[2].newInstance("Hello",2010);
        //第2种方法
        System.out.println("\n\n\n");
        //调用无参构造函数
        Constructor c=classInfo.getConstructor();
        c.newInstance();
        //调用1个参数构造方法
        c=classInfo.getConstructor(Integer.class);
        c.newInstance(10);
        //调用两个参数构造方法
        c=classType.getConstructor(String.class, Integer.class);
```

```
        c.newInstance("Hello", 2010);
    }
}
```

- 可以看出：反射机制有两种生成对象实例的方法。一种是通过 Class 类的无参 getConstructors()方法，获得 Constructor 对象数组，其长度等于反射类中实际构造方法的个数。示例中，cons[0]～cons[2]分别对应无参、单参数、双参数 3 个构造方法，分别调用 newInstance()方法，才真正完成 3 个实例的创建过程。一种是通过 Class 类的有参 getConstructor()方法，来获得对应的一个构造方法信息，然后调用 newInstance()方法，完成该实例的创建过程。
- 加深对 Class 类中 getConstructor()方法参数的理解，其原型定义如下所示。

```
public Constructor<T>getConstructor(Class<?>... parameterTypes)
    throws NoSuchMethodException, SecurityException {
```

parameterTypes 表示必须指明构造方法的参数类型，可用 Class 数组或依次输入形式来表示传入参数类型。

如示例中要产生 A(String s, Integer m)构造方法的实例，由于第 1 个参数是字符串，第 2 个参数类型是整形数的包装类。若依次传入参数类型，则如下所示。

```
c=classInfo.getConstructor(String.class, Integer.class);
```

若传入的是数组类型，则如下所示。

```
c=classInfo.getConstructor(new Class[]{String.class, Integer.class});
```

- 加深对 Constructor 类中 newInstance()方法参数的理解，其原型定义如下所示。

```
public T newInstance(Object ... initargs)
    throws InstantiationException, IllegalAccessException,
    IllegalArgumentException, InvocationTargetException
```

initargs 表示必须指明构造方法的参数值（非参数类型），可用 Object 数组或依次输入形式来表示传入参数值。如示例中要产生 A(String s, Integer m)构造方法的实例，由于第 1 个参数是字符串数值，第 2 个参数是整形数值。若依次传入参数类型，则如下所示。

```
c.newInstance("Hello", 2010);
```

若传入的是数组值，则如下所示。

```
c.newInstance(new Object[]{"Hello", 2010});
```

- 通过文中两种创建实例的方法对比，第 2 种方法更好。即先用有参 getConstructor()方法获得构造方法的信息，再用有参 newInstance()方法产生类的实例。

【例 8-6】 统一形式调用成员方法示例。

```java
import java.lang.reflect.*;
public class A {
    public void func1(){System.out.println("This is func1: ");}
    public void func2(Integer m){System.out.println("This is func2: "+m);}
    public void func3(String s, Integer m){System.out.println(s+": "+m);}
    public static void main(String []args) throws Exception{
        Class classInfo=Class.forName("A");
        //调用无参构造函数,生成新的实例对象
        Object obj=classInfo.getConstructor().newInstance();
        //调用无参成员函数 func1
        Method mt1=classInfo.getMethod("func1");
        mt1.invoke(obj);
        //调用 1 个参数成员函数 func2
        Method mt2=classInfo.getMethod("func2", Integer.class);
        mt2.invoke(obj, 10);
        //调用 2 个参数成员函数 func3
        Method mt3=classInfo.getMethod("func3", String.class, Integer.class);
        mt3.invoke(obj, "Hello", 2010);
    }
}
```

方法反射主要是利用 Class 类的 getMethod()方法,得到 Method 对象,然后利用 Method 类中的 invoke()方法完成反射方法的执行。getMethod()及 invoke()方法原型及使用方法与 getConstructor()是类似的,参见上文。

【例 8-7】 一个通用方法。

分析:只要知道类名字符串,方法名字符串,方法参数值,运用反射机制就能执行该方法,程序如下所示。

```java
boolean Process (String className, String funcName, Object [] para) throws Exception{
    //获取类信息对象
    Class classType=Class.forName(className);
    //形成函数参数序列
    Class c[]=new Class[para.length];
    for(int i=0; i<para.length; i++){
        c[i]=para[i].getClass();
    }
    //调用无参构造函数
    Constructor ct=classType.getConstructor();
    Object obj=ct.newInstance();
    //获得函数方法信息
    Method mt=classType.getMethod(funcName, c);
    //执行该方法
    mt.invoke(obj, para);
    return true;
}
```

通过该段程序,可以看出反射机制的突出特点是:可以把类名、方法名作为字符串变量,直接对这两个字符串变量进行规范操作,就能产生类的实例及运行相应的方法,与普通的先 new 实例,再直接调用所需方法有本质的不同。

8.4 应用示例

【例 8-8】 利用反射机制为 form 表单所对应的 Bean 赋值。

本示例主要讨论 form 表单响应页面是 Servlet,在 Servlet 中如何对 Bean 赋值的问题。常规思路是在 Servlet 中获得 form 表单对应项的值,通过 Bean 中 setter 方法完成对成员变量的赋值,若有 n 个 form 表单,对应 n 个 Bean,Bean 中成员变量个数及类型均是不同的,在 n 个响应 Servlet 页面中就要分别为每个 Bean 赋值。那么,有没有办法通过相同的代码为这些 Bean 赋值呢?答案是反射技术,其逻辑框图如图 8-2 所示。

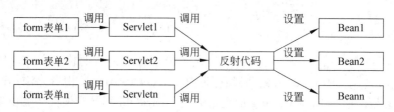

图 8-2 反射技术设置 Bean 逻辑图

"反射代码"是一个关键的 Java 自定义类,其具体代码如下所示。

```java
package c8;
import java.util.*;
import java.lang.reflect.*;
import javax.servlet.http.*;
public class MyReflect {
    public static void setDatas(HttpServletRequest req, Object obj){
        try{
            Class c=obj.getClass();
            Field f[]=c.getDeclaredFields();
            for(int i=0; i<f.length; i++){
                String name=f[i].getName();
                String value=req.getParameter(name);
                if(value==null) continue;
                String funcName="set"+name.substring(0,1).toUpperCase()+
                name.substring(1);
                Class paraC=f[i].getType();
                Object paraObj=paraC.getConstructor(String.class).
                newInstance(value);
                Method mt=c.getMethod(funcName, f[i].getType());
                mt.invoke(obj, paraObj);
            }
```

```
        }catch(Exception e){e.printStackTrace();}
    }
}
```

方法 setDatas(HttpServletRequest req，Objectobj)按表意含义来说即是：利用 req 参数值为对象 obj 设置成员变量值。我们知道 Bean 中成员变量类型是各异的，而 req 对象中利用 getParameter()方法获得的值都是字符串，因此必须实现字符串到实际数据类型的转换，这是实现图 8-2"反射代码"设置 Bean 值的关键。

在 setDatas()代码中，obj 是待反射对象，f[]是 obj 中各成员变量的元对象数组，通过 f[i].getName()、f[i].getType()可获得相应成员变量名称及类型，假设通过 req 获得的相应字符串值为 value，如何将 value 转换成"f[i].getType()"类型数据呢？关键代码如下所示。

```
Class paraC=f[i].getType();
Object paraObj=paraC.getConstructor(String.class).newInstance(value);
```

可知：必须在 paraC 对应的源类中有包含一个字符串参数的构造方法。例如 value="1000"，若将其转变为 Integer 对象，必须保证有 Integer(String s)构造方法；若将其转变为 Float 对象，必须保证有 Float(String s)构造方法。paraObj 即是转换类型后所需的变量，有了它再执行代码中 mt.invoke(obj,paraObj)，就通过 setter 方法正确设置了相应成员变量的值。

为了测试上述代码，编制了一个基础类 Student，两个 servlet 类 e8_6、e8_6_2。e8_6 功能是输入学生信息表单，e8_6_2 是为 Bean 类 Student 对象通过反射技术赋值。

Student.java：bean 类。

```
package c8;
public class Student {
    private String no;              //学号
    private String name;            //姓名
    private Integer c;              //语文成绩
    private Integer m;              //数学成绩
    public String getNo() {return no;}
    public void setNo(String no) {this.no=no; }
    public String getName() {return name;}
    public void setName(String name) {this.name=name; }
    public Integer getC() {return c;}
    public void setC(Integer c) {this.c=c; }
    public Integer getM() {return m;}
    public void setM(Integer m) {this.m=m; }
}
```

e8_6.java：servlet 类，形成 Student 信息输入表单。

```
package c8;
import java.io.*;
```

```java
import javax.servlet.*;
import javax.servlet.http.*;
import javax.servlet.annotation.WebServlet;
@WebServlet("/e8_6")
public class e8_6 extends HttpServlet {
    private static final long serialVersionUID=1L;
    public e8_6() {super();}
    protected void doGet(HttpServletRequest req, HttpServletResponse rep)
    throws ServletException, IOException {
        String s="<form action='e8_6_2'>"+
            "NO: <input type='text' name='no'><br>"+
            "Name: <input type='text' name='name'><br>"+
            "chinese: <input type='text' name='c'><br>"+
            "math: <input type='text' name='m'><br>"+
            "<input type='submit' value='ok' />";
        rep.getWriter().print(s);
    }
}
```

该类要求形成 form 表单中各子标签的 name 值要与 Bean 类 Student 中的变量名一致。

e8_6_2.java：Servlet 类，通过反射技术为 Student 对象赋值。

```java
package c8;
import java.io.*;
import javax.servlet.*;
import javax.servlet.http.*;
import javax.servlet.annotation.WebServlet;
@WebServlet("/e8_6_2")
public class e8_6_2 extends HttpServlet {
    private static final long serialVersionUID=1L;
    public e8_6_2() {super();}
    protected void doGet(HttpServletRequest req, HttpServletResponse rep)
    throws ServletException, IOException {
        Student obj=new Student();
        MyReflect.setDatas(req, obj);                    //通过反射技术设置 Bean 值
        PrintWriter out=rep.getWriter();
        out.print(obj.getNo()+"\t"+obj.getName());  //验证是否获得正确设置值
    }
}
```

读者可编制多个类似 Student、e8_6、e8_6_2 的 Bean 类，form 表单输入页面，Bean 类赋值页面，进一步验证 MyReflect.setDatas(req, obj)是否为 Bean 对象进行了正确的值的设定，从中体会 setDatas()方法功能的强大。

讨论 1：MyReflect 类 setDatas()方法能适应 Bean 类单元素集成员变量的情况，若 Bean 类中成员变量由"多个单元素+多个数组元素"组成，该如何改进 setDatas()方法呢？

主要解决两个关键问题,如下所示。

(1)获取数组元素类型。

假如类中定义了成员变量 Integer a[],利用反射技术可方便获取该成员 Field 元对象 f,f.getType()返回结果为"java.lang.Integer[]",表明该成员是数组类型的,但是并没有返回数组元素类型,如何得到呢? f.getType().getComponentType()就可以了,它返回"java.lang.Integer"。也就是说根据 f.getType().getComponentType(),才能动态创建所需数组。

(2)动态创建数组。

这需要用到 Java.lang.reflect.Array 类,该类提供了创建数组的各种静态方法,如下所示。

- static Object newInstance(Class<?>componentType, int size);创建一个具有指定的组件类型和大小的新数组。componentType 是组件类型,size 代表数组大小。
- static void set(Object array, int index, Object value);将指定数组对象中索引组件的值设置为指定的新值。

改进后的 setDatas()方法(假设新命名为 setDatas_2)具体代码如下所示。

```java
public static void setDatas_2(HttpServletRequest req, Object obj){
    try{
        Class c=obj.getClass();
        Field f[]=c.getDeclaredFields();
        for(int i=0; i<f.length; i++){
            String name=f[i].getName();
            String value[]=req.getParameterValues(name);
            if(value==null) continue;
            String funcName="set"+name.substring(0,1).toUpperCase()+name.substring(1);
            Class paraC=f[i].getType();                          //获取成员变量类型
            if(paraC.isArray()){                                  //是数组元素
                Class elementC=paraC.getComponentType();          //获取数组元素类型
                Object array=Array.newInstance(elementC, value.length);
                                                                  //产生数组
                for(int j=0; j<value.length; j++){
                    Object v=elementC.getConstructor(String.class).newInstance(value[j]);
                    Array.set(array, j, v);                       //填充数组
                }
                Method mt=c.getMethod(funcName, f[i].getType());
                mt.invoke(obj, array);
            }
            else{    //是单元素
                Object paraObj=paraC.getConstructor(String.class).newInstance(value[0]);
                Method mt=c.getMethod(funcName, f[i].getType());
                mt.invoke(obj, paraObj);
            }
        }
    }
}
```

```
        }catch(Exception e){e.printStackTrace();}
    }
```

本示例中获得 URL 各参数值利用了 request 中的 getParameterValues()方法,利用反射技术获得了反射类各成员变量元对象数组 f[]。主方法中有两个分支,由 paraC=f[i].getType()确定。若 paraC.isArray()返回 false,表明成员变量是单元素,则转向该分支进行后续处理(与 setDatas()方法中处理相同);若 paraC.isArray()返回 true,表明成员变量是数组,则转向数组分支处理:获取数组元素类型 elementC,动态产生数组 array,根据相应 URL 参数值填充 array 数组(仍然完成字符串到 elementC 数据类型的转换),最后通过 invoke()启动 setter 方法的运行。

测试可按如下步骤:①修改 Student 类,去掉语文、数学成绩成员变量 c,m 及相应 setter-getter 方法,增加成员变量 int grade[]及相应 setter-getter 方法;②修改 Servlet 类 e8_6,使语文、数学对应的输入<input>标签 name 值都为 grade;③修改 servlet 类 e8_6_2 中 doGet()方法,增加语句"Integer[] iobj=obj.getGrade(); System.out.println(iobj0+"\t"+iobj1)"。上述工作完毕后,运行 e8_6 页面即可。

讨论 2:在讨论 1 条件的基础上,若类中有自定义引用类型变量,形如下面的基础类 Person、Student,该如何利用反射机制为 Student 对象赋值呢?

```
    private String no;
        private String name;
        public String getNo() {return no;}
        public void setNo(String no) {this.no=no;}
        public String getName() {return name;}
        public void setName(String name) {this.name=name;}
    }
    class Student{
        private Person p;
        private Integer c;
        private Integer m;
        public Person getP() {return p;}
        public void setP(Person p) {this.p=p;}
        public Integer getC() {return c;}
        public void setC(Integer c) {this.c=c;}
        public Integer getM() {return m;}
        public void setM(Integer m) {this.m=m;}
    }
```

Student 对象中包含三个成员变量(其中包含自定义类 Person 对象),但是表单中仍要输入四项:学号、姓名、语文成绩、数学成绩,那么如何将学号、姓名项与 Person 项关联呢? 先看 Servlet 类 e8_6,如下所示。

```
    public class e8_6 extends HttpServlet {
        private static final long serialVersionUID=1L;
```

```java
    public e8_6(){super();}
    protected void doGet(HttpServletRequest req, HttpServletResponse rep)
    throws ServletException, IOException {
        String s="<form action='e8_6_2'>"+
        "NO: <input type='text' name='p.no'><br>"+
        "Name: <input type='text' name='p.name'><br>"+
        "chinese: <input type='text' name='c'><br>"+
        "math: <input type='text' name='m'><br>"+
        "<input type='submit' value='ok' />";
        rep.getWriter().print(s);
    }
}
```

可以看出,若为自定义对象各元素订制相应标签,标签 name 值要用"父属性名.子属性名"规则定义,所以学号标签 name=p.no,姓名标签 name=p.name。因此,form 表单响应 URL 形如 http://…/p.no=1&p.name=li&c=70&m=80,遍历 URL 各参数键值,若包含".",则该项属于自定义对象元素输入,否则属于讨论 1 所述情况,见讨论 1 解决方案。

那么,如何解决自定义对象的反射输入呢？还是用实例来说明。例如根据 p.no=1,可知有三个重要的数据 p、no、1。根据 p,运用反射技术可知其原型是 Person 类；根据 no,运用反射技术可知其原型是 String 类；根据 1,运用反射技术调用 setNO()方法可设置 Person 对象相应成员变量 no 值,以此类推,可设置 Person 对象成员变量 name 值。当 Person 所有成员变量都设置后,运用反射技术调用 Student 对象中的 setP()方法为成员变量 Person 对象 p 进行值设置。因此自定义对象成员变量初始化相当于双级级联反射,类 MyReflect 改进后的代码包含连个具体方法 process()及 setDatas_3(),如下所示。

process():处理单元素及数组元素,参数 name 是 URL 参数序列的键值。

```java
public static void process(HttpServletRequest req, String name, Object obj){
    try{
        String funcName="set"+name.substring(0,1).toUpperCase()+name.substring(1);
        String value[]=req.getParameterValues(name);
        Class c=obj.getClass();
        Field f=c.getDeclaredField(name);
        Class paraC=f.getType();
        if(paraC.isArray()){
            Class elementC=paraC.getComponentType();
            Object array=Array.newInstance(elementC, value.length);
            for(int j=0; j<value.length; j++){
                Object v=elementC.getConstructor(String.class).newInstance(value[j]);
                Array.set(array, j, v);
            }
            Method mt=c.getMethod(funcName, f.getType());
            mt.invoke(obj, array);
```

```
            }
            else{
                Object paraObj=paraC.getConstructor(String.class).newInstance
                (value[0]);
                    Method mt=c.getMethod(funcName, f.getType());
                    mt.invoke(obj, paraObj);
                }
            }
            catch(Exception e){e.printStackTrace();}
        }
    }
```

setDatas_3()：主方法，控制流程。

```
    public static void setDatas_3 (HttpServletRequest req, Object obj){
        Class c=obj.getClass();
        Map<String,Vector<Unit>>m=new HashMap();        //自定义类 Map 描述集合
        Enumeration<String>e=req.getParameterNames();
        while(e.hasMoreElements()){                     //遍历 URL 参数键-值对
            String s=e.nextElement();                   //获得键
            String value=req.getParameter(s);           //获得值
            int pos=s.indexOf('.');
            if(pos<0){                                  //单元素或数组元素情况,转 process()方法
                process(req,s,obj);continue;
            }
            //以下处理自定义引用类型元素情况
            String ss[]=s.split("\\.");                 //例如 s="p.no",则 ss[0]="p",ss[1]=no
            String key=ss[0];
            Unit u=new Unit();                          //产生子属性 Unit 单元,如 Person 的各单元
            u.setName(ss[1]); u.setValue(value);
                                                        //ss[1]等同 Person 中 no,value 为 no 的值
            Vector<Unit>vec=m.get(key);
            if(vec==null){
                vec=new Vector();
                m.put(key, vec);                        //向映射中添加新的元素
            }
            vec.add(u);                                 //将一个新单元加入向量中
        }
        try{                                            //重新遍历 map 结构
            Set<String>keys=m.keySet();
            Iterator<String>it=keys.iterator();
            while(it.hasNext()){
                String key=it.next();
                Vector<Unit>v=m.get(key);
                Field f=c.getDeclaredField(key);
                Object objField=f.getType().newInstance();
```

```java
            for(int i=0; i<v.size(); i++){
                Unit u=v.get(i);
                Class cc=objField.getClass();
                Field cField=cc.getDeclaredField(u.getName());
                Class paraC=cField.getType();
                Object paraObj=paraC.getConstructor(String.class).
                newInstance(u.getValue());
                String mid=u.getName();
                String funcName="set"+mid.substring(0,1).toUpperCase()+mid.
                substring(1);
                Method mt=cc.getDeclaredMethod(funcName, paraC);
                mt.invoke(objField, paraObj);
                                    //内反射,如调用Person中各setter方法
            }
            String funcName="set"+key.substring(0,1).toUpperCase()+key.
            substring(1);
            Method mt=c.getMethod(funcName, f.getType());
            mt.invoke(obj, objField);      //外反射,如调用Student中setP()方法
        }
    }catch(Exception ee){ee.printStackTrace();}
}
```

该方法用到了自定义类Unit,其定义如下所示。

```java
class Unit{
    private String name;
    private String value;
    public String getName() {return name;}
    public void setName(String name) {this.name=name;}
    public String getValue() {return value;}
    public void setValue(String value) {this.value=value;}
}
```

以Student、Person为例,Student包含Person对象,Unit对象是对Person各成员变量的描述,name为成员变量的名字,value是该变量的值。由于在Web应用中利用request最初获得的参数值都是字符串,因此将value定义为String类型。例如若URL中包含"p.no=1&p.name=li",则对应两个Unit对象u1(u1.name=no,u1.value=1),u2(u2.name=name,u2.value=li),因此Vector<Unit>包含了对某个具体子对象如Person各成员变量的具体描述,而Map<String,Vector<Unit>>则描述了某类中包含多个自定义子对象,可通过查询获得,每个子对象的成员变量信息由Vector<Unit>来描述。因此处理自定义类对象反射赋值的具体思想是:根据URL形成Map<String,Vector<Unit>>信息,然后再遍历该Map结构,利用反射基本技术实现赋值功能。

到目前为止,已编制了功能类Unit、MyReflect,测试所需类Person、Student、Servlet表单输入类e8_6,只需再编制表单响应类e8_6_2即可,其doGet()方法代码如下所示。

```
protected void doGet(HttpServletRequest req, HttpServletResponse rep) throws
ServletException, IOException {
    Student obj=new Student();
    MyReflect.setDatas_3(req, obj);
    Person p=obj3.getP();
    System.out.println(p.getNo()+"\t"+p.getName());
}
```

【例 8-9】 利用反射机制、配置文件编制 Web 应用框架。

本示例编制的 Web 应用框架适用于图 8-3 所示的情况。

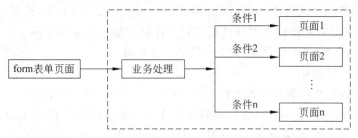

图 8-3　Web 应用框架处理类型图

该图含义是将虚线框中的内容封装成自定义 Web 框架,这种类型的实例还是比较多的。例如:用户登录界面,当在表单中输入用户名、密码,按确定按钮后,转向业务处理页面进行校验,当是合法用户则转向主页面,否则转向登录页面。

自定义 Web 框架包括三部分内容:自定义配置文件、配置文件对象化、自定义 Web 框架具体实现,下面分别加以描述。

(1) 自定义配置文件 myweb.xml

一般来说,对框架程序而言,一定是有元数据,也就是数据字典支撑的。元数据的作用是为框架程序提供必备的各种参数名称或参数值,元数据的重要体现就是配置文件。对本示例而言,只需将图 8-3 虚线框描述的内容利用配置文件 myweb.xml 体现出来可以了,如下所示。

```xml
<?xml version="1.0" encoding="UTF-8"?>
<myweb>
<app name="logincheck.do">
<business>c8.logincheck</business>
<result name="success">main.jsp</result>
<result name="failare">login.jsp</result>
</app>
<app name="XX.do">
<business>XXX</business>
<result name="XXX">page1.jsp</result>
<result name="XXX">page2.jsp</result>
</app>
</myweb>
```

配置文件 myweb.xml 中定义了三个有用的自定义标签，如下所示。
- <app>标签：对应业务响应页面 URL，是由标签的 name 属性值决定的。
- <business>标签：对应业务处理类，由标签体值所决定。
- <result>标签：对应"条件-转向页面"功能，"条件"由 name 属性决定，转向页面由标签体值决定。

相对于父子标签而言，<app>相当于父标签，<business>、<result>相当于子标签。在 myweb.xml 中定义了两个页面处理过程。第一个<app>描述了登录处理过程，响应页面 URL 是 logincheck.do，其业务处理类是 c8.logincheck，负责对输入的用户名、密码加以校验。当校验正确时(返回字符串 success)，转向主页面 main.jsp；当校验失败时(返回字符串 failare)，重新转向登录页面 login.jsp。第二个<app>无具体含义，给出了更一般的页面处理描述过程，仅是为了使读者加深理解配置文件标签描述的重要作用。

本配置文件保存在"工程目录/web-inf"子目录下面。

(2) 配置文件对象化

我们知道，Web 工程都有配置文件 web.xml，它为所有客户可共享，因此 Tomcat 服务器将它封装为 ServletContext，将文件内容保存在内存中。同理我们定义的 myweb.xml 也应将其内容以一定的形式保存在 ServletContext 域中，为各个客户所共享。共涉及两个类：MyApp 及 MyWebContext，具体描述如下所示。

类 MyApp：页面应用描述类。

```java
package c8
import java.util.*;
public class MyApp{
    private String business;
    private Map<String,String>m=new HashMap();
    public String getBusiness() {return business;}
    public void setBusiness(String business) {this.business=business;}
    public Map<String, String>getM() {return m;}
    public void setM(Map<String, String>m) {this.m=m;}
    public void set(String result,String retry){
        m.put(result, retry);
    }
}
```

该类对应配置文件中<app>标签定义的内容，成员变量 business 表示业务处理类，与<business>标签体相对应。由于业务处理类有多个可能的分支，所以用 Map<String, String>类型成员变量 m 来加以描述，Map 映射中键与<result>标签中的 name 属性相对应，值与<result>标签体相对应。

类 MyWebContext：Servlet 类，随 Tomcat 服务器启动而启动。

```java
package c8;
import java.io.*;
import java.util.*;
```

```java
import org.jdom.*;
import org.jdom.input.*;
import javax.servlet.*;
import javax.servlet.http.*;
import javax.servlet.annotation.WebServlet;
@WebServlet(url{"/MyWebContext"},loadOnStartup=1)
public class MyWebContext extends HttpServlet {
    private static final long serialVersionUID=1L;
    public MyWebContext() {super();}
    protected void doGet(HttpServletRequest req, HttpServletResponse rep)
    throws ServletException, IOException {
        Map<String, MyApp>m=new HashMap();
        String path=req.getServletContext().getRealPath("/web-inf/myweb.xml");
        SAXBuilder builder=new SAXBuilder();
        try {
            Document read_doc=builder.build(path);
            Element root=read_doc.getRootElement();
            List l=root.getChildren("app");
            for(int i=0; i<l.size(); i++){
                Element cur=(Element)l.get(i);
                String key=cur.getAttributeValue("name");
                String business=cur.getChildText("business");
                MyApp app=new MyApp();
                app.setBusiness(business);
                List ll=cur.getChildren("result");
                for(int j=0; j<ll.size(); j++){
                    Element ccur=(Element)ll.get(j);
                    String kkey=ccur.getAttributeValue("name");
                    String vvalue=ccur.getValue();
                    app.set(kkey, vvalue);
                }
                m.put(key, app);
            }
            ServletContext stx=req.getServletContext();
            stx.setAttribute("myweb", m);
        }catch(Exception e){e.printStackTrace();}
    }
}
```

由于 myweb.xml 中可能有多个＜app＞标签，所以要将其保存在 Map＜String, MyApp＞集合 m 中，映射中键由＜app＞标签的属性 name 值确定。最后通过"stx.setAttribute('myweb', m)"将 m 保存在 ServletContext 域中，注意其保存的键为 myweb，在其他应用页面中可通过 getAttribute("myweb")获得集合 m，从而获得所需要的值。

(3) 自定义 Web 框架具体实现。

我们知道 Web 应用遵从"请求-响应"模式，URL 请求多种多样，可以 JSP、HTML。由于有了 Servlet 技术，URL 更可能千差万别。本示例所编制的框架规定仅对后缀为".do"的 URL 请求起作用。所以 myweb.xml 中<app>标签属性 name 值均为后缀为".do"的字符串，如"<app name="logincheck.do">"。

从设计思想来说，多个不同的 http://.../XXX.do 请求都走相同的程序框架，则该框架只能由过滤器技术来实现，本示例定义的过滤器类为 MyFrame。

从流程角度来说框架要解决两个主要问题：①统一执行业务处理类；②统一实现"条件-转向"功能。比较而言，统一执行业务处理类更关键，可由接口及反射技术来实现。涉及的接口为 IBusiness。

接口 IBusiness、类 MyFrame 的具体代码如下所示。

```java
//IBusiness: 接口
package c8;
import javax.servlet.http.*;
public interface IBusiness {
    public String execute(HttpServletRequest req, HttpServletResponse rep);
}
```

该接口定义了业务处理方法 execute()，其返回值是 String 类型。

```java
//MyFrame: 框架类(过滤器)
package c8;
import java.io.*;
import java.util.*;
import javax.servlet.*;
import javax.servlet.http.*;
import javax.servlet.annotation.WebFilter;
@WebFilter("*.do")
public class MyFrame implements Filter {
    public MyFrame() {}
    public void destroy() {}
    public void doFilter(ServletRequest req, ServletResponse rep, FilterChain chain) throws IOException, ServletException {
        try{
            HttpServletRequest rq=(HttpServletRequest)req;
            HttpServletResponse rp=(HttpServletResponse)rep;
            ServletContext stx=rq.getServletContext();
            //获得配置文件集合对象 m
            Map<String, MyApp>m=(Map)stx.getAttribute("myweb");
            String s=rq.getServletPath();         //形如 /logincheck.do
            s=s.substring(1);                      //去掉/，获得键形如 logincheck.do
            MyApp obj=m.get(s);                    //根据键，获得 MyApp 对象
```

```
            String business=obj.getBusiness();      //获得业务处理类
            IBusiness bobj=(IBusiness)(Class.forName(business).newInstance());
                                                    //反射产生对象
            String result=bobj.execute(rq, rp);     //统一执行业务处理
            Map<String,String>mm=obj.getM();        //获得"转向"集合
            String address=mm.get(result);          //获得具体转向地址
            rp.sendRedirect(address);               //开始转向
        }
        catch(Exception e){e.printStackTrace();}
    }
    public void init(FilterConfig fConfig) throws ServletException {}
}
```

doFilter()方法涵盖了自定义应用框架的执行流程,是对配置文件信息"动作"的体现。对于开发者来说,只需要开发 form 表单页面、具体的业务处理类(必须实现 IBusiness 接口)、不同的结果转向页面即可。为了测试编制的 MyFrame 框架代码的可行性,仍以登录功能为例,需要编制 login.jsp 登录页面、logincheck 业务校验类、主页面 main.jsp。各部分代码如下所示。

```
//login.jsp: 登录页面
<html><body>
<form action="logincheck.do">
    user: <input type="text" name="user" /><br>
    pwd: <input type="password" name="pwd" /><br>
    <input type="submit" value="ok" />
</form></body>
</html>
```

页面中<form>表单 action 属性要与配置文件 myweb.xml 相应<app>标签中的 name 属性要保持一致。

```
//logincheck.java: 用户校验类
package c8;
import javax.servlet.http.*;
public class logincheck implements IBusiness {
    public String execute(HttpServletRequest req, HttpServletResponse rep) {
        String user=req.getParameter("user");
        String pwd=req.getParameter("pwd");
        if(user.equals("admin")&&pwd.equals("111"))
            return "success";
        else return "failare";
    }
}
```

该类是真实软件开发时最复杂的一个类,可以包含能想到的各种"业务",本示例仅是为

了演示功能,弱化了代码的实际编写,仅当用户名为 admin,密码为 111 时是合法客户,否则是非法客户。各种判断的返回标识串是非常重要的,要与配置文件 myweb.xml 相应 <result> 标签中的 name 属性保持一致。

```
//main.jsp
This is main.jsp
```

该页面内容简单,只是为了验证当登录者是合法用户时,能转向该页面即可。

【例 8-10】 数据库连接池的实现。

JDBC2.0 提供了 javax.sql.DataSource 数据库连接池接口,DataSource 连接池对象可由 Tomcat 服务器自动产生。也就是说在 DataSource 中 Tomcat 可建立多个数据库连接,这些连接保存在连接池中,当访问数据库时,只需从连接池中取出空闲状态的数据库连接,完成相应功能,当程序访问数据库结束,再将数据库连接放回连接池,这样做可以提高访问数据库的效率。试想若 Web 应用每次接收到客户请求,都要运行"建立连接-操作-关闭连接"流程,将会耗去大量的时间和资源,影响数据库的使用效率。

虽然 Tomcat 可自动产生 DataSource 对象,但也是需要完成一定的准备工作。在 Tomcat7.0 中实现数据库连接池功能主要有两点:复制驱动程序,定义配置文件。

(1) 复制驱动程序

本示例采用的是 mysql 数据库,将其驱动程序包复制到"工程目录/web-inf/lib"及"Tomcat 安装目录/lib"目录中。

(2) 定义配置文件

一般来说,该配置文件位于"工程目录 meta-inf"子目录下,且文件名是 context.xml。这是因为该文件是 Tomcat 服务器自动调用的,文件命名必须符合规则。该文件的内容示例如下所示。

```xml
<?xml version="1.0" encoding="UTF-8"?>
<Context>
<Resource
    name="jdbc/mydb"
    auth="Container"
    type="javax.sql.DataSource"
    driverClassName="com.mysql.jdbc.Driver"
    url="jdbc: mysql: //localhost: 3306/manage?characterEncoding=utf-8"
    username="root"
    password="root"
    maxActive="200"
    maxIdle="50"
    maxWait="3000"/>
</Context>
```

各参数表示的含义如下所示。

name:表示指定的 jndi 名称,查询关键字。

auth：表示认证方式，一般为 Container。
type：表示数据源床型，使用标准的 javax.sql.DataSource。
driverClassName：表示驱动程序特征串。
url：表示数据库 URL 地址及默认数据库字符编码。
username：表示数据库用户名。
password：表示数据库用户的密码。
maxActive：表示连接池当中最大的数据库连接。
maxIdle：表示最大的空闲连接数。
maxWait：当池的数据库连接已经被占用的时候，最大等待时间，单位毫秒。

当上述(1)、(2)两个条件满足时，就可以通过数据库连接池操作数据库了。例如操作第 6 章描述的 manage 数据库，向其中的 student 表添加一条记录，其 servlet 类 e8_8 如下所示。

```java
package c8;
import java.io.*;
import java.sql.*;
import javax.sql.*;
import javax.naming.*;
import javax.servlet.*;
import javax.servlet.http.*;
import javax.servlet.annotation.WebServlet;
@WebServlet("/e8_8")
public class e8_8 extends HttpServlet {
    private static final long serialVersionUID=1L;
    public e8_8() {super();}
    protected void doGet(HttpServletRequest req, HttpServletResponse rep)
    throws ServletException, IOException {
        try{
            Context ctx=new InitialContext();
            DataSource ds=(DataSource)ctx.lookup("java:comp/env/jdbc/mydb");
            Connection con=ds.getConnection();
            Statement stm=con.createStatement();
            String strSQL="insert into student values('2000','li',70,80,90)";
            stm.executeUpdate(strSQL);
            stm.close();con.close();
        }
        catch(Exception e){e.printStackTrace();}
    }
}
```

当运行此 Servlet 类之前，数据源连接对象已经存在了，其中的连接池已经有多个连接对象了，如何获得其中的空闲连接呢？首先要创建 Context 上下文对象 ctx，接着通过 ctx.lookup()查询方法（类似 session、application 中的 getAttribute()方法）获得已经存在的

DataSouurce 对象 ds，再通过 ds.getConnection()即可获得 Connection 空闲连接对象 con 了。

  lookup()查询参数是"java.comp/env/jdbc/mydb"由命名空间、标识、键值三部分组成。命名空间是固定的，其值为"java：comp/env"，主要是解决命名冲突问题，标识值为 jdbc 表明对应的是数据库信息，键值为 mydb。Tomcat 将"标识/键值"组合在一起，作为查询关键字，示例中该值为 jdbc/mydb，它与 context.xml 配置文件中 name 属性的值必须一致。

  当数据库操作完毕后，必须进行示例中的 con.close()操作，它不是真正关闭数据库连接对象，而是将连接放回连接池中。如果忘记了 close()关闭操作，那么当连接池所有连接都用光后，当客户再申请连接时无连接对象可用，系统就可能出现各种异常。

  很明显，利用 DataSource 数据库连接池操作数据库是方便的，但为了更高效，我们还要对它进一步封装。其实只要对 6.5.3 节中的 MyDB 类进行改进就可以了，代码如下所示。

```java
package c8;
import java.sql.*;
import javax.naming.*;
import javax.sql.DataSource;
public class MyDB {
    private Connection con;
    public Connection connect(){
        try{
            Context ctx=new InitialContext();
            DataSource ds=(DataSource)ctx.lookup("java: comp/env/jdbc/mydb");
            con=ds.getConnection();
        }catch(Exception ex){}
        return con;
    }
    public int executeUpdate(String strSQL){//同 6.5.3}
    public int executeUpdate(String strSQL, String ...para)
    {//同 6.5.3}
    public boolean isExist(String strSQL){//同 6.5.3}
    public boolean isExist(String strSQL, String ...para)
    {//同 6.5.3}
    public void close(){//同 6.5.3}
}
```

  很明显，只有 connect()方法变化较大，利用连接池技术获得了连接对象，其他方法的代码与 6.5.3 节中相应的代码一致，无任何变化。利用连接池类重写类 e8_8 中 doGet()方法，代码如下所示。

```java
protected void doGet(HttpServletRequest req, HttpServletResponse rep) throws
ServletException, IOException {
    try{
        MyDB db=new MyDB();
```

```
        db.coonnect();
        String strSQL="insert into student values('2000','li',70,80,90)";
        db.executeUpdate(strSQL);
        db.close();
    }
    catch(Exception e){e.printStackTrace();}
}
```

8.5 注解

8.5.1 简介

用一个词就可以描述注解（Annotation），那就是元数据，即一种描述数据的数据，是一种应用于类、方法、参数、变量、构造器及包声明中的特殊修饰符。

为什么要引入注解？使用 Annotation 之前，XML 被广泛地应用于描述元数据。渐渐地一些应用开发人员和架构师发现 XML 的维护越来越糟糕了。他们希望使用一些和代码紧耦合的东西，而不是像 XML 那样和代码是松耦合的（在某些情况下甚至是完全分离的）代码描述，因此出现了注解技术。在此之前，开发人员通常使用他们自己的方式定义紧耦合元数据。如使用标记 interfaces、注释、transient 关键字等等，每个程序员按照自己的方式定义元数据，而 Annotation 统一了紧耦合元数据的定义方式。目前，许多框架将 XML 和 Annotation 两种方式结合使用，平衡两者之间的利弊。

8.5.2 元注解

元注解的作用就是负责注解其他注解。Java5.0 定义了 4 个标准的 meta-annotation 类型，它们被用来提供对其他 Annotation 类型作说明。Java5.0 定义了四个主要的元注解：@Target、@Retention、@Documented、@Inherited，具体说明如下所示。

（1）@Target

@Target 说明了 Annotation 所修饰的对象范围：Annotation 可被用于 packages、types（类、接口、枚举、Annotation 类型）、类型成员（方法、构造方法、成员变量、枚举值）、方法参数和本地变量（如循环变量、catch 参数）。

@Target 取值（ElementType）如下所示。

- CONSTRUCTOR：用于描述构造器。
- FIELD：用于描述域。
- LOCAL_VARIABLE：用于描述局部变量。
- METHOD：用于描述方法。
- PACKAGE：用于描述包。
- PARAMETER：用于描述参数。
- TYPE：用于描述类、接口（包括注解类型）或 enum 声明。

（2）@Retention

@Retention 定义了该 Annotation 的生存期：某些 Annotation 仅出现在源代码中，而被编译器丢弃；而另一些却被编译在 class 文件中，编译在 class 文件中的 Annotation 可能会被虚拟机忽略，而另一些在 class 被装载时将被读取（请注意并不影响 class 的执行，因为 Annotation 与 class 在使用上是被分离的）。

@Retention 取值（RetentionPolicy）如下所示。

- SOURCE：在源文件中有效（即源文件保留）。
- CLASS：在 class 文件中有效（即 class 保留）。
- RUNTIME：在运行时有效（即运行时保留）。

（3）@Documented

@Documented 用于描述其他类型的 annotation 应该被作为被标注的程序成员的公共 API，因此可以被例如 javadoc 此类的工具文档化。Documented 是一个标记注解，没有成员。

（4）@Inherited

@Inherited 元注解是一个标记注解，@Inherited 阐述了某个被标注的类型是被继承的。如果一个使用了@Inherited 修饰的 annotation 类型被用于一个 class，则这个 annotation 将被用于该 class 的子类。

8.5.3 自定义注解

使用@interface 自定义注解时，自动继承了 java.lang.annotation.Annotation 接口，由编译程序自动完成其他细节。在定义注解时，不能继承其他的注解或接口。@interface 用来声明一个注解，其中的每一个方法实际上是声明了一个配置参数。方法的名称就是参数的名称，返回值类型就是参数的类型（返回值类型只能是基本类型、Class、String、enum）。可以通过 default 来声明参数的默认值。注解格式定义如下所示。

```
public @interface 注解名 {定义体}
```

"定义体"中可定义的数据类型有：8 种基本数据类型、String 类型、Class 类型、enum 类型、Annotation 类型、以上所有类型的数组。

"定义体"中只能定义常量和注解方法，也可以将注解看做特殊的接口。

【例 8-11】 自定义注解定义及应用。

定义 Person 注解，如下所示。

```
package c8;
import java.lang.annotation.*;
@Target(ElementType.TYPE)
@Retention(RetentionPolicy.RUNTIME)
public @interface Teacher{
    String name();
    int age();
}
```

定义注解主要包含两部分内容：①元注解的定义。本例中 @Target 取值为 ElementType.TYPE,含义是该注解参数初始化位置应在类前,@Retention 取值为 @RetentionPolicy.RUNTIME,表明注解对象在运行时一直存在。对初学者而言一定要理解元注解的含义；②注解体的定义。主要定义注解方法和常数。

那么如何应用注解呢？设置及获得注解值呢,主要采用的是反射技术。例如测试类 e8_9 代码如下所示。

```
package c8;
import java.lang.reflect.*;
@Teacher(name="zhang",age=12)
public class e8_9 {
    public static void main(String[] args) throws Exception {
        Class c=e8_9.class;
        Person p=(Person)c.getAnnotation(Teacher.class);
        System.out.println(p.name()+": "+p.age());
    }
}
```

为注解赋值的行定义是"@Teacher(name="zhang",age=12)",更一般的新式是"@注解名(key1=value1,key2=value2,…,keyn=valuen)"。

获取注解对象的代码行是"Person p=(Person)c.getAnnotation(Person.class)",更一般的形式是"注解名对象名=(注解名)c.getAnnotation(注解名.class)",有了注解对象就可方便获得所需值了。

为了加深理解元注解的含义,做如下测试。

- 测试1：修改 Teacher 中的@Target 取值为 8.4.2 节中所述其他值,看 e8_9 是否编译通过,若编译通过,运行后看是否得到正确结果。从中体会@Target 各特征值含义及特点。
- 测试2：修改 Teacher 中的@Rentention 取值为 8.4.2 节中所述其他值,看 e8_9 是否编译通过,若编译通过,运行后看是否得到正确结果。从中体会@Rentention 各特征值含义及特点。
- 测试3：在 e8_9 中,注解初始化行及类 e8_9 声明前加代码,如下所示。

```
@Teacher(name="zhang",age=40)
class A{}
public class e8_9 {…}
```

当运行 e8_9 时,会出现空指针异常,这是因为在修改后的代码中@Teacher 是依附于类 A 的,与类 e8_9 无关,而 main()方法中代码行"c.getAnnotation(Teacher.class)"中对象 c 是 e8_9.class,含义是获得依附于类 e8_9 类型为 Teacher.class 的注解对象,若注解 Teacher 不依附于类 e8_9,则必然出现空指针异常了。

8.5.4 示例

【例 8-12】 注解嵌套示例。

类似例 5-16 中过滤器类 e5_16 中@WebFilter 注解在 Web 中是非常常见的,假设需要相仿的自定义注解@MyFilter,如下所示。

```
@MyFilter(
    Prop1="value1",
    Prop2="value2
    initParams={
        @MyInitParam(name="encode", value="gbk"),
        @MyInitParam(name="pagecode", value="utf-8")
    })
```

很明显,@MyFilter 包含两个单元素属性 Prop1、Prop2 及数组属性 initParam[],并且还是注解嵌套。因此可得两个自定义注解@MyFilter、@MyInitParam 的定义及注解解析类 MyFilterBase 代码如下所示。

(1) MyFilter.java

```
package c8;
import java.lang.annotation.*;
@Target(ElementType.TYPE)
@Retention(RetentionPolicy.RUNTIME)
public @interface MyFilter {
    String Prop1();
    String Prop2();
    MyInitParam[] initParams();
}
```

(2) MyInitParam.java

```
package c8;
import java.lang.annotation.*;
@Target(ElementType.PARAMETER)
@Retention(RetentionPolicy.RUNTIME)
public @interface MyInitParam {
    String name();
    String value();
}
```

那么,如何解析@MyFilter 注解呢?可以从系统过滤器代码中得到启发,系统过滤器一般通过 getInitParam() 方法获得参数值。因此得出本示例设计思想:定义类 MyFilterBase,里面有对@MyFilter 注解的各种操作,具体代码如下所示。

```
class MyFilterBase{
    MyFilter obj;
    public MyFilterBase(){
        Class c=this.getClass();
```

```java
        obj=(MyFilter)c.getAnnotation(MyFilter.class);
    }
    String getProp1(){return obj.Prop1();}
    String getProp2(){return obj.Prop1(); }
    String getInitParameter(String name){
        MyInitParam[] m=obj.initParams();
        for(int i=0; i<m.length; i++){
            String mid=m[i].name();
            System.out.println("mid==="+mid);
            if(mid.equals(name))
                return ""+m[i].value();
        }
        return null;
    }
}
```

该类主要声明了注解 MyFilter 对象 obj,构造方法中利用反射技术获得了具体的 obj 对象。getProp1()、getProp2()方法返回注解的 prop1、prop2 属性值,getInitParameter()通过查询 MyInitParam[]数组,返回查询名称为 name 对应的属性值。

在应用中若应用类需要@MyFilter 注解,则让该类从 MyFilterBase 派生即可,例如 MyApp 类,其中 show()方法需要显示注解中 prop1 属性值及数组中 encode 对应的属性值,则具体代码如下所示。

```java
package c8;
@MyFilter(
    Prop1="value1",
    Prop2="value2",
    initParams={
        @MyInitParam(name="encode", value="gbk"),
        @MyInitParam(name="pagecode", value="utf-8")
    })
classMyApp extends MyFilterBase{
    public App(){
    }
    void show(){
        String prop1=getProp1();                        //调用基类解析方法
        String value=getInitParameter("encode");        //调用基类解析方法
        System.out.println(prop1+"\t"+value);
    }
}
```

【例 8-13】 数据校验注解。

数据校验是 Web 应用中的重要功能,如何利用注解实现呢? 为了说明方便,先看一个具体描述类 A,代码如下所示。

```
package c8;
public class A {
    @Validation
    @Length(minLength=3,maxLength=10)
    String ID;
    String name;
    public void setID(String iD) {ID=iD;}
    public void setName(String name) {this.name=name;}
}
```

由于类中不一定是所有成员都校验,因此通过@Validate标签来确定,ID前由@Validation修饰,所以此项是需要校验的,目前仅有@Length长度校验,要求ID长度大于3而小于10。name成员无@Validation修饰,表明无须校验。

有了上述的感性认识,就可以编制自定义元注解@Validation、@Length及注解解释类Validate了,代码如下所示。

(1) Validation.java:标记注解,无须注解体即可。

```
package c8;
import java.lang.annotation.*;
@Target(ElementType.FIELD)
@Retention(RetentionPolicy.RUNTIME)
public @interface Validation {}
```

(2) Length.java:校验约束注解。

```
package c8;
import java.lang.annotation.*;
@Target(ElementType.FIELD)
@Retention(RetentionPolicy.RUNTIME)
public @interface Length {
int minLength();
int maxLength();
}
```

(3) Validate.java:注解校验类。

```
package c8;
import java.lang.reflect.*;
import java.lang.annotation.*;
import java.util.*;
public class Validate {
    public static<T>boolean validate(T t) throws Exception {
        Class c=t.getClass();
        Field f[]=c.getDeclaredFields();
        for(int i=0; i<f.length; i++){
```

```
            Annotation anArr[]=f[i].getAnnotations();
            if(anArr==null || anArr.length==0)
                continue;
            Object value=f[0].get(t);
            for(int j=1; j<anArr.length;j++){
                Class cc=anArr[j].annotationType();
                if(cc==Length.class){
                return validateLength(value.toString(),(Length)anArr[j]);
                }
            }
        }
        return true;
    }
    public static boolean validateLength(String str,Length length){
        int maxLength=length.maxLength();
        int minLength=length.minLength();
        System.out.println(minLength+"\t"+maxLength);
        if(str.length()<minLength){return false;}
        if(str.length()>maxLength){return false;}
        return true;
    }
}
```

方法 validate() 包含了数据校验的流程,其描述如下所示。

(1) 获得对象 t 所属类成员变量 Field 集合 f[]。
(2) 循环遍历 f[i]。
(3) 获得 f[i]的注解对象集合 anArr[]。
(4) 若 anArr 为空或其元素个数为 0,表明是非校验字段,循环变量 i 增 1,转到(2)。
(5) anArr[0]对应@ Validation 标签,anArr[1]对应@ Length 标签,获得该字段值 value。
(6) 循环遍历 anArr[j],j 从 1 开始。
(7) 若 anArr[j]是@ Length 长度校验,则准 validateLength()方法。
(8) 若 anArr[j]是其他校验,则准相应的其他方法。
(9) 结束 j 循环。
(10) 结束 i 循环。

对本示例中提到的 A 类对象的简单测试类如下所示。

```
package c8;
public class e8_11 {
    public static void main(String[] args) throws Exception {
        A obj=new A();
        obj.setID("10"); obj.setName("li");
        System.out.println(Validate.validate(obj));
    }
}
```

习题

1. 利用 properties 解析配置文件的基本步骤是什么？
2. 反射技术的特点是什么？
3. 注解与配置文件的关系是什么？
4. 某配置文件 config.txt 为一个"键-值"配对文本文件，利用 properties 解析并显示所有"键-值"信息。
5. 利用反射技术显示 java.util.Vector 类中定义的所有成员变量及成员方法。
6. 例 8-8 利用系统 DataSource 类实现了数据库连接池，请运用所学知识，实现自定义数据库连接池功能。
7. 编制身份证自定义校验注解的功能类，并加以测试。

第 9 章 JavaScript技术

9.1 简介

JavaScript 是一种脚本语言，可嵌入在 Web 页面中（如 HTML、JSP、Servlet 等），与其他编程语言不同，不需要编译和链接，可直接解释执行。

JavaScript 从名称上来说与 Java 非常相似，其实它们毫无关系。在 Web 应用中，Java 代码运行在服务器端，而 JavaScript 代码则运行在客户浏览器端，主要处理用户输入、实现交互等功能，主要包括：①数据校验功能，例如在客户端进行数据非空、日期、身份证等校验，若未通过校验，则直接通知用户修改，无须将校验信息通过 Web 传送到服务器端进行校验；②动态生成 URL，例如对登录、注册功能来说，"登录"及"注册"两个按钮一般都在同一个<form>表单中，该<form>表单只能设置一个 action（响应页面）属性。但是我们需要"登录"按钮响应 login.jsp，"注册"按钮响应 register.jsp，利用 JavaScript 技术可方便做到这一点；③动态更新局部页面，可通过 DOM 对象操作 HTML 页中的各个节点内容，动态修改 HTML 文档的内容等。

【例 9-1】 体会 Java 与 JavaScript 的不同。

编制 e9_1.jsp，包含最简单的 Java、JavaScript 代码，如下所示。

```
<%
    for(int i=0; i<2; i++){
        out.print("java: hello<br>");
    }
%>
<script type="text/javascript">
    for(var i=0; i<2; i++){
        document.write("javascript: Hello<br>");
    }
</script>
```

<%%>间的是 Java 代码，<script>间的是 JavaScript 代码，运行该页面后，界面如图 9-1 所示。

虽然在界面上都显示出了"hello"字符串，但它们显示机制是不同的，如何加以理解呢？运行浏览器菜单项"查看源"命令，可得如下所示文本内容。

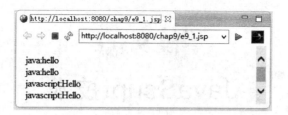

图 9-1　e9-1.jsp 页面执行效果图

```
java: hello<br>java: hello<br>
<script type="text/javascript">
    for(var i=0; i<2; i++){
        document.write("javascript: Hello<br>");
    }
</script>
```

该表内容是从服务器端传过来的,与 e9_1.jsp 对比可得：①Java 代码没有传送到客户端,是在服务器端运行的,只是将结果以某种形式传回到客户端；②JavaScript 代码由服务器端传到客户端,因此 JavaScript 代码一般不在服务器端运行,是在客户端运行的。

从示例中看出,JavaScript 代码可写在＜script＞脚本之内。

虽然 JavaScript 与 Java 是不同的,但在语法形式上有许多相似的地方,因此以下各小结中主要讲述 JavaScript 与 Java 在语法上不同的内容部分。

9.2　变量与数据类型

9.2.1　变量

1. 变量定义

在 JavaScript 中,使用 var 来定义任何类型的变量,每一个变量只是用于保存数据的占位符。而在 Java 中不同类型的变量是用不同的前缀来修饰的,如 int、String 等。

var temp；//这句代码定义了一个变量,但其类型是未知的,可以存放任何类型的值,没有初始化的时候,test 中存储是 undefined。

var temp＝2；//这句代码定义了一个变量,并直接初始化为数值型。

var temp＝"javascript"；//这句代码定义了一个变量,并直接初始化为 String 型,单引号和双引号都可以,只要成对出现就行。

2. 变量的作用域

JavaScript 变量的作用域有全局和局部之分。全局作用域的变量在整个程序范围都有效,局部作用域的变量仅在方法体内有效。例如以下代码：

```
<script type="text/javascript">
    var a=10;
    function func(){
        var a=20;                    //定义局部变量a
        document.write("a="+a);      //显示局部变量"a=20"
    }
    function func2(){
        document.write("a="+a);      //显示全局变量"a=10"
    }
    func(); func2();
</script>
```

9.2.2 数据类型

常用基本数据类型有 Number、String、Boolean、null、undefined，引用数据类型有 Object、Array、Date、RegExp、Function 等，本节主要讲述 5 种基本数据类型。

1．Number

JavaScript 中用于表示数字的类型称为 Number 数字型，不像其他编程语言那样区分整形、浮点型。数值型用双精度浮点值来表示数字数据。例如以下代码：

```
var v=10;                     //通过十进制整形数直接赋值
var v2=0x10;                  //通过十六进制整形数直接赋值
var v3=010;                   //通过八进制整形数直接赋值
var v4=new Number(10);        //通过 Number 建立 v4
var v5=new Number("10");      //通过 Number 将字符串"10"转换为整形数,并赋值给 v5
```

在数值型数字中有两个系统已定义的重要的数值：Infinity 及 NAN。具体解释如下所示：①当数值大于或小于某个界限时，该值会被自动转换为特殊值——Infinity。Infinity 也包括正负两种，检测一个数值是否为 Infinity 可以通过 isFinite()函数。当该函数返回 true，表明数值在界限内，反之表明数值在界限外。②NaN，即非数值（Not a Number）。这个特殊值的存在是为了避免在某些需要返回数值时因为运算问题未返回数值报错。比如一个数除以 0，在其他编程语言中会抛出错误，而在 JavaScript 中会返回 NaN。检测一个值是否为 NaN 可以用 isNaN()函数。

例如下述程序可粗略检测 Infinity 值的正负界限。

```
<script type="text/javascript">
    var v=1;
    while(isFinite(v)){              //计算正界限过程
        v *=10;
        document.write(v+"<br>");
    }
    document.write("<br><br>");
```

```
    var v=-1;
    while(isFinite(v)){          //计算负界限过程
        v *=10;
        document.write(v+"<br>");
    }
</script>
```

2．String

JavaScript 中 String 代表字符串类型，它的绝大多数方法与 Java 中 String 类中的方法语法形式与用法是相近的，下面通过具体事例加以说明。

(1) 字符串左右两侧去空格。

```
<script type="text/javascript">
    var s="   abcde   ";         //定义一个字符串
    var start,end;
    start=0;
    //从左往右遍历字符串,找第 1 个非空格字符位置 start
    while(s.charAt(start)==" ") start++;
    end=s.length -1;
    //从右往左遍历字符串,找第 1 个非空格字符位置 end
    while(s.charAt(end)==" ") end--;
    //截取[start,end]间,即为所求去空格字符串
    var result=s.substring(start, end+1);
    document.write("result====="+result);
</script>
```

字符串左右去空格算法见代码注释。对属性及方法需要注意以下几点。

- 在 JavaScript 中获得某字符串 s 的长度是用属性获得的，即 s.length，而在 Java 中是用 length()方法获得的，即 s.length()。
- JavaScript 和 Java 的字符串类中均有 charAt()方法。JavaScript 中该方法返回的是长度为 1 的字符串，不能参与数值计算。而 Java 中该方法返回的是字符，可以参与数值运算。
- 利用"=="比较两个字符串是否相等，在 JavaScript 中只要两个字符串值相等则这两个字符串相等，在 Java 中必须两个字符串物理相等则这两个字符串才能相等。
- 截取字符串某区间[start,end)子字符串功能，在 JavaScript 中与 Java 中都是利用 substring()方法实现的，形式完全一致。

(2) 字符串数字相互间转换。

```
<script type="text/javascript">
    //字符串转化为数字
    var s="123";
    var s2="123.45";
```

```
    var n=parseInt(s);         //方法1：通过全局函数parseInt()实现
    var n2=new Number(s);      //方法2：通过Number构造方法对字符串封装
    var f=parseFloat(s2);
    var f2=new Number(s2);
    //将数字转化为字符
    var n3=123;
    var s3=""+n3;              //方法1：通过前缀""获得
    var s4=n3.toString();      //方法2：通过toString()方法获得
</script>
```

在 JavaScript 中 parseInt()、parseFloat()从形式上来说是全局方法，不属于任何类，在 Java 中 parseInt()属于 Integer 类，parseFloat 属于 Float 类。

（3）判断某字符串是否是整数串。

```
<script type="text/javascript">
    var s="12345678901234567890123456789";
    var mark=true;
    for(var i=0; i<s.length; i++){
        var unit=s.charAt(i);
        if(unit<"0" || unit>"9"){
            mark=false;
            break;
        }
    }
    if(mark==true)
        document.write("The string is a number");
    else
        document.write("The string is not a number");
</script>
```

读者仍要注意 charAt()方法返回值是字符串，字符串间比较利用"≥、>、=、<、≤" 5 个运算符即可。

（4）字符串拆分

JavaScript 中字符串拆分常用 split()方法，该方法适用形如"□X□X□"的字符串，其中"X"代表拆分字符串，按"X"拆分后可得各个"□"的具体内容。也就是说要求拆分字符串"X"夹在内容字符串"□"之间。若"X"在字符串左右边界或多个"X"相连，则拆分后结果进一步处理后才能得到正确的结果，希望读者注意。以下是简单字符串拆分示例。

```
<script type="text/javascript">
    var s="aaa@163.com";        //待拆分字符串
    var u=s.split("@");         //先按@拆分，u[0]=aaa, u[1]=163.com
    document.write("u[0]="+u[0]+"\tu[1]="+u[1]+"<br>");
    var v=u[1].split(".");      //按.继续拆分 u[1]
    for(var i=0; i<v.length; i++){
```

```
            document.write("v["+i+"]="+v[i]+"<br>");
    }       //可得 v[0]=163, v[1]=com
</script>
```

JavaScript 字符串类还有许多方法与 Java 中的对应方法是一致的，如查询 indexOf()、lastIndexOf()方法，大小写转换方法 toLowerCase()、toUpperCase()，希望读者灵活加以掌握。

3．Boolean 类型

Boolean 俗称布尔，仅包括两个值：true 和 false。有一个 Boolean()转型函数，它可以对任意类型的值使用，作用就是将其他类型值转换为布尔型，转换规则主要如下。

String 型：非空字符串-true，空字符串("")-false
Number 型：任何非 0 数-true，0 与 NaN-false
Object 型：任何对象-true，null-false
Undefined 型：false

简单示例如下所示。

```
<script type="text/javascript">
    var b=true;                          //直接设置布尔值
    var b=new Boolean("");               //由于空串,b=false
    document.write(b+"<br>");
    b=new Boolean(" ");                  //由于非空串,b=false
    document.write(b+"<br>");
    b=new Boolean(0);                    //数字 0 转换为 false
    document.write(b+"<br>");
    b=new Boolean(parseInt("abc"));      //由于 parseInt("abc")返回 NAN
    document.write(b+"<br>");            //所以 b=false
</script>
```

4．Undefined 类型

Undefined 类型只有一个特殊值即 undefiend。所有未初始化的变量均会保存该值。例如示例代码如下所示。

```
<script type="text/javascript">
    var a;
    document.write("a="+a+"<br>");       //由于 a 无初始化,则 a="undefined"
    var b=a+"10";
    document.write("b="+b+"<br>");       //易得 b=undefined10
    var c=a+10;
    document.write("c="+c);//c=NAN
</script>
```

着重理解为什么 c=NAN。这是因为 a 没有定义,则 c=a+10 转换为 c="undefined"+10,由于"undefined"转换为数字后结果必是 NAN,相当于 c=NAN+10,当然结果是 NAN 了。

5. Null 类型

Null 类型同样也只包含一个值即 null,从逻辑上看它被当作空对象指针,正是由于这个特性,如果你定义某个变量时不确定当前赋何值,但未来需要赋某个 Object 类型值时,正确的方式就是将该变量初始化为 null。

9.3 表达式与运算符

对表达式与运算符来说,JavaScript 与 Java 有许多相同的地方,本节仅讲述相对来说有差异或特殊的知识点内容。

9.3.1 取模运算符

取模运算符符号为"%"。在 Java 中仅能整数取余,在 JavaScript 中只要是数值型数据即可,示例代码如下所示。

```
<script type="text/javascript">
    var a=100;
    var b=a%7;                  //可对整数取余
    document.write("b="+b);     //b=1
    var c=a%1.5;                //可对小数取余
    document.write("c="+c);     //c=1
    var d=a%2.2;                //可对小数取余
    document.write("d="+d);     //结果是小数 d=0.999999999999992
</script>
```

9.3.2 相等、不等、等同、不等同运算符

相等运算符(==)、不等运算符(!=)是对应的,属于非严格判断,两个比较操作数类型可相同,也可不同,运行时,将两端的操作数转换为同一种类型的数据后再做比较,因此不同类型的数据可能是相等的。

等同运算符(===)、不等同运算符(!==)是对应的,属于严格判断,直接比较两个操作数的类型和数值,因此不同类型的数据不可能是等同的。

以下示例演示了相等运算符、等同运算符的区别。

```
<script type="text/javascript">
    var a=10;
    var b="10";
    if(a==b)        //相等比较,将 b 字符串"10"转换为数字 10 后再比较,结果是相等
        document.write("a,b 相等");
```

```
    else
        document.write("a,b 不等");
    if(a===b)        //等同比较,直接比较操作数 10 与"10",所以结果是不等同
        document.write("a,b 等同");
    else
        document.write("a,b 不等同");
</script>
```

9.3.3 类型检测运算符

通过使用 typeof 运算符可获得数据的类型名,类型名共有 6 种:Number、String、Boolean、Object、Function、undefined。示例代码如下所示。

```
<script type="text/javascript">
    var s="Hello";              //这是字符串
    var result=typeof(s);       //所以 result=string
    document.write(result+"<br>");
    var t;                      //t 没有定义
    result=typeof(t);           //所以 result=undefined
    document.write(result+"<br>");
    var u=null;                 //null 属于对象
    result=typeof(u);           //所以 result=object
    document.write(result+"<br>");
</script>
```

9.4 函数

函数的主要功能是将代码组织为可复用的单位,可以完成特定的任务并返回结果数据。

9.4.1 函数普通定义方式

普通定义方式使用关键字 function,语法格式如下所示。

```
function 函数名(参数 1,参数 2,…,参数 n){
    代码;
    return 结果
}
```

参数说明:
function:必选项,定义函数用的关键字。
函数名:必选项,合法的 JavaScript 标识符。
参数:可选项,外部数据可通过形参传到函数内部。
代码:可选项,当为空时函数没有任何动作。

return:可选项,遇到此指令函数执行结束并返回。

【例 9-2】 编制两个整型数相加的方法,页面为 e9_2.html。

```
<script type="text/javascript">
    function add(v,v2){
        return v+v2;
    }
    var r=add(1,2);            //两个整数相加 r=3
    var r2=add("1",2);         //字符串与整数相加,向字符串看齐 r2="12"
    document.write("r="+r+"\tr2="+r2);
</script>
```

可以看出,JavaScript 函数参数只写名称,无类型约束,函数有无返回值取决于代码块中有无"return 表达式"语句。而在 Java 中一定是形如 int add(int v,int v2),可直接看出是两个整数相加,函数有返回值且是整型数。

虽然无法直接从 JavaScript 函数参数中直接看出其参数类型,但对编程人来说一定要知道各参数都是何类型,这一点尤为重要。例如本示例中我们要处理两种情况:①两个整型数相加;②一个参数是数字字符串类型,一个参数是数字类型。对于①而言,add()方法是满足的;对于②而言不满足,所以代码中"1"+2="12"是错误的,必须将字符串转化为整型数,再与另一个操作数相加。改进后的 add()犯法代码如下所示。

```
function add(v,v2){
    return Numbar(v)+Number(v2);
}
```

该方法仅保证了两个数值型数据相加,进一步思考,若按题目要求必须保证两个整型数相加,则必须对 v、v2 进行整型数校验,改进后的全部代码如下所示。

```
<script type="text/javascript">
    function isInt(v){
        var s=v.toString();            //这行很关键,将 v 转化为字符串对象
        for(var i=0; i<s.length; i++){
            if(s.charAt(i)<"0" || s.charAt(i)>"9")
                return false;
        }
        return true;
    }
    function add(v,v2){
        if(!isInt(v) || !isInt(v2)){    //两个操作数若有一个非整形数
            var e=new Error();           //则产生异常
            e.message="有非法整形数!";   //设置异常消息
            throw e;                     //抛出异常
        }
```

```
        return Number(v)+Number(v2);
    }
    //以下是测试代码,若有异常则转入 catch 块
    try{
        var r=add(1,2); document.write("r="+r+"<br>");
        var r2=add("1.5",2); document.write("r2="+r2+"<br>");
    }
    catch(e){alert(e.message);}
</script>
```

isInt()是整数校验函数。在 add()方法中,通过调用 isInt()函数验证 v、v2 是不是整数。若都是整数,则返回两整数相加结果;若有一个不是整数,则产生自定义异常,设置异常消息,抛出异常即可。

9.4.2 函数变量定义方式

函数变量定义方式是指定义变量的方式定义函数,JavaScript 中所有函数都属于 Function 对象。可以使用 Function 对象的构造函数来创建一个函数,语法如下。

var 变量名=**new** Function(参数 1,参数 2,…,参数 n,函数体)

参数说明:

变量名:必选项,代表函数名。

参数:可选项,作为函数参数的字符串,当函数没有参数时忽略此项。

函数体:可选项,一个字符串。相当于函数体内的程序语句序列,各语句使用分号隔开。当忽略此项时函数不执行任何动作。

例如:以下是求两个数最大值的代码。

```
<script type="text/javascript">
    var max=new Function("a","b","return a>b?a: b");
    var value=max(5,10);
    document.write("value="+value);
</script>
```

很明显,a、b 是函数的两个参数,注意一定是字符串形式"a"、"b",这一点与 9.4.1 节中函数普通定义方式是不一样的。

当函数体很简洁的时候,采用函数变量定义方式是比较轻便的,若函数体很复杂,包含大量的代码,则不建议采用函数的变量定义方式。

9.4.3 回调函数调用方式

回调就是一个函数调用过程。例如:函数 a 有一个参数,这个参数是函数 b,当函数 a 执行结束后,又执行函数 b。函数 b 是以参数形式传给函数 a 的,那么函数 b 就叫回调函

数。也许读者有疑问了,一定要以参数形式传过去吗?不可以直接在函数 a 里面调用函数 b 吗?确实可以。如果你直接在函数 a 里调用的话,那么这个回调函数就被限制死了。但是使用函数做参数就有下面的好处:当你 a(b)的时候,b 是回调函数;当你 a(c)这个时候,c 是回调函数。也就是说,回调函数作为源函数的参数,是一个变量,从形式上来说更灵活。一个示例代码如下所示。

```
<script type="text/javascript">
   function c(){document.write("this is c!<br>");}
   function b(){document.write("this is b!<br>");}
   function a(callback){
       document.write("this is a!<br>");
       callback()
   }
   a(b);     //b 是回调函数,先执行 a,再执行 b
   a(c);     //c 是回调函数,先执行 a,再执行 c
</script>
```

9.5 数组

JavaScript 中的数组与 Java 中的数组有很大的不同。主要有以下几点:①Java 中若应用数组,必须先用 new 为其分配空间,空间分配后,其数组下标范围就确定了,超出此范围操作该数组就会出现异常,而 JavaScript 可支持变长数组;②Java 数组操作常用的重要属性是 length,而 JavaScript 数组中除了 length 属性外,还有增、删、改等更多有效的函数。

9.5.1 数组 length 属性

length 属性表示数组的长度,即其中元素的个数。因为数组的索引总是由 0 开始,所以一个数组的上下限分别是:0 和 length－1。和其他大多数语言不同的是,JavaScript 数组的 length 属性是可变的,这一点需要特别注意。当 length 属性被设置得更大时,整个数组的状态事实上不会发生变化,仅仅是 length 属性变大;当 length 属性被设置得比原来小时,则原先数组中索引大于或等于 length 的元素的值全部被丢失。下面是演示改变 length 属性的例子。

```
<script type="text/javascript">
   var arr=[12,23,5,3,25,98,76,54,56,76];
   //定义了一个包含 10 个数字的数组
   document.write(arr.length+"<br>");        //显示数组的长度 10
   arr.length=12;                            //增大数组的长度
   document.write(arr.length+"<br>");        //显示数组的长度已经变为 12
   document.write(arr[8]+"<br>");            //显示第 9 个元素的值,为 56
   arr.length=5;          //将数组的长度减少到 5,索引等于或超过 5 的元素被丢弃
```

```
document.write(arr[8]+"<br>");           //显示第 9 个元素已经变为"undefined"
arr.length=10;                            //将数组长度恢复为 10
document.write(arr[8]+"<br>");
            //虽然长度被恢复为 10,但第 9 个元素却无法收回,显示"undefined"
</script>
```

由上面的代码我们可以清楚地看到 length 属性的性质。但 length 对象不仅可以显式的设置,它也有可能被隐式修改。JavaScript 中可以使用一个未声明过的变量,同样,也可以使用一个未定义的数组元素(指索引超过或等于 length 的元素),这时,length 属性的值将被设置为所使用元素索引的值加 1。例如下面的代码:

```
var arr=[12,23,5,3,25,98,76,54,56,76];
document.write(arr.length+"<br>");
arr[15]=34;
document.write(arr.length+"<br>");
```

代码中同样是先定义了一个包含 10 个数字的数组,通过 write 语句可以看出其长度为 10。随后使用了索引为 15 的元素,将其赋值为 15,即 arr[15]=34,这时再用 alert 语句输出数组的长度,得到的是 16。对于习惯于强类型编程的开发人员来说,这是一个很令人惊讶的特性。事实上,使用 new Array()形式创建的数组,其初始长度就是为 0,正是对其中未定义元素的操作,才使数组的长度发生变化。

由上面的介绍可以看到,length 属性是如此的神奇,利用它可以方便地增加或者减少数组的容量。因此对 length 属性的深入了解,有助于在开发过程中灵活运用。

9.5.2 数组常用操作

1. 数组的创建

```
var arrayObj=[1,2,3,4,5];                //注意是[],不是{}
var arrayObj=new Array();                //创建一个数组,初始长度 0
var arrayObj=new Array([size]);          //创建一个数组并指定长度,注意不是上限,是长度
var arrayObj=new Array([element0[, element1[, ...[, elementN]]]]);
                                         //创建一个数组并赋值
```

要说明的是,虽然第二种方法创建数组指定了长度,但实际上所有情况下数组都是变长的,也就是说即使指定了长度为 5,仍然可以将元素存储在规定长度以外的,注意:这时长度会随之改变。

2. 数组的元素的访问

```
var testGetArrValue=arrayObj[1];         //获取数组的元素值
arrayObj[1]="这是新值";                   //给数组元素赋予新的值
```

3. 数组元素的添加

```
arrayObj.push([item1 [item2 [... [itemN ]]]]);
//将一个或多个新元素添加到数组结尾,并返回数组新长度
arrayObj.unshift([item1 [item2 [... [itemN ]]]]);
//将一个或多个新元素添加到数组开始,数组中的元素自动后移,返回数组新长度
arrayObj.splice(insertPos,0,[item1[, item2[, ... [,itemN]]]]);
//将一个或多个新元素插入到数组的指定位置,插入位置的元素自动后移,返回""
```

4. 数组元素的删除

```
arrayObj.pop();          //移除最后一个元素并返回该元素值
arrayObj.shift();        //移除最前一个元素并返回该元素值,数组中元素自动前移
arrayObj.splice(deletePos,deleteCount);
//删除从指定位置 deletePos 开始的指定数量 deleteCount 的元素,数组形式返回所移除的
  元素
```

5. 数组的截取和合并

```
arrayObj.slice(start, [end]);
//以数组的形式返回数组的一部分,注意不包括 end 对应的元素,如果省略 end 将复制 start
  之后的所有元素
arrayObj.concat([item1[, item2[, ... [,itemN]]]]);
//将多个数组(也可以是字符串,或者是数组和字符串的混合)连接为一个数组,返回连接好的新
  的数组
```

6. 数组的复制

```
arrayObj.slice(0);       //返回复制的数组,注意是一个新的数组,不是指向
arrayObj.concat();       //返回复制的数组,注意是一个新的数组,不是指向
```

7. 数组元素的排序

```
arrayObj.reverse();          //反转元素(最前的排到最后、最后的排到最前),返回数组地址
arrayObj.sort(Function f);//对数组元素排序,返回数组地址,f 是比较函数,可选项
```

8. 数组元素的字符串化

```
arrayObj.join(separator);
//返回字符串,这个字符串将数组的每一个元素值连接在一起,中间用 separator 隔开
```

【例 9-3】 编制方法 randSort(var n),产生 n 个 0~100 之间的整数,排序后按升序结

果输出。

```
<script type="text/javascript">
    function randSort(n){
        var objArray=new Array();
        for(var i=0; i<n; i++){
            var value=Math.random() * 100;     //vaue 在[0,1],所以乘以 100
            value=Math.round(value);           //四舍五入取整函数
            objArray.push(value);              //保存入数组
        }
        objArray.sort();                       //排序
        document.write(objArray+"<br>");       //输出
    }
    randSort(10);                              //产生 10 个随机数[0,100],升序输出
</script>
```

数据是随机产生的,多次运行该程序后,我们发现有些结果不是升序的,如某次运行后可能产生如下结果:"18,23,25,3,31,47,67,80,82,87",3 是最小的数,却排在第 4 位。因此我们得出 sort()无参函数是按字典序排序的。即所有整数都转化成字符串后再排序,出现上述结果也就不奇怪了。

那么,如何得到正确结果呢? 要应用 sort(Function f)有参函数,f 是自定义比较规则二元函数,有两个参数,返回结果有三种情况:大于 0,等于 0,小于 0。修改后的代码如下所示。

```
<script type="text/javascript">
    function cmp(one,two){         //定义二元比较器函数
        return one-two;//>0,则 one>two;=0,则 one=two;<0,则 one<two
    }
    function randSort(n,cmp){
        var objArray=new Array();
        for(var i=0; i<n; i++){
            var value=Math.random() * 100;
            value=Math.round(value);
            objArray.push(value);
        }
        objArray.sort(cmp);        //sort 函数按自定义比较器 cmp 规则排序
        document.write(objArray);
    }
    randSort(10,cmp);
</script>
```

从该示例中,我们还应掌握 JavaScript 中数学函数用法,与 Java 是相似的,都是 Math.函数名(参数列表)形式,绝大部分函数的用法是一致的。仅有取整等少数方法稍显不同,与本例 round()相似的方法如下所示。

- Math.round(x); 返回最接近 x 的整数值。
- Math.floor(x); 返回最接近 x 并且比 x 小的整数值。
- Math.ceil(x); 返回最接近 x 并且比 x 大的整数值。

【例 9-4】 编制生成二维 M×N 矩阵函数 matrix，数组元素是[0,100]间随机整数。并编制矩阵显示函数 show。示例代码 e9_4.html 如下所示。

```
<script type="text/javascript">
    function matrix(row,col){              //生成矩阵函数
        var ma=new Array();                //ma 是矩阵数组
        for(var i=0; i<row;i++){
            var rowObj=new Array();        //一行数据数组
            for(var j=0;j<col;j++){        //产生一行数据
                var value=Math.random() * 100;
                value=Math.round(value);
                rowObj.push(value);
            }
            ma.push(rowObj);               //将产生的一行数据加入 ma 中
        }                                  //则 ma 成为二维数组
        return ma;
    }
    function show(ma){                     //遍历矩阵函数
        var row=ma.length;                 //获得矩阵行数
        for(var i=0; i<row; i++){
            var rowObj=ma[i];              //获得每一行数据对象,是一个一维数组
            for(var j=0; j<rowObj.length; j++){   //输出该一维数组
                document.write(rowObj[j]+"\t");
            }
            document.write("<br>");
        }
    }
    var ma=matrix(5,3);
    show(ma);
</script>
```

9.6 面向对象技术

9.6.1 类定义

类定义主要包括构造函数、成员变量、成员函数的定义。严格来说，JavaScript 不属于面向对象编程的语言，连 Java 语言最基本的封装权限（public、protected、private）都没有，但是它的指针引用非常灵活，也可以理解成 JavaScript 能做到仿类设计，虽然有些关键字与 Java 一致，但含义有很大的不同。JavaScript 关于类的定义形式多种多样，本书仅讲述一种常用类定义方式，即组合构造函数及原型模式：构造函数用于定义实例对象的属性，而原型

模式用于定义共享属性和方法。每个实例都会有自己的一份实例属性的副本,但同时又共享着对方方法的引用,最大限度地节约内存。

例如一个学生类代码定义如下所示。

```javascript
<script type="text/javascript">
    function Student(no,name) {         //相当于构造函数
    this.no=no;                         //相当于学号成员变量
    this.name=name;                     //相当于姓名成员变量
        this.grade=0;
    }
    Student.prototype.university="辽宁师范大学";        //共享成员变量
    Student.prototype.setGrade=function(grade){         //成员函数定义
        this.grade=grade;
    }
    //测试代码
    var s=new Student("1001","zhang");          //定义一个学生对象
    s.setGrade(80);                             //设置其成绩
    var t=new Student("1002","zhang2");         //定义第二个学生对象
    t.setGrade(60);                             //设置其成绩
    document.write(s.university+"\t"+s.no+"\t"+s.name+"\t"+s.grade+
    "<br>");
    document.write(t.university+"\t"+t.no+"\t"+t.name+"\t"+t.grade+
    "<br>");
</script>
```

普通函数 Student()即是学生类构造函数。

在构造函数内利用 this.XXX 定义成员变量,this 是关键字。本例定义了学号 no、姓名 name、成绩 grade 三个成员变量,其中学号、姓名是通过传参确定的,每个学生的初始成绩是 0。

利用原型 prototype(关键字)定义了共享属性 university 及方法 setGrade()。

该段示例对应的内存分配如图 9-2 所示。

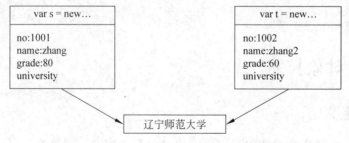

图 9-2　JavaScript 类对象成员变量内存分配示例图

可以看出,每个学生有四个成员变量:前三个是实例成员,占有不同的空间,university 是共享变量,占有共享空间。因此一般来说,编制 JavaScript 类,要分析哪些是实例或共享变量,以便利用"this.XXX"或"类名.prototype.变量名"来定义。

9.6.2 深入理解 this

this 是 JavaScript 的一个关键字,它与 Java 中的 this 有相同也有不同。相同之处在于都是表示当前对象,最大的不同在于 JavaScript 中 this 的值会发生变化,会通过函数设定,哪些函数呢? call()及 apply(),具体描述如下所示。

- call(thisArg,arg1,arg2,…,argn); //arg1,arg2,argn 是参数列表
- apply(thisArg,argArray); //argArray 是参数数组列表

这两个函数功能都是修改当前 this 为 thisArg 对象,函数参数都是可选的。如何应用呢?请看如下代码。

```
<script type="text/javascript">
    var no="1000";
    function Student(no){this.no=no;}
    function Teacher(no){this.no=no;}
    function show(){
        document.write("no="+this.no+"<br>");
    }
    //测试代码
    var s=new Student("2000");          //建立学生对象
    var t=new Student("3000");          //建立教师对象
    show();                             //屏幕显示:no=1000
    show.call(s);                       //屏幕显示:no=2000
    show.call(t);                       //屏幕显示:no=3000
</script>
```

可以看出,代码 show()及 show.call(s)都调用了函数"function show(){…}",一个结果是"no=1000",一个结果是"no=2000",什么原因呢?

当运行 show()时,this 指向全局对象,this.no 即是全局的 no,当然结果是"no=1000"了;当运行 show.call(s)时,这行代码实现过程可描述如下:通过 call 方法将 this 值设置为 s 对象,再运行 show()方法,由于 s 是已经建立的学生对象(学号为 2000),当然结果是"no=2000"了;同理可分析出代码 show.call(t)的结果是"n=3000"。

由于 call()、apply()函数可动态改变 this 对象的指向,因此有时在编制很巧妙地程序中可能用到。

【例 9-5】 利用面向对象思想编制堆栈类。

堆栈是一种重要的数据结构,主要有进栈(push)、出栈(pop)、获得栈顶(top)、堆栈大小(size)、空(empty)检测等常用操作,在 JavaScript 中是利用数组完成的,代码如下所示。

```
<script type="text/javascript">
    function Stack(){                        //堆栈类构造方法
        this.objAry=new Array();             //定义数组成员变量 objAry
    }
    Stack.prototype.push=function(e){        //入栈函数
```

```
        this.objAry.push(e);
    }
    Stack.prototype.top=function(){         //获得栈顶元素函数
        var len=this.objAry.length;
        if(len>0) return this.objAry[len-1];
        return null;
    }
    Stack.prototype.pop=function(){         //出栈函数
        if(!this.empty()){
            this.objAry.pop();
        }
    }
    Stack.prototype.size=function(){        //获得堆栈大小函数
        return this.objAry.length;
    }
    Stack.prototype.empty=function(){       //堆栈空判断函数
        return this.objAry.length==0;
    }
```

以下是测试代码：

```
var obj=new Stack();
    obj.push(1);obj.push(2);obj.push(3);    //入栈是1,2,3
    while(!obj.empty()){
        var value=obj.top();                //出栈是3,2,1
        document.write("value=="+value+"<br>");
        obj.pop();
    }
</script>
```

【例 9-6】 利用面向对象思想编制 Map 映射类。

Map 是常用的"键-值"映射数据结构，Java 语言中 Map 有两个重要的函数：put(key, value)存入映射，get(key)根据键获得值；与此相仿，本例主要利用 JavaScript 实现了这两个函数，代码如下所示。

```
<script type="text/javascript">
    function Unit(key,value){               //封装 key-value 为 Unit 对象
        this.key=key;
        this.value=value;
    }
    function Map(){
        this.objAry=new Array();            //定义映射数组成员变量
    }
    Map.prototype.put=function(key,value){  //将 key-value 存入映射
        var u=new Unit(key,value);          //将 key-value 封装为 Unit 对象
```

```
        var pos=this.size();
        for(var i=0; i<this.size(); i++){        //查询有无重复键值
            var mid=this.objAry[i];               //获得每个具体 Unit 对象
            if(mid.key==key){                     //表明数组中已有该键值
                pos=i; break;
            }
        }
        if(pos<this.size())
            this.objAry[i]=u;                     //用新 Unit 对象进行替换
        else
            this.objAry.push(u);                  //将新 Unit 对象加入数组尾
    }
    Map.prototype.get=function(key){              //根据键 key 获得值 value
        for(var i=0; i<this.size(); i++){
            var mid=this.objAry[i];
            if(mid.key==key){
                return mid.value;
            }
        }
        return null;
    }
    Map.prototype.size=function(){
        return this.objAry.length;
    }
```

以下是测试代码：

```
var obj=new Map();
    obj.put("1001","li1");obj.put("1002","li2");obj.put("1003","li3");
    var v=obj.get("1002");
    document.write(v);          //屏幕应显示：li2
</script>
```

Map 类中定义了成员变量 this.objAry，它是 Unit 对象的数组集合。形成 Map 的核心思想是：首先将键 key、值 value 封装成 Unit(key,value) 对象；然后遍历 objAry 数组，查询是否有键值是 key 的 Unit 对象。若有，记住其数组索引位置 pos，在该位置处替换原 Unit 对象。若没有，则在数组尾利用 push() 函数增加新的 Unit 对象。

9.7 Web 消息事件

就像 Java 图形用户界面中处理各种消息响应一样，Web 页面中也要处理一些消息事件，其常用的消息事件定义如表 9-1 所示。

表 9-1 Web 页面常用的事件

分　　类	事件名称	描　　述
鼠标事件	onclick	鼠标单击事件
	ondblclick	鼠标双击事件
	onmousedown	鼠标键按下事件
	onmouseup	鼠标键释放事件
	onmouseover	鼠标移至某对象上
	onmouseout	鼠标移离某对象
键盘事件	onkeydown	按下键盘事件
	onkeyup	释放键盘事件
	onkeypress	按下并释放键盘事件
加载与卸载事件	onload	载入某网页事件
	onunload	卸载某网页事件
焦点事件	onfocus	对象获得焦点
	onblur	对象失去焦点

表中事件名称栏内容"onclick、ondblclick…"是事件名称,而非事件响应函数名称,这一点读者要且记。在 Java 图形用户界面中,事件必须被注册,然后才能被响应,JavaScript 中也是如此,一段简单代码示例如下所示。

```
<script type="text/javascript">
    function myload(){alert("load");}
    function myunload(){alert("unload");}
    function myclick(){alert("click");}
</script>
<html>
<body onload="myload()" onunload="myunload()">
<input type="button" value="click"onclick="myclick()"/>
</body>
</html>
```

可以看出,在 JavaScript 中注册消息是比较简单的,结构是:事件名称="关联的函数",将该结构已属性形式添加到所属标签中即可。

读者运行该页面后,可看出 myload()、myunload()、myclick()函数是怎样执行 Web 事件响应的,但我们还不能在函数中编制稍复杂的代码,这是因为还需要掌握 DOM 知识,见 9.8 节论述。

9.8　DOM 应用

DOM(Document object model,文档对象模型)是为了方便处理层次型文档(如 XML、HTML)的一种标准技术。DOM 还提供了一套 API,使开发人员可以用面向对象的方式来处理这些文档。本节主要介绍处理 HTML 文档的 HTML DOM。事实上，当 Web 网页加载成功后，DOM 的各种对象就已经存在了，因此我们在客户端只需要利用 DOM 完成所需要的工作即可。

9.8.1 标签对象获得及属性操作

HTML 各标签对象获得通常通过下述三个函数。

- getElementById(id)：根据 HTML 标签的 id 属性值得到该标签对象。在 HTML 文档中，id 属性值是唯一的，即没有两个相同 HTML 标签的 id 属性值是相同的。
- getElementsByName(name)：由于在 HTML 中 name 属性相同的标签可能有多个，因此根据 name 属性值可获得一个标签对象数组。
- getElementsByTagName(name)：由于在 HTML 中相同的标签可能有多个，因此根据标签名称可获得一个标签对象数组。

当获得标签对象后，就可以进行相应操作了。再来熟悉一下标签的结构，如下所示。

<标签名 参数属性 1=值 1 … 参数属性 n=值 n>内容属性</标签名>

也就是说标签是由"参数属性集＋内容属性"组成，因此标签的常用操作包括四种：获取参数属性值、修改参数属性值、获取内容属性值、修改内容属性值。假设已获得该标签对象为 obj，则上述四种操作实现描述如下所示。

- 获取参数属性值：var value=obj.属性名；
- 修改参数属性值：obj.属性名=待修改值；
- 获取内容属性值：var content=obj.innerHTML；(innerHTML 是固定用法)
- 修改内容属性值：obj.innerHTML=待修改值；

【例 9-7】 实现两个数加法功能。页面中定义两个数字输入编辑框，一个按钮，一个结果编辑框，当按按钮后，将两数相加结果保存在结果编辑框中。

```
<html>
<head>
<script type="text/javascript">
    function calc(){
        var txtObj=document.getElementById("num1");      //根据 ID 获得编辑框对象
        var txtObj2=document.getElementById("num2");     //根据 ID 获得编辑框对象
        var n=parseInt(txtObj.value);        //读编辑框数据并转换为整形数
        var n2=parseInt(txtObj2.value);      //读编辑框数据并转换为整形数
        var resultObj=document.getElementById("result"); //获得结果编辑框对象
        resultObj.value=""+(n+n2);           //将结果写入结果编辑框中
    }
</script>
</head>
<body>
num1:<input type="text" id="num1" />+
num2:<input type="text" id="num2" />
```

```
<input type="button" value="calc" onclick="calc()"/>
result: <input type="text" disabled="true" id="result"/>
</body>
</html>
```

从程序中可知：对标签对象而言，value 是重要的操作属性，今后的编程中会经常遇到。

【例 9-8】 编制类似 QQ 聊天的界面。界面中：一个＜div＞层用于显示历史记录，一个＜input＞编辑框用于输入信息，一个"发送"按钮，当按此按钮时，将编辑框中的信息发送到＜div＞层中，同时清空＜input＞编辑框的内容。

```
<html>
<head>
<script type="text/javascript">
    function send(){
        var hisobj=document.getElementById("history");    //获取 div 对象
        var inobj=document.getElementById("input");       //获取 input 对象
        var srchtml=hisobj.innerHTML;                     //得到原历史记录
        srchtml+="<p>"+inobj.value+"</p>";                //添加新历史记录
        hisobj.innerHTML=srchtml;                         //重新设置 div 区内容
        inobj.value="";                                   //清空输入编辑框
    }
</script>
</head>
<body>
    历史记录：<br>
    <div id="history" style="width: 200px;height=200px;border: solid 1px black"></div>
    输入：<br>
    <input type="text" size="20" id="input"/>
    <input type="button" value="发送" onclick="send()"/>
</body>
</html>
```

本题核心思路是：＜div＞层内容由原历史内容加新提交内容组成的，主要是由 innerHTML 属性实现的。令＜div＞层对象为 hisobj，输入＜input＞标签对象为 inobj，当提交时，hisobj.innerHTML 是原历史记录内容，inobj.value 是新提交内容，因此通过 hisobj.innerHTML＝hisobj.innerHTML＋inobj.value 就实现了题目所需功能。

9.8.2 动态创建和遍历标签

DOM 接口对节点的操作不仅仅可以访问，还可以动态添加、删除、更新子节点。相关主要函数如下所示。

- createElement(tagName)；创建标签元素函数，属于 document 对象中的方法，tagName 是待创建标签的名字。例如若创建一个＜input＞元素，则为 document.

createElement("input")。
- parent.appendChild(child);parent 是父标签对象,child 是子标签对象,该函数含义是将 child 子标签对象添加到父标签 parent 对象的尾部。
- newnode.insertBefore(fixednode);newnode 是待添加的元素对象,fixednode 是已知的某节点对象,该函数含义是将 newnode 添加到 fixednode 的前面。
- parent.removeChild(child);parent 是父标签对象,child 是子标签对象,该函数含义是将 child 子标签对象从父标签中删除。

Dom 接口还能获得当前节点子节点及父节点信息(用于遍历),相关属性操作如下所示。
- curnode.childNodes;curnode 代表当前节点对象,childNodes 属性是子节点对象数组集合。
- curnode.parentElement;curnode 代表当前节点对象,parentElement 属性是子节点的父节点对象。

【例 9-9】 级联输入示例。

我们经常遇到这样的情况,有两级下拉列表框,第 1 个列表框用于选择省份,第 2 个用于选择城市,例如当第 1 级选择辽宁省时,第二级下拉菜单有沈阳、大连等可选;当第 1 级选择黑龙江省时,第二级下拉菜单有哈尔滨、齐齐哈尔等可选。也就是说第 2 级下拉列表框中的可选内容随第 1 级选择的内容变化而变化,这种功能易于用 JavaScript 来实现,具体代码如下所示。

```
<html>
<head>
<script type="text/javascript">
    var city=[["哈尔滨","齐齐哈尔"],["长春","吉林"],["沈阳","大连"]];
    function setcity(){
        var provobj=document.getElementById("prov");
        var cityobj=document.getElementById("city");
        //删除城市选择 select 标签所有子标签
        for(var i=cityobj.childNodes.length-1; i>=0; i--){
            var child=cityobj.childNodes[i];
            cityobj.removeChild(child);
        }
        //根据选择的省值确定待添加的城市数组
        var prov=provobj.value;
        var pos=0;
        if(prov==""){
            cityobj.disabled=true;
            return;
        }
        if(prov=="黑龙江") pos=0;
        elseif(prov=="吉林") pos=1;
        else pos=2;
```

```
            var sel=city[pos];
        //动态添加 option 子标签
        for(var i=0; i<sel.length; i++){
            var child=document.createElement("option");     //创建 option 标签
            child.value=sel[i];            //设置 value 属性值
            child.innerHTML=sel[i];        //设置 innerHTML 属性值
            cityobj.appendChild(child);    //将 option 作为子标签添加到 select 中
        }
        cityobj.disabled=false;
    }
</script>
</head>
<body>
省份：<select id="prov" onchange="setcity()">
        <option value=""></option>
        <option value="黑龙江">黑龙江</option>
        <option value="吉林">吉林</option>
        <option value="辽宁">辽宁</option>
    </select>
市：<select id="city" disabled></select>
</body>
</html>
```

从源文件 html 语句可知：ID 为 prov 选择省的 select 标签是完备的，ID 为 city 选择市的 select 标签是不完备的，缺少相应的 option 子标签，因此本示例主要是实现动态添加 option 子标签功能。核心思路包括以下几点：①用数组定义每个省都有哪些城市，如示例中数组变量 city；②删除 city select 标签的所有子标签，这是因为当选择省份改变的时候，市的数据也随之发生变化，若不删除原有子标签数据，一味地添加，就会使 option 子标签累加，最终的结果是所有省的市值都添加进去了，当然是不对的；③根据所选省份，确定待操作的市数据数组，之后完成动态添加。

由于仅当选择省份改变的时候，才触发动态添加子标签操作，因此对 prov select 标签增加了 onchange 消息处理函数 setcity()，而对 city select 标签不用添加消息处理。

从本示例，我们也可得出动态创建某 HTML 标签元素的一般思路，如下所示。

```
var 标签对象=document.createElement("标签名称");
标签对象.属性 1=值 1;
⋮
标签对象.属性 n=值 n;
父标签对象.appendChild(标签对象);
```

【例 9-10】 表格操作。

<table>是常用的 html 表格标签，假设是标准二维表格，第 1 行是表头（由 th 确定），第 2 行以后是数据（由 td 确定）。当表格填充完毕后，有时需要获得如下信息：获得表格行

列大小(不包含表头);获得某行、某列具体数据;表格列排序。在具体讲解各功能之前,我们先了解一下 table 标签。其格式如下所示。

```
<table>
    <tr>
        <th>表头名 1</th>…<th>表头名 n</th>
    </tr>
    <tr>
        <td>数据 1-1</td>…<td>数据 1-n</td>
    </tr>
        ⋮
    <tr>
        <td>数据 m-1</td>…<td>数据 m-n</td>
    </tr>
</table>
```

由于对表格操作一定会涉及父、子标签的遍历操作,因此对表格标签层次必须清楚。但是实际情况是:浏览器在运行<table>标签时,在<table>标签下又增加了一层<tbody>标签,<table>标签简要说明如表 9-2 所示。

表 9-2 实际<table>标签层次及说明

第1层	第2层	第3层	第4层	表意描述
<table>				table 是父标签,table.childNodes 是 tbody 对象
	<tbody>			tbody 是父标签,tbody.childNodes 是 tr 对象
		<tr>		tr 是父标签,tr.childNodes 是 th 或 td 对象
			<th>或<td>	

有了表 9-2 作为基础,我们现在依次完成所提出的各项功能。
(1) 获得表格行列大小信息

```
function getTableSize(id){                      //id 是<table>标签的 ID 值
    var para=new Array(2);                      //para 数组用于保存行列大小数据
    var table=document.getElementById(id);      //获得 table 对象
    var para=getTablePara(table);
    return para;
}
function getTablePara(tab){                     //tab 代表<table>标签对象
    var para=new Array(2);                      //para 数组用于保存行列大小数据
    var tbody=tab.childNodes[0];                //获得 tbody 对象
    var tr=tbody.childNodes;                    //获得 tr 对象
    var th=  tr[0].childNodes;                  //获得 th 对象
```

```
    var para=new Array(2);
    para[0]=tr.length;              //保存行大小
    para[1]=th.length;              //保存列大小
    return para;
}
```

对行大小而言,有多少个 tr 对象,就有多少行;对列而言,表头有多少个 th 对象,就有多少列。

因为从本质上来说只要知道<table>标签对象,就能确定表格的行列值,所以定义了 getTablePara()函数。获取<table>对象的方法可能有很多种,本示例 getTableSize()函数是根据 ID 值获取<table>对象,并进而获取表格行列值的。读者可在实际情况中编织不同的函数,但最后归根结底是要调用 getTablePara()函数的。

（2）获得某行某列数据

```
function getValue(id,row,col){
    var table=document.getElementById(id);
    var value=getCellValue(table,row,col);
    return value;
}
function getCellValue(tab,row,col){
    var tbody=tab.childNodes[0];
    var tr=tbody.childNodes[row+1];
    var td=tr.childNodes;
    return td[col].innerHTML;
}
```

ID 是表格字符串标识,row、col 是所求单元格的行列号,均以 0 基开始,由于表头占用一行,所以求的(row,col)单元格数据,其实是秋(row+1,col)单元格的数据。本功能核心思想首先获得第 row+1 行的 tr 对象,根据该对象就能获得其子标签 td 对象数组,则 td[col].innerHTML 即为所求。

（3）表格按列排序

例如,当鼠标击打第 n 列表头时,则表数据按第 n 列数据升序排列,为了简化分析,设表中所有数据都是字符串类型,此功能稍难,因此列出了全部功能及测试代码,如下所示。

```
<html>
<head>
<script type="text/javascript">
    var pos=0;                              //全局变量,标识按几列排序
    function getTablePara(tab){             //代码与上文同}
    function getCellValue(tab,row,col){     //代码与上文同}
    //设置单元格值：tab 表格 row 行、col 列值为 value
    function setCellValue(tab,row,col,value){
```

```
    var tbody=tab.childNodes[0];
    var tr=tbody.childNodes[row+1];
    var td=tr.childNodes;
    td[col].innerHTML=value;
}
//排序比较函数：u,u2均是一维数组,分别代表表格中不同行数据
function mycmp(u,u2){                //按字符串字典序比较
    var v=0;
    if(u[pos]>u2[pos]) v=1;
    else if(u[pos]==u2[pos]) v=0;
    else v=-1;
    return v;
}
//表格排序函数：th是选择排序的表头<th>对象
function tablesort(th){
    pos=0;
    var tr=th.parentElement;         //父标签是tr
    var tbody=tr.parentElement;      //tr父标签是tbody
    var table=tbody.parentElement;   //tbody父标签是table
    var para=getTablePara(table);
    //确定按表头第几列排序
    for(var i=0; i<tr.childNodes.length; i++){
        if(tr.childNodes[i]==th){
            pos=i;
            break;
        }
    }
    //读表格数据到二维数组dataAry
    var dataAry=new Array();
    for(var i=0; i<para[0]-1; i++){
        var unit=new Array();
        for(var j=0; j<para[1]; j++){
            var value=getCellValue(table,i,j);
            unit.push(value);
        }
        dataAry.push(unit);
    }
    //排序
    dataAry.sort(mycmp);
    //重新更新排序表格
    for(var i=0; i<para[0]-1; i++){
        var unit=dataAry[i];
        for(var j=0; j<para[1]; j++){
```

```
                setCellValue(table,i,j,unit[j]);
            }
            dataAry.push(unit);
        }
    }
</script>
</head>
<body>
<table id="tab" border="1">
    <tr>
        <th onclick="tablesort(this)">no</th>
        <th onclick="tablesort(this)">name</th>
        <th onclick="tablesort(this)">age</th>
    </tr>
    <tr>
        <td>1000</td><td>zhang</td><td>20</td>
    </tr>
    <tr>
        <td>1001</td><td>li</td><td>18</td>
    </tr>
    <tr>
        <td>1002</td><td>jin</td><td>23</td>
    </tr>
</table>
</body>
</html>
```

由于要响应<table>表头击打事件,因此要对表头的每个<th>标签添加"onclick=tablesort(this)",this 表示当前鼠标击打的<th>对象,作为参数传入到函数中。

tablesort(th)函数包含了排序全过程:确定按表头第几列排序,将表格数据读入二维表,排序二维表,更新表格数据。

- 确定按表头第几列排序:算法是根据 th 对象,利用 parentElement 属性获得父标签 tr 对象,再利用 childNodes 属性遍历其所有子对象,若某个子对象与 th 相等,则循环变量值即为列排序索引,将其赋值给全局变量 pos。
- 将表格数据读入二维表:定义数组 dataAry,利用循环将表格中每行数据读入到一维 unit 数组,再将每个 unit 数组添加到 dataAry 中。这样,dataAry 就成为了二维数组。
- 排序二维表:本质就是将 dataAry 中包含的每个 unit 数组进行行交换,行交换规则在自定义比较函数 mycmp 中确定。
- 更新二维表:将排好序的 dataAry 数据重新填充到<table>中即可。

9.8.3 操作 CSS

CSS 是 Cascading Style Sheets(层叠样式表)的缩写。它的作用是定义网页的外观(例如字体、颜色、边界等等），它可以和 JavaScript 等浏览器端脚本语言配合做出许多动态的效果。常用定义 CSS 的方式有三种，如下所示。

- 直接在标签的 style 属性中设置，例如：

```
<p style="background-color: red;font-size: 19pt">
    中华人民共和国
</p>
```

该段代码定义了段落标签＜p＞格式，背景色是红色 red，字体大小是 19pt。

- 引用 id 属性，即将 style 中定义的属性定义在外部，外部名字与标签 id 值关联。例如：

```
<style>
    # myp{
        background-color: red;
        font-size: 19pt;
    }
</style>
<p id="myp">
    中华人民共和国
</p>
```

＜p＞标签的 id 值是 myp，它所对应的外部样式表的名称是♯myp，注意要在 id 的字符串名称前加前缀"♯"，且外部样式表内容要定义在＜style＞标签中。

- 引用 class 属性，即将 style 中定义的属性定义在外部，外部名字与标签 class 值关联。例如：

```
<style>
    .myp{
        background-color: red;
        font-size: 19pt;
    }
</style>
<p class="myp">
    中华人民共和国
</p>
```

＜p＞标签的 class 值是 myp，它所对应的外部样式表的名称是.myp，注意要在 class 的字符串名称前加前缀"."，且外部样式表内容要定义在＜style＞标签中。

那么 id 和 class 值对应的样式表有什么区别呢？由于 id 值在 HTML 标签中是唯一的，就意味着凡是"♯"开头的样式表仅与一个标签对象对应；而 class 值可在 HTML 多个标签中设置，也就意味着凡是"."开头的样式表可能应用于多个标签对象。

常用的 CSS 属性很多，本节仅列举了一小部分，如表 9-3 所示。

表 9-3 常用 CSS 列表

分类	参数及示例
文字属性	color：#999999；/*文字颜色*/
	font-family：宋体,sans-serif；/*文字字体*/
	font-size：9pt；/*文字大小*/
	font-style：italic；/*文字斜体*/
	text-align：right；/*文字右对齐*/
	text-align：left；/*文字左对齐*/
	text-align：center；/*文字居中对齐*/
	vertical-align：top；/*垂直向上对齐*/
	vertical-align：top；/*垂直向上对齐*/
	vertical-align：bottom；/*垂直向下对齐*/
	vertical-align：middle；/*垂直居中对齐*/
背景样式	background-color：#F5E2EC；/*背景颜色*/
	background-image：url(/image/bg.gif)；/*背景图片*/
	background-repeat：repeat；/*重复排列-网页默认*/
	background-repeat：no-repeat；/*不重复排列*/
设定大小	width：100px；/*要带单位,px表示像素*/
	width：90%；/*或用百分比也可*/
	height：100px；/*要带单位*/
	height：90%；/*或用百分比也可*/
显示	visibility：inherit；/*继承父对象可见性*/
	visibility：visible；/*对象可见*/
	visibility：hidden；/*对象隐藏*/

下面通过示例加深对 JavaScript 操作 CSS 的理解。

【例 9-11】 表格选中行高亮操作。

即当鼠标移动到表格某数据行时,该行突出显示。实现该功能的示例代码如下所示。

```
<html>
<head>
<style>
    .seltr{                              //选中 CSS 样式表
        background-color: blue;          //定义背景色
        color: white;                    //定义文字颜色
    }
    .deftr{                              //默认 CSS 样式表
```

```
            background-color: white;
            color: black;
        }
</style>
<script type="text/javascript">
    var lastRow=-1;                         //全局变量,上一次选中行
    var curRow=-1;                          //全局变量,当前选中行
    function setCss(tr,name){               //为 tr 行对象设置名为 name 式样单
        var tdobj=tr.childNodes;
        for(var i=0; i<tdobj.length; i++){
            tdobj[i].className=name;        //设置所有 td 式样单
        }
    }
    function selRow(e){
        var td=e.target || e.srcElement;
        if(td.tagName !="TD")               //若非数据区,则返回
            return;
        var tr=td.parentElement;
        var tbody=tr.parentElement;
        //确定当前选中第几行,保存在全局变量 curRow 中
        for(var i=0; i<tbody.childNodes.length; i++){
            if(tbody.childNodes[i]==tr){
                curRow=i; break;
            }
        }
        var lasttr=null;
        if(lastRow>=0){                     //恢复上一次选中行为默认 CSS
            lasttr=tbody.childNodes[lastRow];
            setCss(lasttr, "deftr");
        }
        setCss(tr,"seltr");                 //设置当前选中行样式单名称为"seltr"
        lastRow=curRow;
    }
</script>
</head>
<body>
    <table border="1" cellpadding="0" cellspacing="0"
        onmouseover="selRow(event)">
        <tr>
            <th>no</th><th>name</th>
        </tr>
        <trclass="deftr">
            <td>1000</td><td>zhang</td>
        </tr>
```

```
        <tr class="deftr">
            <td>1001</td><td>zhang2</td>
        </tr>
    </table>
</body>
</html>
```

鼠标移动消息是 onmouseover，在哪里完成注册呢？是为每个＜td＞标签添加 onmouseover 属性吗？很明显，这不是一个好的选择，其实只要在 table 标签中添加就可以了，即＜table…onmouseover＝"selRow(event)"＞，注意一定要把事件 event 写在响应函数参数中。

本例定义了表格两个式样表，deftr 表示默认表格行式样信息，seltr 表示表格行高亮式样信息。

本示例核心思路是：①获取当前选中行，将索引保存在全局变量 curRow 中；②设置当前选中行对象式样表名称为 seltr，上一次选中行式样表名称为 deftr；③将当前选中行 curRow 赋值给上一次选中行全局变量 lastRow，已待下次比较用。

本例演示了如何利用 JavaScript 修改式样表，虽然在标签中是用属性 class 来定义其对应的式样表的，但修改式样表名称格式是"标签对象.className＝新式样表"，而不是""标签对象.class＝新式样表"。请读者且记。

【例 9-12】 动态编辑表格。

＜table＞表格默认是不可编辑的。本题实现功能是当鼠标按某数据单元格，该单元格出现编辑框，编辑的信息还能保存回单元格。其具体代码如下所示。

```
<html>
<head>
<script type="text/javascript">
    function createEdit(td){                    //创建编辑框
        var width=Math.round(td.offsetWidth * 0.9);
        var height=Math.round(td.offsetHeight * 0.9);
        var txtObj=document.createElement("input");
        txtObj.type="text";
        txtObj.value=td.innerHTML;              //编辑框值等于单元格值
        if(td.innerHTML==" ")
            txtObj.value="";
        txtObj.style.width=""+width+"px";       //设置编辑框宽
        txtObj.style.height=""+height+"px";     //设置编辑框高
        txtObj.setAttribute("onblur","bluredit(this)");     //设置失去焦点函数
        td.innerHTML="";                        //单元格内容清空
        return txtObj;
    }
    function bluredit(edit){                    //编辑框失去焦点响应函数
        var td=edit.parentElement;              //其父标签是<td>
        td.innerHTML=edit.value;                //设置单元格值为编辑框中的值
```

```
            td.removeChild(edit);              //删除编辑框子标签
        }
        function process(){
            var e=window.event;
            var obj=e.target || e.srcElement;
            var tagName=obj.tagName;
            if(tagName !="TD")
                return;
            var txtObj=createEdit(obj);         //创建编辑框
            obj.appendChild(txtObj);            //将编辑框设置为单元格子窗口
            txtObj.focus();                     //设置编辑框为输入焦点
        }
</script>
</head>
<body>
<table onclick="process()" border="1">
    <tr>
        <th width="100">no</th>
        <th width="200">name</th>
    </tr>
    <tr>
        <td height="60"></td>
        <td></td>
    </tr>
</table>
</body>
</html>
```

本示例流程主要包含两部分。当鼠标按某一数据单元格时：①动态创建＜input＞编辑框；②读单元格数据，将其填充在编辑框中；③单元格数据置成空串，这点很重要，否则该串与编辑框同时作为单元格子窗口显示在屏幕上；④将编辑框添加为单元格子窗口，并设置编辑框为输入焦点。当鼠标操作界面其他部分使得编辑框失去焦点时：①设置单元格值为编辑框中的值；②删除编辑框子窗口。

当创建编辑框的时候，其大小是由选中的表格单元格大小计算得出的。一般来说，在 IE 浏览器中若已知某标签对象为 obj，则该对象的宽 width＝obj.offsetWidth，高 height＝obj.offsetHeight。因此根据获得的表格单元格的大小，就能计算出产生的编辑框的大小，对编辑框大小是通过设置 style 中的字属性来实现的，如 createEdit()函数中的下述两行。

```
txtObj.style.width=""+width+"px";        //设置编辑框宽
txtObj.style.height=""+height+"px";      //设置编辑框高
```

讨论：若现在增加难度，比如表格中有的列数据是编辑输入，有的列数据是下拉列表输入的，有的列数据是只读的，该如何完成呢？其实很简单，只要完善如下伪码就可以了。

```
主处理函数(){
  var tdobj= 选中的表格单元格对象;
  val col= tdobj 单元格所在的列索引;
  var child= null;                    //待添加的子对象;
  if(isRead(col))                     //若 col 列是只读数据列,则
    return
  if(isEdit(col))                     //col 列若是编辑输入列,则
    child= createEdit(tdobj);
  if(isCombo(col))                    //col 列若是下拉输入数据列,则
    child= createCombo(tdobj);
  tdobj.appendChild(child);   //将创建的 child 子对象添加到表格单元格对象 tdobj 中
}
```

【例 9-13】 动态绘制条形图。

先看一下程序执行效果,如图 9-3 所示。

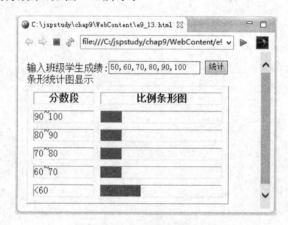

图 9-3 动态条形图绘制

功能描述:页面上定义一个编辑框,用于输入学生成绩,成绩间用逗号相隔。一个统计按钮,一个两列表格,第 1 列显示分数段,第 2 列显示比例条形图。当在编辑框中输入学生成绩,按"统计"按钮后,显示各分数段的比例条形图。

很明显,由于输入学生成绩的不同,比例条形图一定是动态变化的。关键思路是:在表格单元格中动态产生一个 div 标签,标签的宽度用百分比表示,背景色用红色表示即可。其相应代码如下所示。

```
<html>
<head>
<script type="text/javascript">
    function calc(){
        var total=0;                  //保存总人数变量
        var ary=new Array(5);         //用于保存各分数段区间人数
        for(var i=0; i<ary.length; i++)
```

```javascript
            ary[i]=0;
        var s=document.getElementById("grade");
        var str=s.value;
        var unit=str.split(",");
        //计算各分数段区间人数
        for(var i=0; i<unit.length; i++){
            var value=parseInt(unit[i]);
            if(value<60 )
                ary[0]++;
            elseif(value==100){
                ary[4]++;
            }
            else{
                var pos=Math.floor((value-60)/10);
            ary[pos]++;
            }
            total++;
        }
        var tabobj=document.getElementById("calctab");
        var tbody=tabobj.childNodes[0];
        var trobj=tbody.childNodes;
        for(var i=1; i<trobj.length; i++){
            var tdobj=trobj[i].childNodes[1];
            if(tdobj.childNodes.length !=0){
                tdobj.removeChild(tdobj.childNodes[0]);
            }
            //创建div标签
            var height=tdobj.offsetHeight;
            var divobj=document.createElement("div");
            var ratio=ary[5-i]*100/total;
            ratio=Math.round(ratio);
            //设置div标签宽度,用百分比表示
            divobj.style.width=""+ratio+"%";
            //设置div标签高度,用像素表示
            divobj.style.height=""+height*0.9+"px";
            //设置div标签背景色为红色
            divobj.style.backgroundColor="red";
            tdobj.appendChild(divobj);
        }
    }
</script>
</head>
<body>
输入班级学生成绩:<input type="text"  id="grade" />
<input type="button" value="统计" onclick="calc()" />
<br>
```

条形统计图显示：

```
<table id="calctab" border="1" cellpadding="0" cellspacing="10">
    <tr>
        <th width="100">分数段</th><th width="200">比例条形图</th>
    </tr>
    <tr><td>90~100</td><td> </td></tr>
    <tr><td>80~90</td><td> </td></tr>
    <tr><td>70~80</td><td> </td></tr>
    <tr><td>60~70</td><td> </td></tr>
    <tr><td><60</td><td> </td></tr>
</table>
</body>
</html>
```

9.9 类与UI

编制简单的动态 UI 界面，利用 JavaScript 函数编程足够了。编制稍复杂的自定义 UI 组件，有时利用 JavaScript 类来编制更便利。让我们看下面的例子。

【例 9-14】 日历生成器。

先看一下运行界面，如图 9-4 所示。

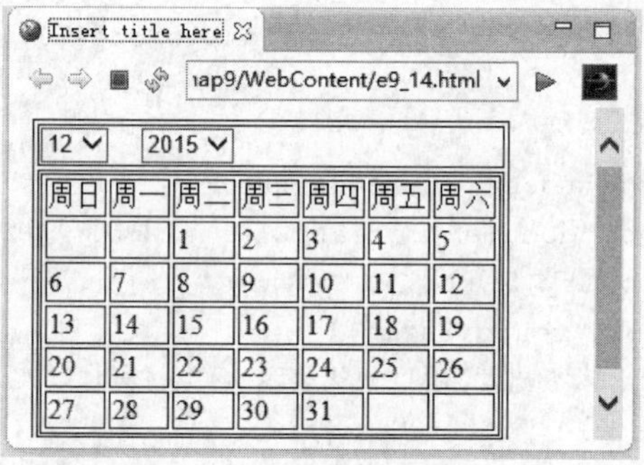

图 9-4 日历生成器

功能描述：初始显示当前年、当前月日历。界面有年、月下拉选择输入控件，当年或月选择改变时，日历也跟着变化。

本示例关键点及解决方法如下所示。

1. 界面布局

在自定义 UI 组件中，界面布局是很关键的，本示例界面布局如下所示。

```
<table>
    <tr>
        <td>
```

```
            月<select></select>        //select 重要,定义为类中成员变量
            年<select></select>        //select 重要,定义为类中成员变量
        </td>
    </tr>
    <tr>
        <td>                          //该 td 单元格重要,定义为类中成员变量
            月历表格<table></table>
        </td>
    </tr>
</table>
```

可以看出:外层 table 仅包含两行,每行仅有一个单元格。第 1 行单元格用于添加月份选择及年份选择两个 select 下拉控件,第 2 行单元格用于添加月历表格 table。

2. 全局变量及函数

```
var g_cal=null;              //该变量表示自定义日历生成器对象
function createMonth(){
    var mon=document.createElement("select");
    for(var i=1; i<=12; i++){
        var option=document.createElement("option");
        option.value=""+(i-1);
        option.innerHTML=""+i;
        mon.appendChild(option);
    }
    mon.style.marginRight="20px";
    return mon;
}
```

该函数创建了"月"下拉选择 select 标签对象,月限范围[1,12]。

```
function createYear(){
    var year=document.createElement("select");
    for(var i=1970; i<=2099; i++){
        var option=document.createElement("option");
        option.value=""+i;
        option.innerHTML=""+i;
        year.appendChild(option);
    }
    return year;
}
```

该函数创建了"年"下拉选择 select 标签对象,年限范围[1970,2099]。

```
function setSelect(obj,value){
    for(var i=0; i<obj.childNodes.length; i++){
```

```
        if(obj.childNodes[i].value==value){
            obj.childNodes[i].selected=true;
        }
    }
}
```

参数 obj 代表 select 标签对象，value 是字符串，该函数功能是设置 select 标签对象选中项，条件是若 select 子对象中的 value 值与函数参数传入值 value 相等，则该子项被选中。

3. 建立 Calendar 对象

```
function Calendar(){
    this.year=null;                              //年成员变量
    this.month=null;                             //月成员变量
    this.weekday=null;                           //选中年月的第1天是周几
    this.monobj=createMonth();                   //月选择下拉对象
    this.yearobj=createYear();                   //年选择下拉对象
    this.week=["周日","周一","周二","周三","周四","周五","周六"];
    this.monary=[31,28,31,30,31,30,31,31,30,31,30,31];
    this.caltd=null;                             //主表格第2行单元格对象成员变量

    this.monobj.onchange=change;                 //注册月下拉选择标签对象事件
    this.yearobj.onchange=change;                //注册年下拉选择标签对象事件

    var date=new Date();                         //获取默认年月
    this.year=date.getFullYear();                //当前年是默认年
    this.month=date.getMonth();                  //当前月是默认月
    this.init();                                 //继续初始化参数
}
```

该构造函数主要定义了 8 个成员变量，创建了年、月下拉选择框标签对象及注册了事件响应函数，获得了初始日历显示的默认年、月值。最后执行 init()方法，其代码如下所示。

```
Calendar.prototype.init=function(){
    //闰年检测
    if((this.year%4==0 &&this.year%100!=0)||(this.year%400==0))
        this.monary[1]=29;
    else
        this.monary[1]=28;
    var date=new Date();
    date.setFullYear(this.year, this.month, 1);
    this.weekday=date.getDay();
    setSelect(this.yearobj, ""+this.year);
    setSelect(this.monobj, ""+this.month);
}
```

该方法可看做实例方法。包括闰年检测,以便修改二月份的天数值;获取选择年相应月第 1 天的星期值,保存在 weekday 成员变量中;通过全局函数 setSelect()设置年、月下拉框的当前选值。那么为什么不把 init()函数中的内容直接写在构造方法 Calendar 中呢?这是因为获取年月的流程有两种情况,一种是初始时直接获得当前年、月值,另一种是通过年、月下拉选择框获得的。这两种情况都要进行闰年判断,获取月初星期值。因此单独编制了共性的 init()实例方法。

本示例用到了 JavaScript 时间系统类 Date,其常用函数如表 9-4 所示。

表 9-4 系统 Date 类常用函数表

序号	函 数	描 述
1	Date()	返回当日的日期和事件
2	getFullYear()	获得年值
3	getMonth()	获得月值:0~11
4	getDay()	返回周几值:0~6
5	getDate()	返回月中的第几天
6	setFullYear(year,month,day)	重新设定指定年、月、日值的日期对象
7	getHours()	返回小时:0~23
8	getMinutes()	返回分钟
9	getSeconds()	返回秒

Calendar 构造函数执行完,只是完成了绘制 UI 的准备工作,真正完成 UI 的是 create()函数,如下所示。

4. 创建日历生成器 UI

```
Calendar.prototype.create=function(){
    //开始形成用户界面
    var tab=document.createElement("table");
    tab.border="1";
    tab.cellpadding="0";
    tab.cellspacing="0";
    var tbody=document.createElement("tbody");
    var tr=document.createElement("tr");
    var td=document.createElement("td");
    td.appendChild(this.monobj);
    td.appendChild(this.yearobj);
    tr.appendChild(td);
    tbody.appendChild(tr);
    tr=document.createElement("tr");
    this.caltd=document.createElement("td");
    tr.appendChild(this.caltd);
```

```
        tbody.appendChild(tr);
        tab.appendChild(tbody);
        //结束形成用户界面
        this.createCal();           //创建具体的月历
        return tab;
}
```

如注释所示，当"开始形成用户界面……结束形成用户界面"之间的代码主要是用于形成 UI 界面的，外层表格元素都以构建完，只缺少填充第二行单元格的内容，也即是月历表格的具体 HTML 代码，它是由 createCal()函数完成的，具体代码如下所示。

```
Calendar.prototype.createCal=function(){
    var tab2=document.createElement("table");
    var tbody2=document.createElement("tbody");
    tab2.appendChild(tbody2);
    this.caltd.appendChild(tab2);
    tab2.cellspacing="3";
    tab2.cellpadding="3";
    tab2.border="1";
    //填充表头
    var tr2=document.createElement("tr");
    tbody2.appendChild(tr2);
    for(var i=0; i<this.week.length; i++){
        var td2=document.createElement("td");
        td2.innerHTML=this.week[i];
        tr2.appendChild(td2);
    }
    //填充表体
    var mid=new Array(this.monary[this.month]+this.weekday);
    for(var i=0; i<this.weekday; i++){
        mid[i]=" ";
    }
    for(var i=this.weekday; i<mid.length; i++){
        mid[i]=""+(i-this.weekday+1);
    }
    var pos=0;
    while(pos<mid.length){
        tr2=document.createElement("tr");
        tbody2.appendChild(tr2);
        for(var i=0; i<7; i++){
            td2=document.createElement("td");
            tr2.appendChild(td2);
            if(pos+i<mid.length)
                td2.innerHTML=mid[pos+i];
```

```
        else
            td2.innerHTML=" ";
        }
        pos+=7;
    }
}
```

月历表格也是一个动态＜table＞标签,它要添加到主表格第二行单元格中,因此该主表格单元格非常重要,将它定义成了成员变量 this.caltd。月历表格要完成表头"星期日～星期六"的填充。根据该月第 1 日是星期几,也就是根据 this.weekday 成员变量值,完成表格具体日期填充。

当日历生成器默认显示后,还可在界面中动态选择年、月值,此流程所需函数如下所示。

5. 动态选择年月值流程所需函数

```
function change(){
    g_cal.change();
}
Calendar.prototype.change=function(){
    this.caltd.innerHTML="";        //清空主表格第 2 行单元格内容
    this.year=g_cal.yearobj.value;
    this.month=g_cal.monobj.value;
    this.init();
    this.createCal();
}
```

在构造方法 Calendar()中,可知年、月下拉框标签事件注册函数均为全局函数 change(),该函数仅起到一个转向作用,真正运行的还是 Calendar 类中的 change()函数,该函数首先清空了 this.caltd 对象代表的单元格内容,也就是删除了月历表格内容,之后依据新选择的年、月值重新创建月历表格就可以了。

也许有读者说将 Calendar()构造函数中的事件注册代码如"this.yearobj.onchange＝change"修改为"this.yearobj.onchange＝this.change"不就可以吗? 实际是不行的,调试时,它确实运行了 Calendar 类中的 change()方法,但 this.caltd、this.year 等均指示为 undefined。这是因为 JavaScript 中关键字 this 与 Java 中的 this 有很大的不同,它能动态修改,当函数响应的时候,this 已经不指向 Calendar 对象了,因此我们必须将 this 重新指向已创建的 Calendar 对象,如何实现呢? 通过全局函数 change()完成 this 对象的设定及调相应类中的方法,本示例保证全局变量 g_cal 是已创建的 Calendar 对象即可。

6. 一个测试页

```
<html>
<head>
<script type="text/javascript">
    var g_cal=null;
```

```
function createMonth(){/*同第283页*/}
function createYear(){/*同第283页*/}
function setSelect(obj,value){/*同第283页*/}
function change(){/*同第287页*/}
function Calendar(){/*同第284页*/}
Calendar.prototype.init=function(){/*同第284页*/}
Calendar.prototype.change=function(){/*同第287页*/}
Calendar.prototype.createCal=function(){/*同第286页*/}
Calendar.prototype.create=function(){/*同第285页*/}
function load(){
    divobj=document.getElementById("mycal");
    g_cal=new Calendar();              //设置全局日历对象
    var calobj=g_cal.create();
    divobj.appendChild(calobj);   //将产生的日历添加到<div>标签中
}
</script>
</head>
<body onload="load()">
<div id="mycal"></div>
</body>
</html>
```

9.10 定时器

JavaScript 有四个常用的定时器函数，如下所示。

- setTimeout(code,delay)；code 是一个函数或一段代码，delay 是延迟时间，单位是毫秒。该函数含义是当延迟 delay 毫秒后，运行 code 所代表的程序，该函数也被称为倒计时定时器。
- setTimeInterval(code,delay)；setTimeout()代码延迟机制在运行一次后就失效，有时希望某个函数能周期运行，这时就要用到 setTimeInterval()函数，该函数也被称为周期性定时器。
- clearTimeout(id)；清除已设置的 setTimeout 对象。
- clearInterval(id)；清除已设置的 setInterval 对象。

【例 9-15】 周期性显示时间。

页面上定义两个按钮，"开始显示"及"停止显示"按钮，定义一个只读编辑框。当按"开始显示"按钮时，每隔 1 秒在编辑框中显示一次时间(hh：mm：ss)；当按"停止显示"按钮时，在编辑框中停止显示时间。很明显该功能利用 setInterval()及 clearInterval()函数是容易实现的，具体代码如下所示。

```
<html>
<head>
<script type="text/javascript">
```

```
    var timeid;                           //全局变量,标识设置的setInterval()定时器
    function startTime(){                 //"开始显示"按钮事件响应函数
        timeid=setInterval("show()", 1000);      //每隔1秒调用1次show()函数
    }
    function stopTime(){                  //"结束显示"按钮事件响应函数
        clearInterval(timeid);            //停止定时器功能
    }
    function show(){                      //时间显示函数
        var date=new Date();
        var hour=date.getHours();
        var min=date.getMinutes();
        var sec=date.getSeconds();
        var value=hour+": "+min+": "+sec;
        var obj=document.getElementById("mytime");
        obj.value=value;                  //将获得的时间值设置到编辑框对象中
    }
</script>
</head>
<body>
<input type="button" value="显示时间" onclick="startTime()" />
  <input type="button" value="停止时间" onclick="stopTime()" />
<br>
时间:<input type="text" id="mytime" disabled="true"/>
</body>
</html>
```

请读者思考:若利用setTimeout()能实现题目所述功能吗?是没有问题的,以下几处稍作改动即可。

```
function startTime(){timeid=setTimeout("show()", 1000); }
function stopTime(){clearTimeout(timeid);}
function show(){
    …//相同的代码见上文
    timeid=setTimeout("show()", 1000);        //增加的这一句最关键
}
```

9.11 系统对话框

JavaScript提供了三种基本的对话框,方便与用户进行基本的交互,如下所示。

- alert(message);警告对话框,message是待显示的警告信息字符串。
- confirm(message);确认对话框,message是确认描述字符串,对话框上有"确认"和"取消"按钮。当按"确认"按钮时,函数返回true;当按"取消"按钮时,函数返回false。

- prompt(message,value);输入对话框,包含一个输入编辑框。message 是输入提示信息,value 是默认输入的值。函数返回输入的字符串值。

【例 9-16】 简单应用三种基本对话框。

功能描述:利用 Prompt()对话框输入两操作数加法表达式,利用 alert()对话框显示加法结果,利用 confirm()对话框是否继续进行运算,具体代码如下所示。

```html
<html>
<head>
<script type="text/javascript">
    while(true){
        var value=prompt("输入两操作数加法算式","1+1");
        var unit=value.split("+");
        var opernum=parseInt(unit[0]);
        var opernum2=parseInt(unit[1]);
        var result=opernum+opernum2;
        alert(opernum+"+"+opernum2+"="+result);
        if(!confirm("继续进行计算嘛?"))
            break;
    }
</script>
</head>
<body>
</body>
</html>
```

习题

1. 编写程序比较三个数的大小,并依次输出。

2. 写一个程序找出 100 以内能被 3 整除的数保存在数组 A 中,被 7 整除的数保存在数组 B 中,再两个数组相加,输出结果。

3. 写一事件处理函数,要求在一个文本框中输入字符另一个也跟着显示同样的内容。

4. 用键盘上下键实现表格行的上下选择(window. event. keyCode = 38 up, = 40 down)。

5. 分层菜单：当鼠标选中时，出现子菜单，当再选中时，菜单消失。

6. 实现如下计算器功能。

第 10 章 Ajax 技术

10.1 Ajax 技术本质

Ajax(Asynchronous JavaScript and XML)是异步 JavaScript 和 XML 技术的简写。它与传统的 JSP、Servlet 编程有什么不同呢？传统的 Web 编程如图 10-1 所示。

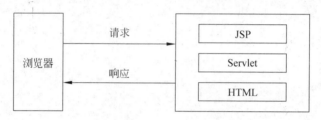

图 10-1 传统 Web 模型

传统 Web 模型遵从"请求-响应"模式，"请求"一般由＜form＞表单或＜a＞超链接发出，"响应"更是仅由浏览器直接接收并完成结果显示。也就是说"请求"的命令形成和"响应"的结果输出都是浏览器自主完成的，编程人员几乎很难参与，这就造成了有时编程不灵活的特点。而 Ajax 技术正好弥补了这一不足，其编程模型如图 10-2 所示。

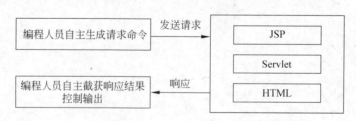

图 10-2 Ajax 技术简要模型

可以看出在 Ajax 模型中着重强调编程人员的自主性，自主生成 URL 请求，自主截获响应结果。其实这类思维在以前我们就学过。例如若想灵活处理异常，就必须利用 try-catch 结构捕获异常；再如在 JDK 图形用户界面中若对按钮动作响应，就必须捕获对应的消息响应函数。同理，若我们在 Web 应用中想灵活处理响应结果，就必须首先捕获该结果。图 10-2 只是 Ajax 技术的一个简要模型，若想实现该模型，就必须了解下面将要讲述的 XMLHttpRequest 对象。

10.2 XMLHttpRequest 对象

XMLHttpRequest 对象是实现 Ajax 技术的关键，它能使编程人员自主向服务器端发送 HTTP 请求，自主截获响应结果，那么如何产生 XMLHttpRequest 对象呢？创建 XMLHttpRequest 的方式和 JavaScript 对象一样，只是针对不同浏览器稍有差别，创建出来以后就可以像其他对象那样调用其中的方法和属性，下面的代码分别是普通创建方式和 IE 中的创建方式。

```
var xmlHttp=new XMLHttpRequest();                        //普通创建方式
var xmlHttp=new ActivxXObject("Microsoft.XMLHTTP");      //IE 浏览器中创建方式
```

XMLHttpRequest 对象中常用属性如下所示。

（1）readyState

当 XMLHttpRequest 对象把一个 HTTP 请求发送到服务器时将经历若干种状态，一直等待直到请求被处理。然后，它才接收一个响应。readyState 是一个整数值，用于描述"若干种"状态，具体如表 10-1 所示。

表 10-1　readyState 属性说明

readyState 取值	描　　述
0	描述一种"未初始化"状态；此时，已经创建一个 XMLHttpRequest 对象，但是还没有初始化
1	描述一种"发送"状态；此时，代码已经调用了 XMLHttpRequest open()方法并且 XMLHttpRequest 已经准备好把一个请求发送到服务器
2	描述一种"发送"状态；此时，已经通过 send()方法把一个请求发送到服务器端，但是还没有收到一个响应
3	描述一种"正在接收"状态；此时，已经接收到 HTTP 响应头部信息，但是消息体部分还没有完全接收结束
4	描述一种"已加载"状态；此时，响应已经被完全接收

（2）onreadystatechange 事件

无论 readyState 值何时发生改变，XMLHttpRequest 对象都会激发一个 readystatechange 事件。onreadystatechange 属性用于定义状态变化响应函数，与图形用户界面中定义事件响应函数相似。

（3）responseText 属性

该属性包含客户端接收到的 HTTP 响应的文本内容。当 readyState 值为 0、1 或 2 时，responseText 包含一个空字符串。当 readyState 值为 3（正在接收）时，响应中包含客户端还未完成的响应信息。当 readyState 为 4（已加载）时，该 responseText 包含完整的响应结果信息。

(4) responseXML 属性

该属性用于当接收到完整的 HTTP 响应时(readyState 为 4),描述相应的 XML 响应;此时,Content-Type 头部指定 MIME(媒体)类型为 text/xml,application/xml。如果 Content-Type 头部并不包含这些媒体类型之一,那么 responseXML 的值为 null。无论何时,只要 readyState 值不为 4,那么该 responseXML 的值也为 null。

其实,该 responseXML 属性值是一个文档接口类型的对象,用来描述被分析的文档。如果文档不能被分析(例如,如果文档不是良构的或不支持文档相应的字符编码),那么 responseXML 的值将为 null。

(5) status 属性

该属性描述了 HTTP 状态代码,而且其类型为 short。而且,仅当 readyState 值为 3(正在接收中)或 4(已加载)时,这个 status 属性才可用。当 readyState 的值小于 3 时试图存取 status 的值将引发一个异常。

(6) statusText 属性

这个 statusText 属性描述了 HTTP 状态代码文本;并且仅当 readyState 值为 3 或 4 才可用。当 readyState 为其他值时试图存取 statusText 属性将引发一个异常。

XMLHttpRequest 对象提供了各种方法用于初始化和处理 HTTP 请求,下列将逐个展开详细描述。

(1) abort()

可以应用该方法来暂停与一个 XMLHttpRequest 对象相联系的 HTTP 请求,从而把该对象复位到未初始化状态。

(2) open()

可利用 open(DOMString method, DOMString uri, boolean async, DOMString username, DOMString password)方法初始化一个 XMLHttpRequest 对象。其中,method 参数是必须提供的,用于指定你想用来发送请求的 HTTP 方法(GET、POST、PUT、DELETE 或 HEAD)。为了把数据发送到服务器,应该使用 POST 方法;为了从服务器端检索数据,应该使用 GET 方法。uri 参数用于指定 XMLHttpRequest 对象把请求发送到服务器相应的 URI。async 参数指定是否请求是异步的,默认值为 true。若为了发送一个同步请求,需要把这个参数设置为 false。对于要求认证的服务器,你可以提供可选的用户名和密码参数。在调用 open()方法后,XMLHttpRequest 对象把它的 readyState 属性设置为 1(打开)并且把 responseText、responseXML、status 和 statusText 属性复位到它们的初始值。另外,它还复位请求头部。注意,如果你调用 open()方法并且此时 readyState 为 4,则 XMLHttpRequest 对象将复位这些值。

(3) send()

在通过调用 open()方法准备好一个请求之后,你需要把该请求发送到服务器。仅当 readyState 值为 1 时,你才可以调用 send()方法;否则,XMLHttpRequest 对象将引发一个异常。当 async 参数为 true 时,send()方法立即返回,从而允许其他客户端脚本处理继续。在调用 send()方法后,XMLHttpRequest 对象把 readyState 的值设置为 2(发送)。当服务器响应时,在接收消息体之前,如果存在任何消息体的话,XMLHttpRequest 对象将把 readyState 设置为 3(正在接收中)。当请求完成加载时,它把 readyState 设置为 4(已加载)。对于一个 HEAD 类型的请求,它将在把 readyState 值设置为 3 后再立即把它设置为 4。

send()方法还可使用一个可选的参数,该参数可以包含可变类型的数据。典型地,你使用它并通过 POST 方法把数据发送到服务器。另外,你可以显式地使用 null 参数调用 send()方法,这与不用参数调用它一样。对于大多数其他的数据类型,在调用 send()方法之前,应该使用 setRequestHeader()方法(见后面的解释)先设置 Content-Type 头部。如果在 send(data)方法中的 data 参数的类型为 DOMString,那么,数据将被编码为 UTF-8。如果数据是 Document 类型,那么将使用由 data.xmlEncoding 指定的编码串行化该数据。

(4) setRequestHeader()

该函数用来设置请求的头部信息。可以在调用 open()方法后调用这个方法;否则,将得到一个异常。

(5) getResponseHeader()

该函数用于检索响应的头部值。仅当 readyState 值是 3 或 4(换句话说,在响应头部可用以后)时,才可以调用这个方法;否则,该方法返回一个空字符串。

(6) getAllResponseHeaders()

该函数以一个字符串形式返回所有的响应头部(每一个头部占单独的一行)。如果 readyState 的值不是 3 或 4,则该方法返回 null。

本书以下所讲内容均是 IE 浏览器下的 Ajax 应用技术。

10.3 一个简单示例

【例 10-1】 "Hello,world"示例。

编制两个页面。页面 1:名称 e10_1.jsp,页面上定义一个 receive 按钮,一个空的 <div>标签;页面 2:Servlet 类 Recv,功能简单,仅输出"Hello,World"。当按 receive 按钮时,运用 Ajax 技术调用 Servlet 类 Recv 对象,将"Hello,World"输出到<div>标签中。所编具体代码如下所示。

(1) Recv.java:Servlet 类,此类简单,先列出来。

```java
package chap10;
import java.io.*;
import javax.servlet.*;
import javax.servlet.http.*;
import javax.servlet.annotation.WebServlet;
@WebServlet("/recv")
public class Recv extends HttpServlet {
    private static final long serialVersionUID=1L;
    public Recv() {super();}
    protected void doPost(HttpServletRequest req, HttpServletResponse rep)
    throws ServletException, IOException {
        PrintWriter out=rep.getWriter();
        out.print("Hello,world.");
    }
}
```

可以看出编制 Servlet 类方法及细节与之前讲述是一致的，千万不要认为在 Ajax 中，Servlet 类某些细节发生了变化。

(2) e10_1.jsp：主页面。

```html
<html>
<head>
<script type="text/javascript">
var xmlHttp;                                //全局变量,用于获得 XMLHttpRequest 对象
function recvState(){                       //自主截获服务器端返回结果并控制
    if(xmlHttp.readyState==4){              //满足条件①
        if(xmlHttp.status==200){            //再满足条件②
            var s=xmlHttp.responseText;     //才能真正截获响应数据
            var divobj=document.getElementById("content");
            divobj.innerHTML=s;             //填充到<div>标签中
        }
    }
}
function recv(){                            //自主生成 URL 并发送
    var url="recv";                         //设置响应 URL
    xmlHttp=new ActiveXObject("Microsoft.XMLHTTP");     //创建对象
    xmlHttp.open("post",url,false);         //初始化 XMLHttpRequest 对象
    xmlHttp.onreadystatechange=recvState;   //设置截获函数
    xmlHttp.send();                         //向服务器端发送 URL 请求
}
</script>
</head>
<body>
<input type="button" id="recv" value="receive"onclick="recv()"/>
<hr>
<div id="content" style="width: 200px;height: 100px;border: solid 1px black">
</div>
</body>
</html>
```

Ajax 技术主要编制两个函数：一个是自主生成 URL 并发送函数，如 recv()；一个是自主截获服务器端返回结果并控制函数，如 recvState()。这两个函数的流程几乎是固定的，参见代码注释即可，也就是说编制任意的 Ajax 函数，它们的步骤都是差不多的。

Ajax 技术的主要功能是局部刷新，本示例在 recvState() 函数中，var s = xmlHttp.responseText 是截获的服务器回传内容，通过 divobj.innerHTML = s 仅将 <div> 标签的内容刷新了，而页面其他内容并没有发生变化，因此是局部刷新，这和传统的 Web 编程是不一致的。

由于是自主生成 URL，一般来说只要知道相应标签的 ID 或 name 值即可，无须将所有组件都封装在 form 表单中。

有一点需要读者注意，运用 Ajax 初始化 XMLHttpRequest 对象，也就是运行 open() 方

法时,其选择方法参数尽量选用"post",不要用"get"。若用"get"时,有时可能引起不必要的麻烦。

该示例运行界面如图 10-3 所示。

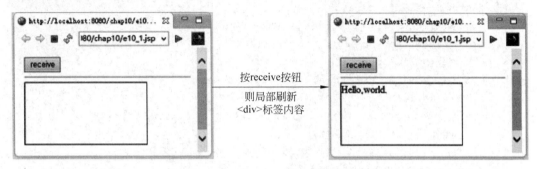

图 10-3　Ajax "Hello,world"界面操作图

通过该例,旨在使读者懂得 Ajax 技术并不复杂,只是对 XMLHttpRequest 对象的属性或方法进行操作,而且所有操作都由 JavaScript 实现。从 Ajax 知识点来说已经讲解完毕,若能达到灵活运用,还请读者们继续往下看。

10.4　返回局部页面 HTML

【例 10-2】　通过学生学号,查询学生信息。编制两个页面。页面 1:名称 e10_2.jsp,定义一个编辑框,用于输入学生学号,定义一个 ok 按钮及一个空内容的 div 标签。当按 ok 按钮时,将查询结果显示在 div 标签中;页面 2:Servlet 类 StudServlet,根据学号信息查询并返回学生的全部信息。先看结果演示,如图 10-4 所示。

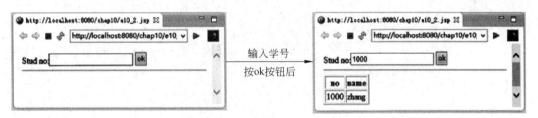

图 10-4　学生查询信息结果图

其代码及相关描述如下所示。

(1) StudServlet.java:Servlet 类,根据学号查询学生信息。

```
package chap10;
import java.io.*;
import javax.servlet.*;
import javax.servlet.http.*;
import javax.servlet.annotation.WebServlet;
@WebServlet("/studservlet")
public class StudServlet extends HttpServlet {
```

```java
    private static final long serialVersionUID=1L;
    public StudServlet() {super();}
    protected void doPost(HttpServletRequest req, HttpServletResponse rep)
    throws ServletException, IOException {
        String no=req.getParameter("myno");
        PrintWriter out=rep.getWriter();
        out.print("<table border='1'>");
        out.print("<tr><th>no</th><th>name</th></tr>");
        if(no.equals("1000"))
            out.print("<tr><td>1000</td><td>zhang</td></tr>");
        if(no.equals("1001"))
            out.print("<tr><td>1001</td><td>li</td></tr>");
        out.print("</table>");
    }
}
```

可以看出查询结果是<table>表格。为了分析问题方便，本题仅仿真了两个学生的数据（正常情况下应该从数据库获得数据）。

(2) e10_2.jsp：主页面。

```html
<html>
<head>
<script type="text/javascript">
    var xmlHttp;
    function getInfoState(){          //自主截获服务器端响应函数
        if(xmlHttp.readyState==4){
            if(xmlHttp.status==200){
                var s=xmlHttp.responseText;
                var divobj=document.getElementById("content");
                divobj.innerHTML=s;
            }
        }
    }
    function getInfo(){               //自主生成 URL 和发送函数
        var url="studservlet";
        var data="";
        var noobj=document.getElementById("myno");
        data="myno="+noobj.value;
        xmlHttp=new ActiveXObject("Microsoft.XMLHTTP");
        xmlHttp.open("post",url,true);
        xmlHttp.onreadystatechange=getInfoState;
        xmlHttp.setRequestHeader("Content-type", "application/x-www-form-urlencoded");
        xmlHttp.send(data);
```

```
    }
</script>
</head>
<body>
Stud no: <input type="text" id="myno" />
<input type="button" value="ok" onclick="getInfo()" />
<hr>
<div id="content" />
</body>
</html>
```

由于要将学生信息查询结果填充在 ID 为 content 值的＜div＞标签内,因此定义该＜div＞标签的初始值为空。

本例中 URL 为 studservlet,参数序列形如"myno=1000"。由于有参数序列,与例 10-1 相比有两点主要的不同:①要用有参 send(data)函数代替无参 send()函数;②必须用 setRequestHeader()函数设置"Content-type"头信息,值为"application/x-www-form-urlencoded"。读者可以进行测试:若将该行语句去掉,当运行 e10_2.jsp 并执行查询操作哦时,就会在服务器端出现空指针异常。

10.5 返回 XML

【例 10-3】 利用 Ajax 技术实现登录功能。

功能描述:输入用户名、密码,当按 ok 按钮时进行服务器端校验,若校验通过转主页面;否则提示出错信息。

分析:定义页面 e10_3.jsp,包含两个编辑框,用于输入用户名和密码,一个 ok 按钮。定义 Servlet 类 check.java,该页面仅返回校验对错信息,而不是返回一个页面。因此返回的校验信息是数据信息,利用标准的 XML 格式进行自定义封装即可,如表 10-2 所示。最后再定义主页面 main.jsp。

表 10-2 自定义 XML 数据示例

数 据 描 述	说　　明
＜myapp＞ ＜loginresult＞[y,n]＜/loginresult＞ ＜/myapp＞	表明＜loginresult＞标签可取值 y 或 n。当为 y 时,表明登录的是合法用户;当为 n 时,表明输入的用户名或密码不正确

本示例关键思路是利用 Ajax 技术调用 check.java,根据其返回值决定后续流程,若返回值为 n,则利用对话框提示"账户名或密码错误"信息;若返回值为 y,则转向主页面 main.jsp。各具体代码如下所示。

(1) main.jsp:内容为空即可,仅是利用它来验证流程,无须写太多内容。

(2) check.java:仅是为验证流程,简化该类编写,假设仅用户名为 admin,密码为 123 的客户为合法用户。

```java
package chap10;
import java.io.*;
import javax.servlet.*;
import javax.servlet.http.*;
import javax.servlet.annotation.WebServlet;
@WebServlet("/check")
public class Check extends HttpServlet {
    private static final long serialVersionUID=1L;
    public Check() {super();}
    protected void doPost(HttpServletRequest req, HttpServletResponse rep)
    throws ServletException, IOException {
        rep.setContentType("text/xml;charset=utf-8");
        String user=req.getParameter("user");
        String pwd  =req.getParameter("pwd");
        PrintWriter out=rep.getWriter();
        if(user.equals("admin") && pwd.equals("123"))
            out.print("<myapp><loginresult>y</loginresult></myapp>");
        else
            out.print("<myapp><loginresult>n</loginresult></myapp>");
    }
}
```

由于向客户端返回的是 XML 格式数据，因此必须在 doPost()函数中包含语句：rep.setContentType("text/xml;charset＝utf-8")。若不写的话，默认是按 text/html 形式向客户端传送数据的。

(3) e10_3.jsp：登录页面。

```jsp
<%@page language="java" contentType="text/html; charset=utf-8"
    pageEncoding="utf-8"%>
<html>
<script type="text/javascript">
    var xmlHttp;
    function loginState(){                              //自主截获服务器端数据和处理函数
        if(xmlHttp.readyState==4){
            if(xmlHttp.status==200){
                var xmlobj=xmlHttp.responseXML;
                var nodeobj=xmlobj.getElementsByTagName("loginresult");
                var result=nodeobj[0].childNodes[0].nodeValue;
                if(result=="y"){                        //若通过服务器端校验
                    var mainobj=document.getElementById("myform");
                    mainobj.submit();                   //则启动 form 表单,转向 main.jsp
                }
                else{                                   //若未通过服务器端校验
                    alert("用户名或密码输入错误");      //则提示出错信息
```

```
            }
        }
    }
}
function login(){          //自主生成 URL 和发送函数
    var userobj=document.getElementById("user");
    var pwdobj=document.getElementById("pwd");
    var url="check";
    var data="user="+userobj.value;
    data+="&pwd="+pwdobj.value;
    xmlHttp=new ActiveXObject("Microsoft.XMLHTTP");
    xmlHttp.open("post",url, true);
    xmlHttp.onreadystatechange=loginState;
    xmlHttp.setRequestHeader("Content-type", "application/x-www-form-
    urlencoded");
    xmlHttp.send(data);
}
</script>
<body>
user: <input type="text" id="user" /><br>
pwd: <input type="password" id=pwd /><br>
<input type="button" onclick="login()" />

<form id="myform" action="main.jsp">
</form>
</body>
</html>
```

自主生成 URL 和发送函数 login()执行流程与例 10-2 中的流程是一致的，只不过在例 10-2 中形成的是一个参数序列，形如"myno＝1000"。本例中形成的是两个参数序列，形如"user＝admin&pwd＝123"。也就是说多参数序列是由"&"分割的，这一点请读者注意。

自主截获服务器端数据和处理函数 loginState()与例 10-2 中的流程是不一致的。例 10-2 中服务器端返回的是 HTML 页面数据，利用 JavaScript 操作的是 XMLHttpRequest 对象中的 responseText 属性。本例中返回的是自定义 XML 格式数据，利用 JavaScript 操作的是 XMLHttpRequest 对象中的 responseXML 属性。

HTML 格式文档是 XML 格式的具体应用之一，当浏览器加载它的时候，其 DOM 对象 document 已经生成了，同理，当截获从服务器传过来的自定义 XML 格式数据的时候，它自动封装成 DOM 对象，其名称为 responseXML。因此，我们只需要解析 responseXML 对象，获取所需数据即可。例如：一个自定义 XML 格式数据如下所示。

```
<myapp>
    <tagname prop1="value1" prop2="value2">content</tagname>
    <tagname2 id="tag1"prop1="value1">content2</tagname2>
    <tagname3 name="tag2"prop1="value1">content3</tagname3>
</myapp>
```

假设该 XML 数据已从服务器传到客户端，已被 XMLHttpRequest 对象（名称为 xmlHttp）封装为 responseXML 属性。解析标签数据包括属性及内容数据，具体包括三步，如下所示。

- 获得标签对象

仍是通过 getElementById()、getElementsByName()、getElementsByTagName() 获得，例如：

```
var xmlobj=xmlHttp.responseXML;
var oneobj=xmlobj.getElementsByTagName("tagname");
var twoobj=xmlobj.getElementById("tag1");
var threeobj=xmlobj.getElementsByName("tag2");
```

很明显：oneobj 是通过标签名获得＜tagname＞标签对象的，是数组形式，因此 oneobj[0] 才对应真正的＜tagname＞标签对象；twoobj 是通过标签 ID 名称获得＜tagname2＞标签对象的，非数组形式；threeobj 是通过标签 name 属性获得＜tagname3＞标签对象的，是数组形式，因此 threeobj[0] 才对应真正的＜tagname＞标签对象。

- 通过 getAttribute(key) 获得标签对象属性值，例如：

```
var prop=oneobj[0].getAttribute("prop1");
var prop2=twoobj.getAttribute("prop1");
var prop3=threeobj[0].getAttribute("prop1");
```

- 通过 nodeValue 属性获得内容区域的值。

```
var content=oneobj[0].childNodes[0].nodeValue;
var content2=twoobj.childNodes[0].nodeValue;
var content3=threeobj[0].childNodes[0].nodeValue;
```

为什么不是 oneobj[0].nodeValue，twoobj.nodeValue，threeobj[0].nodeValue 呢？这是因为内容区是标签的子标签的原因。

【例 10-4】 利用 Ajax 技术实现字段即时检测。

读者可能都有这样的经历：你在某网站上进行注册（如注册邮箱），当写完注册名后，系统马上会提醒你该用户名是否可用。若可用，你可以输入其他注册信息；若不可用，则表明此注册名已被其他用户应用，你必须重新输入一个新的用户名。利用 Ajax 技术可方便实现这一功能。需要一个注册页面 e10_4.jsp，一个用户名校验 Servlet 类 UserCheck。由于本示例仅是演示"用户名"字段实时检测，无关的功能做了简化甚至略去。

(1) UserCheck.java：Servlet 类，进行用户名检测。

```
package chap10;
import java.io.*;
import javax.servlet.*;
import javax.servlet.http.*;
import javax.servlet.annotation.WebServlet;
```

```java
@WebServlet("/usercheck")
public class UserCheck extends HttpServlet {
    private static final long serialVersionUID=1L;
    public UserCheck() {super();}
    protected void doPost(HttpServletRequest req, HttpServletResponse rep)
    throws ServletException, IOException {
        rep.setContentType("text/xml;charset=utf-8");
        String user=req.getParameter("user");
        PrintWriter out=rep.getWriter();
        if(user.equals("admin"))      //admin是已注册用户名,所以返回n
            out.print("<myapp><userresult>n</userresult></myapp>");
        else                          //表明若注册名不为admin,都可用,所以返回y
            out.print("<myapp><userresult>y</userresult></myapp>");
    }
}
```

(2) e10_4.jsp：注册页面。

```jsp
<%@page language="java" contentType="text/html; charset=utf-8"
    pageEncoding="utf-8"%>
<html>
<head>
<script type="text/javascript">
    var xmlHttp;
    function checkState(){
        if(xmlHttp.readyState==4){
            if(xmlHttp.status==200){
                var xmlobj=xmlHttp.responseXML;
                var nodeobj=xmlobj.getElementsByTagName("userresult");
                var result=nodeobj[0].childNodes[0].nodeValue;
                if(result=="y"){/*表明可以做用户名*/}
                else{                             //表明用户名已存在,必须重输
                    var userobj=document.getElementById("user");
                    userobj.value="";           //清空原输入信息
                    alert("用户名已存在!");     //提示对话框
                }
            }
        }
    }
    function check(){
        var userobj=document.getElementById("user");
        var url="usercheck";
        var data="user="+userobj.value;
        xmlHttp=new ActiveXObject("Microsoft.XMLHTTP");
        xmlHttp.open("post",url,true);
```

```
            xmlHttp.onreadystatechange=checkState;
            xmlHttp.setRequestHeader("Content-type", "application/x-www-form-
            urlencoded");
            xmlHttp.send(data);
    }
</script>
</head>
<body>
user:<input type="text" id="user" onblur="check()"/><br>
pwd:<input type="passord" id="pwd" /><br>
<input type="button"value="register"/>
</body>
</html>
```

由于仅当用户名字段失去焦点时才进行 Ajax 实时校验,因此对用户名输入字段注册了"onblur='check()'"消息。其他所有说明均同例 10-3 是一致的。

10.6　URI 参数编码

由于在 Ajax 技术中 URI 参数是自主形成的,格式为"key＝value&key2＝value2&…&keyn＝valuen"。假设第 1 个参数 key 具体值为"m＝5&n＝6",带入后就得"key＝m＝5&n＝6",这样就由原先一个参数 key 变为两个参数 key 加 n 了,含义就完全变了,这完全是由特殊字符"&"引起的,类似"&"的特殊字符还有很多,如何在 Ajax 中解决这种常见问题呢? 答案是在客户端进行编码,在服务器端进行解码。

在客户端进行编码最常用的函数是 encodeURIComponent(value),功能是将字符串 value 中的特殊字符转换成对应 UTF-8 格式的编码。encodeURIComponent()函数不编码的字符有 71 个:"!,',(,),＊,－,.,_,~,0~9,a~z,A~Z",换句更通俗的话说就是特殊字符要比不编码的字符个数多得多,如"&,＋"以及中文字符等。示例代码如下所示。

```
<script type="text/javascript">
function init(){
    var key="key";
    var value="m=5&n=6";
    var para=key+"="+value;
    var para2=key+"="+encodeURIComponent(value);
    document.write(para+"<br>");
    document.write(para2);
}
init();
</script>
```

编码前"键-值"结果 para 表达式为"key＝m＝5&n＝6",经过 encodeURIComponent()函数编码后"键-值"结果 para2 表达式为"key＝m％3D5％26n％3D6",从形式上来说,它与

我们希望的"键-值"映射结果是吻合的,键是 key,值是"m％3D5％26n％3D6",用"％3D"代替了"=","％26"代替了"&",因此若将 para2 字符串由客户端传到服务器端后,就必须再用"="代替"％3D","&"代替"％26",这一过程也叫解码过程,JDK 为我们提供了一个系统类 URLDecoder 来完成这一功能。

与 JavaScript 编码函数 encodeURIComponent()函数对应,URLDecoder 类中的解码函数为 decode(String src, String code),src 是已编码的字符串,code 是编码方式。由于 encodeURIComponent()函数是按 UTF-8 编码的,所以在 decode()函数参数中 code 取 UTF-8 即可。

【例 10-5】 利用 Ajax 技术传输编码 URL 参数。

功能描述:页面 e10_5.jsp,输入学生信息,包括学号(一个编辑框),姓名(一个编辑框),个人简介(一个 textarea),一个"添加"按钮,当按"添加"按钮时,运用 Ajax 技术将学生信息传到 Servlet 页面 addservlet,保证在该 Servlet 中能正确获得学生信息。具体代码如下所示。

(1) e10_5.jsp:输入学生信息页面。

```
<html>
<head>
<script type="text/javascript">
var xmlHttp;
function addState(){
    if(xmlHttp.readyState==4){
        if(xmlHttp.status==200){
        }
    }
}
function add(){
    var data="";
    var noobj=document.getElementById("studno");
    var nameobj=document.getElementById("studname");
    var infoobj=document.getElementById("info");
    data+="no="+noobj.value;
    data+="&name="+nameobj.value;
    data+="&info="+encodeURIComponent(infoobj.value);
    var url="addservlet";
    xmlHttp=new ActiveXObject("Microsoft.XMLHTTP");
    xmlHttp.open("post",url,true);
    xmlHttp.onreadystatechange=addState;
    xmlHttp.setRequestHeader("Content-type", "application/x-www-form-urlencoded");
    xmlHttp.send(data);
}
</script>
</head>
```

```html
<body>
studno: <input type="text" id="studno"/><br>
studname: <input type="text" id="studname"/><br>
studinfo: <textarea id="info" rows="5" cols="20"></textarea><br>
<input type="button" value="ok" onclick="add()" />
</body>
</html>
```

一般来说,学号、姓名输入项不会包含类似"&,="等的特殊字符,因此这两项数据无须编码,而个人简介项可能包含某些有影响的特殊字符,因此该项内容一定要经过 encodeURIComponent()函数编码。

(2) AddServlet.java:Servlet 类,确保接收数据正确。

```java
package chap10;
import java.io.*;
import javax.servlet.*;
import javax.servlet.http.*;
import javax.servlet.annotation.WebServlet;
import java.net.*;
@WebServlet("/Test")
public class Test extends HttpServlet {
    private static final long serialVersionUID=1L;
    public Test() {super();}
    protected void doPost(HttpServletRequest req, HttpServletResponse rep)
    throws ServletException, IOException {
        String no=req.getParameter("no");           //学号无须解码
        String name=req.getParameter("name");       //姓名无须解码
        String info=req.getParameter("info");       //获得个人简介内容
        System.out.println("info====="+info);       //解码前输出到控制台
        info=URLDecoder.decode(info, "utf-8");      //解码个人简介内容
        System.out.println("no="+no+"\tname="+name);
        System.out.println("info="+info);           //解码后输出到控制台
    }
}
```

将解码前、解码后的个人简介输出到控制台对比,看是否得到了正确的结果。

一般来说,页面上若有多个输入数据项,运用 Ajax 技术时,必须考虑哪些项需要编码,哪些项不需要编码,服务器端的解码也必须与之对应。

10.7 级联 Ajax

之前讲的都是单级 Ajax 技术,通俗来说就是仅动态刷新浏览器的某一区域。级联 Ajax 是指在此基础之上,在动态产生的界面中单击按钮、超链接等,又动态刷新浏览器的另一区域。本节仅是描述 Ajax 级联技术,固下述示例中界面欠美观,目的是使读者用最少的

代码去理解重要的知识点。

【例 10-6】 级联 Ajax 技术。

首先看示例结果图,如图 10-5 所示。

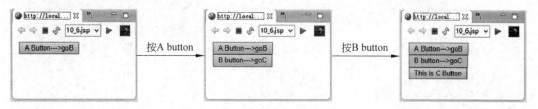

图 10-5　Ajax 级联效果图

功能描述：e10_6.jsp,主页面,仅包含一个 A Button 按钮；UIB.java,Servlet 类,仅包含一个 B button 按钮；UIC.java：Servlet 类,仅包含一个 This is C Button"钮。初始操作 UI 如图 10-5 左图。当按 A Button 按钮时,调用 UIB 类对象,UI 界面为图 10-5 中图。当按 B Button 按钮时,调用 UIC 类对象,UI 界面为图 10-5 右图。

很明显,页面 UI 是动态生成的,那么界面划分就是一个非常敏感的问题,可能有的读者认为如下划分就可以了。

```
<div id="A" />
<div id="B"/>
<div id="C"/>
```

即 A 区存 A Button 按钮,以此类推。这样分并不是最好的,首先本例各个子页面很简单,若复杂的话,一开始并不能确定分几个区,即使能确定的话,由于界面是依次动态生成,那么很多已分区域内容就是空的,无疑是不必要的。因此,笔者认为无须整体划分,而是对每个页面进行划分,都遵循下面规则即可。

```
<div>
    <div id="static">静态内容部分</div>
    <div id="dynamic"></div>
</div>
```

即每个页面都是一个总的＜div＞,它包含两个子＜div＞标签：一个是静态＜div＞内容部分,如按钮、超链接等；一个是空的＜div＞部分,表明它是通过 Ajax 技术动态刷新的区域。

具体代码如下所示。

(1) 主页面 e10_6.jsp。

```
<html>
<head>
<script type="text/javascript">
    var xmlHttp;
    function goUICState(){
```

```
            if(xmlHttp.readyState==4){
                if(xmlHttp.status==200){
                    var s=xmlHttp.responseText;
                    var obj=document.getElementById("layer22");
                    obj.innerHTML=s;
                }
            }
        }
        function goUIC(){
            var url="uic";
            xmlHttp.open("post",url,true);
            xmlHttp.onreadystatechange=goUICState;
            xmlHttp.setRequestHeader("Content-type", "application/x-www-form-urlencoded");
            xmlHttp.send();
        }
        function goUIBState(){
            if(xmlHttp.readyState==4){
                if(xmlHttp.status==200){
                    var s=xmlHttp.responseText;
                    var obj=document.getElementById("layer12");
                    obj.innerHTML=s;
                }
            }
        }
        function goUIB(){
            var url="uib";
            xmlHttp=new ActiveXObject("Microsoft.XMLHTTP");
            xmlHttp.open("post",url,true);
            xmlHttp.onreadystatechange=goUIBState;
            xmlHttp.setRequestHeader("Content-type", "application/x-www-form-urlencoded");
            xmlHttp.send();
        }
</script>
</head>
<body>
<div id="layer">
    <div id="layer11">
        <input type="button" value='A Button--->goB' onclick="goUIB()"/>
    </div>
    <div id="layer12" />
</div>
</body>
</html>
```

可以看出，父标签＜div＞包含两个子标签，ID 为 layer11 的＜div＞子标签用于显示 A Button 按钮，ID 为 layer12 的＜div＞子标签初始是空的，用于 Ajax 局部刷新。

本示例中＜div＞的 ID 属性遵循下面的规律："id＝layer＋层号＋序号"，前缀是 layer，层号表示该＜div＞是第几层标签，序号表示该层第几号＜div＞。例如 layer11 表示是第 1 层第 1 号＜div＞，layer12 表示是第 1 层第 2 号＜div＞。

goUIB()、goUIBState()两个函数用于 A Button 按钮的 Ajax 参数设置及响应，这两个函数是容易理解的。可能有读者有疑问：该页面初始运行的时候如图 10-5 左图，根本没有图 10-5 中图的 B Button 按钮，为什么将 goUIC()、goUICState()函数也写在 e10_6.jsp 中呢？这是因为从表意形式来说，e10_6.jsp 是主页面，包含 UIB、UIC（下面即将论述）两个 Servlet 子页面，当然可以把子页面所需的所有 JavaScript 函数写在 e10_6.jsp 中了。由于在 goUIB()中已经创建了 XMLHttpRequset 对象 xmlHttp，所以无须在 goUIC()函数中再创建，直接用就可以了。

（2）UIB.java：Servlet 类。

```java
package chap10;
import java.io.*;
import javax.servlet.*;
import javax.servlet.http.*;
import javax.servlet.annotation.WebServlet;
@WebServlet("/uib")
public class UIB extends HttpServlet {
    private static final long serialVersionUID=1L;
    public UIB() {super();}
    protected void doPost(HttpServletRequest req, HttpServletResponse rep)
    throws ServletException, IOException {
        PrintWriter out=rep.getWriter();
        String s="<div id='layer21'>"+
        "<input type='button' value='B button--->goC' onclick='goUIC()'/>"+
                "</div>"+ "<div id='layer22'/>";
        out.print(s);
    }
}
```

layer21 表示第 2 层第 1 号＜div＞标签，用于显示 B Button 按钮。layer22 表示第 2 层第 2 号＜div＞标签，用于 Ajax 动态刷新。

（3）UIC.java：Servlet 类。

```java
package chap10;
import java.io.*;
import javax.servlet.*;
import javax.servlet.http.*;
import javax.servlet.annotation.WebServlet;
@WebServlet("/uic")
```

```
public class UIC extends HttpServlet {
    private static final long serialVersionUID=1L;
    public UIC() {super();}
    protected void doPost(HttpServletRequest req, HttpServletResponse rep)
    throws ServletException, IOException {
        PrintWriter out=rep.getWriter();
        String s="<div id='layer31'>"+
                    "<input type='button' value='This is C Button' />"+
                    "</div>";
        out.print(s);
    }
}
```

layer31 表示第 3 层第 1 号<div>标签,用于显示 C Button 按钮。由于无须动态刷新,所以不用再定义空的<div>标签了。

10.8 类在 Ajax 中的应用

10.8.1 Ajax 基本封装类

在例 10-6 中,我们发现 goUIB()、goUIC()有许多重复的语句,goUIBState()、goUICState()函数同样如此。其实我们发现 Ajax 主要有两个函数:一个是请求设置及发送函数,一个是响应接收函数,因此完全可以用类来实现,以减少冗余,具体代码如下所示。

```
function Myajax(){         //构造函数
    this.destid=null;
    this.xmlHttp=new ActiveXObject("Microsoft.XMLHTTP");
}
```

该函数是构造函数,destid 代表 Ajax 获得的动态结果待填充的目的标签 ID 号,xmlHttp 用于初始化 XMLHttpRequest 对象。

```
Myajax.prototype.response=function(){        //Ajax 响应接收函数
    if(myajax.xmlHttp.readyState==4){
        if(myajax.xmlHttp.status==200){
            var s=myajax.xmlHttp.responseText;
            var obj=document.getElementById(myajax.destid);//获得目的标签对象
            obj.innerHTML=s;
        }
    }
}
```

该函数是 Ajax 响应接收函数,myajax 是全局变量,是 Myajax 类的一个实例,可能有读者问为什么不能用 this? 主要还是因为在 Ajax 响应函数运行时,this 已经不指向 Myajax

的一个实例,因此只能应用全局 Myajax 实例对象 myajax。

```javascript
Myajax.prototype.request=function(url,key,value,destid){
    this.destid=destid;
    var data=null, i=0;
    if(key !=null){
        data="";
        for(i=0; i<key.length-1; i++){
            data+=key[i]+"="+value[i]+"&";
        }
        data+=key[i]+"="+value[i];
    }
    this.xmlHttp.open("post",url, true);
    this.xmlHttp.onreadystatechange=this.response;
    this.xmlHttp.setRequestHeader("Content-type",
    "application/x-www-form-urlencoded");
    this.xmlHttp.send(data);
}
```

该函数是 Ajax 请求设置及发送函数,参数 URL 代表 Web 请求地址,key 是参数键数组,value 是参数值数组,key 与 value 数组长度相等。若 key 为 null,表示该请求无参数。destid 代表 Ajax 获得的动态结果待填充的目的标签 id 号。

当然,Ajax 封装类还很不完善,如缺少对返回 XML 格式数据的封装等等。本题旨在说明封装思路,请读者认真完善。

【例 10-7】 利用 Ajax 基本封装类重新实现例 10-6。

```html
<html>
<head>
<script type="text/javascript">
var myajax;         //Myajax 全局对象
function Myajax(){/*同上文已有代码*/}
Myajax.prototype.response=function(/*同上文已有代码*/)
Myajax.prototype.request=function(url,key,value,destid){/*同上文已有代码*/}

function init(){
    myajax=new Myajax();
}
function goUIC(){
    myajax.request("uic",null,null,"layer22");
}
function goUIB(){
    myajax.request("uib", null, null, "layer12");
}
</script>
```

```html
</head>
<body onload="init()">
<div id="layer">
    <div id="layer11">
        <input type="button" value='A Button--->goB' onclick="goUIB()"/>
    </div>
    <div id="layer12" />
</div>
</body>
</html>
```

可以看出,运用了类 Myajax 后,只需要 goUIB()、goUIC()函数,而在这两个函数内,仅起到一个转换功能作用,本质上是调用 Myajax 类中的 request()函数。

由于本例是实现多级 Ajax 调用功能,因此涉及何时初始化 XMLHttpRequest 对象 xmlHttp 问题。例 10-6 中在 goUIB()函数中完成了 xmlHttp 的初始化,本例运用了一个更普通的方法,即在页面加载成功后完成其初始化。也就是说为＜body＞标签注册了 onload 事件,响应函数为 init(),在 init()中初始化 xmlHttp 即可。

本例与之前所有示例 JavaScript 代码都是和页面源文件放在一起的,其实 JavaScript 也有类似 Java 语言关键字 import 的功能,其格式如下所示。

```html
<script type="text/javascript" src="path/XXX.js"></script>
```

"XXX.js"代表 JavaScript 代码源文件,扩展名是 js,path 是该源文件相对于被引用页面所在位置的相对路径。对于本示例而言将 Ajax 基本封装类 Myajax 作为一个独立的源文件是一个较好的选择,这样 e10_7.jsp 文件内容划分为两个文件,Myajax.js 及更新后的 e10_7.jsp,如下所示。

Myajax.js:单独的 Ajax 功能基本封装类,可为需要的各页面所共享。

```javascript
var myajax=null;
function Myajax(){/*同上文已有代码*/}
Myajax.prototype.response=function(){/*同上文已有代码*/}
Myajax.prototype.request=function(url,key,value,destid){/*同上文已有代码*/}
```

e10_7.jsp:导入 Myajax.js 后的页面源文件。

```html
<html>
<head>
<script type="text/javascript" src="myajax.js"></script><!—导入 myajax.js-->
<script type="text/javascript">
function init(){myajax=new Myajax();}
function goUIC(){myajax.request("uic",null,null,"layer22");}
function goUIB(){myajax.request("uib", null, null, "layer12");}
```

```
</script>
</head>
<body onload="init()">
<div id="layer">
    <div id="layer11">
        <input type="button" value='A Button--->goB' onclick="goUIB()"/>
    </div>
    <div id="layer12" />
</div>
</body>
</html>
```

10.8.2 模块封装类

【例 10-8】 利用 Ajax 实现教师和学生基本信息的添加功能。

首先看一下实例结果,如图 10-6 所示。界面美观化不在讨论范围之内,仅关注知识点的学习。

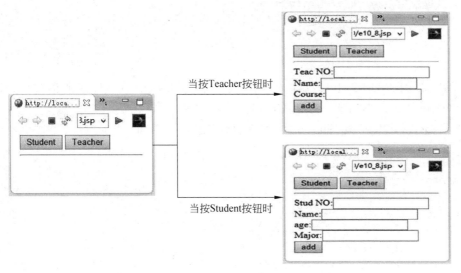

图 10-6 教师和学生基本信息添加 UI 图

初始时界面如图 10-6 左图,仅有 Student 及 Teacher 两个按钮。当单击 Student 按钮时,出现学生信息添加界面;当单击 Teacher 按钮时,出现教师信息添加界面。也就是说"学生"和"教师"都有添加功能,且这两种添加功能均在一个主界面内操作完成,因此它们对应的 JavaScript 函数一般来说是不同的,也许有读者说学生添加功能用 function studentAdd() 实现,教师添加功能用 function teacherAdd()实现,当然这是可以的,但更好的办法是封装成不同的类,而函数名是相同的,都是 addUI()。因此在客户端利用 JavaScript 编制 Student 及 Teacher 类,类中包含需要的所有功能。

本示新编源文件共 4 个:StudAddUI.java,TeacAddUI.java,Module.js,e10_8.jsp。下面一一说明。

(1) StudAddUI.java：Servlet 类，实现学生信息添加界面。

```java
package chap10;
import java.io.*;
import javax.servlet.*;
import javax.servlet.http.*;
import javax.servlet.annotation.WebServlet;
@WebServlet("/studaddui")
public class StudAddUIextends HttpServlet {
    private static final long serialVersionUID=1L;
    public StudAddUI() {super();}
    protected void doPost(HttpServletRequest req, HttpServletResponse rep)
    throws ServletException, IOException {
        String s="Stud NO: <input type='text' /><br>"+
    "Name: <input type='text' /><br>"+
    "age: <input type='text' /><br>"+
    "Major: <input type='text' /><br>"+
    "<input type='button' value='add' onclick='gmodlule.addProc()'/><br>";
        PrintWriter out=rep.getWriter();
        out.print(s);
    }
}
```

该类生成了简单的学生信息输入界面，着重注意按钮添加事件注册语句"onclick='gmodlule.addProc()'"，后文还有相关论述。

(2) TeacAddUI.java：Servlet 类，实现教师信息添加界面。

```java
package chap10;
import java.io.*;
import javax.servlet.*;
import javax.servlet.http.*;
import javax.servlet.annotation.WebServlet;
@WebServlet("/teacaddui")
public class TeacAddUI extends HttpServlet {
    private static final long serialVersionUID=1L;
    public TeacAddUI() {super();}
    protected void doPost(HttpServletRequest req, HttpServletResponse rep)
    throws ServletException, IOException {
        String s="Teac NO: <input type='text' /><br>"+
    "Name: <input type='text' /><br>"+
    "Course: <input type='text' /><br>"+
    "<input type='button' value='add' onclick='gmodlule.addProc()'/><br>";
        PrintWriter out=rep.getWriter();
        out.print(s);
    }
}
```

该类生成了简单的教师信息输入界面,着重注意按钮添加事件注册语句"onclick='gmodlule.addProc()'",发现与 StudAddUI 类中的消息注册代码是一致的。

(3) Module.js:客户端模块类。

```
var gmodule=null;          //全局模块对象
function Student(){}
Student.prototype.addUI=function(){
    myajax.request("studadd",null,null,"content");
}
Student.prototype.addProc=function(){
    alert("This is Student addProc");
}

function Teacher(){}
Teacher.prototype.addUI=function(){
    myajax.request("teacadd",null,null,"content");
}
Teacher.prototype.addProc=function(){
    alert("This is Teacher addProc");
}
```

该文件中共包含两个模块类 Student 及 Teacher,都包含添加界面生成函数 addUI()及添加处理函数 addProc(),即图 10-6 右图 add 按钮响应函数。addUI()函数运用例 10-7 中 Ajax 基本功能封装类 MyAjax 生成了学生(或教师)信息的添加界面,addProc()仅演示了可响应 add 按钮 click 事件,至于后续处理,读者可思考自行完成。

gmodule 是全局模块对象,它可以动态绑定某一具体模块。

通过模块类的封装,我们发现不同模块相同功能的函数名称是相同的,这方便了工作中的合作开发。其实在编程中起名称是非常重要的,笔者认为有许多面向对象思想都是由于起名称引起的,如 Java 中方法的重载、重写、this、super 等,希望读者细细体会。

(4) e10_8.jsp:主页面。

```
<html>
<head>
<script type="text/javascript" src="myajax.js"></script>
<script type="text/javascript" src="Module.js"></script>
<script type="text/javascript">
function init(){         //初始化 Ajax 对象
    myajax=new Myajax();
}
function process(obj){ //绑定具体模块对象函数
    switch(obj.value){
    case "Student":
        gmodule=new Student();
        break;
```

```
            case "Teacher":
                gmodule=new Teacher();
                break;
        }
        gmodule.addUI();
    }
    </script>
    </head>
    <body onload="init()">
    <div id="control">
        <input type="button" value="Student" onclick="process(this)" />
        <input type="button" value="Teacher" onclick="process(this)" />
    </div>
    <hr>
    <div id="content">
    </div>
    </body>
    </html>
```

该页面是主页面，有如下功能：①包含了页面所需的外部 js 文件，共有 Myajax.js 及 Module.js 两个文件；②定义了页面本身所需的 JavaSript 函数。init()用于响应＜body＞标签 onload 事件，从而完成对全局变量 myajax 对象的初始化；process()函数用于将全局变量 gmodule 动态绑定某一具体模块对象，并显示该模块的添加界面；③将初始页面主要划分为两部分，id 为 control 的＜div＞用于定义两个按钮，包括 Student 及 Teacher 两个＜input＞功能按钮，定义的＜input＞标签中 value 属性不能重复，因为 process()函数中要根据 value 值确定 gmodule 绑定哪一个具体模块；ID 为 content 的＜div＞标签用于显示 Ajax 技术返回结果。

由于 gmodule 的动态绑定特点，因此与 Java 语言的多态性是相似的，例如"gmodule.addProc()"，含义是运行添加函数，而执行哪一模块的添加函数是由 gmodule 决定的。若 gmodule 动态绑定 Student，则执行 Student 类中的 addProc()函数；若 gmodule 动态绑定 Teacher，则执行 Teacher 类中的 addProc()函数。因此，懂得了这个道理，就不难理解为什么在类 StudAddUI、TeacAddUI 中对应的"添加"按钮注册事件代码形式上是一致的，都是"onclick='gmodlule.addProc()'"。

由此例可看出：若 Web 应用有多个模块，每个模块又有很多功能，那么在客户端利用 JavaScript 建立对应的多个模块类就是非常有必要的。但是有一个问题还要深入研究，那就是虽然 Ajax 的最大优点是动态刷新局部页面，但并不是说一遇到动态局部页面就采用 Ajax 技术，对本示例来说，学生（或）教师的添加页面内容是固定的，用简单的 HTML 语句即可实现，Module.js 改为如下，同时删去 StudAddUI.java、TeacAddUI.java 即可。

```
//修改后的 Module.js
function Student(){}
Student.prototype.addUI=function(){
```

```
    var s="Stud NO: <input type='text' /><br>"+
    "Name: <input type='text' /><br>"+
    "age: <input type='text' /><br>"+
    "Major: <input type='text' /><br>"+
    "<input type='button' value='add' onclick='gmodule.addProc()'/><br>";
    var obj=document.getElementById("content");
    obj.innerHTML=s;
}
Student.prototype.addProc=function(){
    alert("This is Student addProc");
}

function Teacher(){}
Teacher.prototype.add=function(){
    var s="Teac NO: <input type='text' /><br>"+
    "Name: <input type='text' /><br>"+
    "Course: <input type='text' /><br>"+
    "<input type='button' value='add' onclick='gmodule.addProc()'/><br>";

    var obj=document.getElementById("content");
    obj.innerHTML=s;
}
Teacher.prototype.addProc=function(){
    alert("This is Teacher addProc");
}
```

可知 addUI() 函数没有采用 Ajax 技术，仅采用一般的 DOM 操作。运行 e10_8.jsp 主页面后发现执行效果与之前是相同的。那么什么时候刷新局部页面采用 Ajax 技术呢？一般来说，若界面与服务器端查询结果相关，则采用 Ajax 技术，否则用普通的 DOM 操作即可。例如：对 Web 应用的各种添加功能而言，一般与查询无关，因此采用用 DOM 操作实现页面局部刷新；对 Web 应用各种更新功能而言，一般是先查询，将查询结果显示在界面上，因此采用 Ajax 技术实现页面局部刷新。

10.9 数据库操作

本章中本节之前所有示例均没有对数据库进行操作，但 Web 应用中与数据库交互是必然的。第 6 章介绍了一些数据库操作，并着重描述了数据库基础类 MyDB 的基本功能。本节在此基础之上，提出一种基于配置文件的数据库操作方法。先看一个简单的实例，如下所示。

【例 10-9】教师基本信息的添加功能。

数据库采用 MySQL，创建 manage 数据库，创建 teacher 表，SQL 语句如下所示。

```
CREATE DATABASE manage;
CREATE TABLE 'teacher' (
  'teacno' varchar(10) NOT NULL,
  'teacname' varchar(10) DEFAULT NULL,
  'course' varchar(100) NOT NULL,
  PRIMARY KEY ('teacno')
) ENGINE=InnoDB DEFAULT CHARSET=utf8;
```

按如下步骤编制即可。

(1) 定义配置文件。

在 Web 工程中定义 db.properties 文本文件，包含 Web 工程中所需的预处理 SQL 语句，本示例仅包含教师信息添加 SQL 语句，内容如下所示。

```
teac_add=insert into teacher(?,?,?)
```

注意键是不能重复的，而且从键就可看出该 SQL 语句的功能。

(2) 将配置文件内容转换为内存对象。

配置文件包含了 Web 工程需要的 SQL 语句，它是为各个用户所共享的，因此应将它们保存在 application 域中即可，那么何时保存呢？最好在 Tomcat 服务器自动加载到内存中，因此编制如下自启动 Servlet 类 LoadConfig 即可。

```java
package chap10;
import java.io.*;
import java.util.*;
import javax.servlet.*;
import javax.servlet.http.*;
import javax.servlet.annotation.WebServlet;
@WebServlet(
        urlPatterns={ "/loaddb" }, loadOnStartup=1
        )
public class LoadDB extends HttpServlet {
    private static final long serialVersionUID=1L;
    public LoadDB() {super();}
    public void init() throws ServletException {
        try{
            Map<String,String>map=new HashMap();
            ServletContext scx=this.getServletContext();
            String path=scx.getRealPath("/db.properties");
            FileInputStream in=new FileInputStream(path);
            Properties p=new Properties();
            p.load(in);
            Set keys=p.keySet();
            Iterator it=keys.iterator();
            while(it.hasNext()){
```

```
                String key=(String)it.next();
                String value=p.getProperty(key);
                map.put(key, value);
            }
            in.close();
            scx.setAttribute("sqlmap", map);
        }
        catch(Exception e){e.printStackTrace();}
    }
    protected void doGet(HttpServletRequest req, HttpServletResponse rep)
    throws ServletException, IOException {}
}
```

当启动 Tomcat 服务器时,由于本 Servlet 定义了 loadOnStartup 属性,因此,该 Servlet 对象会自动加载,init()函数负责将 SQL 语句文件 db.properties 保存到 map 结构中,该 map 结构保存到 application 域中,键为 sqlmap。

(3) 定义教师信息添加页面 e10_9.jsp。

```
<html>
<head>
<script type="text/javascript">
var xmlHttp;
function addState(){
    if(xmlHttp.readyState==4){
        if(xmlHttp.status==200){
            var xmlobj=xmlHttp.responseXML;
            var nodeobj=xmlobj.getElementsByTagName("result");
            var result=parseInt(nodeobj[0].childNodes[0].nodeValue);
            if(result==1) alert("Add success!!!");
            else alert("Add failare!!!");
        }
    }
}
function add(){
    var noobj=document.getElementById("teacno");
    var nameobj=document.getElementById("teacname");
    var couobj=document.getElementById("course");
    var url="dbservlet";
    var data="key=teac_add";
    data+="&para="+noobj.value;
    data+="&para="+nameobj.value;
    data+="&para="+couobj.value;
    xmlHttp=new ActiveXObject("Microsoft.XMLHTTP");
    xmlHttp.open("post",url,true);
```

```
        xmlHttp.onreadystatechange=addState;
        xmlHttp.setRequestHeader("Content-type", "application/x-www-form-
        urlencoded");
        xmlHttp.send(data);
}
</script>
</head>
<body>
Teacher NO: <input type="text" id="teacno" /><br>
Teacher name: <input type="text" id="teacname" /><br>
Course: <input type="text" id="course" /><br>
<input type="button" value="add" onclick="add()"/>
</body>
</html>
```

可知：add()函数中请求的 Servlet 名称为 dbservlet，dbservlet 接收的参数格式形如：key＝XXX&para＝XXX1&para＝XXX2&…&para＝XXXn，也就是说有一个 key 项，n 个 para 项。key 项与之前定义的 SQL 文本文件 db.properties 是相关的，由于本页面是实现教师基本信息添加功能，而该功能对应的文本信息是"teac_add＝insert into teacher (?,?,?)"，由此得 key 的值应设置为"teac_add"。para 项数据是由界面输入获得的，不论输入标签的 id(或 name)字符串值如何，其格式均为"para＝value"形式，等号左侧必是"para"。由于"insert into teacher(?,?,?)"语句中有 3 个"?"，因此必有 3 个 para 项。也就是说 para 的个数要与 SQL 语句中"?"的个数相一致。

addState()函数是 Ajax 响应结果处理函数，结果封装在 XML 信息中。经解析后，若结果为 1，表明添加成功；若结果为 0，表明添加失败。

事实上，只要调用的 URL 是 dbservlet，参数格式形如 key＝XXX&para＝XXX1&para＝XXX2&…&para＝XXXn，就能实现相应的数据库增、删、改功能，如何实现的呢？请看下述具体代码。

(4) 统一数据库增、删、改 Servlet 类 DBServlet。

```java
package chap10;
import java.io.*;
import java.util.*;
import javax.servlet.*;
import javax.servlet.http.*;
import javax.servlet.annotation.WebServlet;
@WebServlet("/dbservlet")
public class DbServlet extends HttpServlet {
    private static final long serialVersionUID=1L;
    public DbServlet() {super();}
    protected void doPost(HttpServletRequest req, HttpServletResponse rep)
    throws ServletException, IOException {
        rep.setContentType("text/xml;charset=utf-8");
        String key=req.getParameter("key");
        String para[]=req.getParameterValues("para");
```

```
            ServletContext scx=this.getServletContext();
            Map<String,String>map=(Map)scx.getAttribute("sqlmap");
            String sql=map.get(key);        //根据 key 获得待运行的 SQL 语句
            MyDB db=new MyDB();
            db.connect();
            int n=db.executeUpdate(sql, para);
            db.close();
            String s="<mydb><result>"+n+"</result></mydb>";
            PrintWriter out=rep.getWriter();
            out.print(s);
        }
    }
```

doPost()方法中用到了第 6 章描述的 MyDB 数据库类。doPost()方法主要包含了下述流程：①获得请求的参数值 key 及数组 para[ ]；②根据 key 值，获得待运行的 SQL 语句值；③运行 SQL 语句，是通过产生 MyDB 对象 db，调用 executeUpdate()方法完成的；④返回结果 XML，其格式为"<mydb><result>n</result></mydb>"。其中 n 是整型数，表明 SQL 语句影响数据库表记录的个数。

【例 10-10】 在线考试系统。

本示例旨在编制一个较完整的考试系统框架，先看界面演示，如图 10-7 所示。

图 10-7　在线考试系统界面示例

本系统完成的功能有：①可以完成单选、多选答题测试，并将答题结果保存到数据库，所有操作均在一个页面内完成；②界面左侧是导航菜单，进行单选、多选题型的选择；右上是试题显示区；右下是按钮工具条；③试题区每次只显示一道试题，按工具条 Prev 按钮，则在试题区显示上一道题内容，按 Next 按钮，则在试题区显示下一道题内容，按 Save 按钮，则保存单选(或多选)所有题目答题信息入数据库。

本示例仅讨论了答题模块的功能实现,首先做好如下准备工作或假设:

- 假设考生已登录,其学号为"1000"。
- 数据库 manage 已建立,学生答题 answer 表已建立,其 sql 语句如下所示。

```
CREATE TABLE 'answer' (
  'studno' varchar(10) NOT NULL,              //答题者学号
  'single' varchar(100) DEFAULT NULL,         //单选题答题结果
  'multi' varchar(100) DEFAULT NULL,          //多选题答题结果
  PRIMARY KEY ('studno')
) ENGINE=InnoDB DEFAULT CHARSET=utf8;
```

且学号为"1000"的考生初始已有记录,只不过 single、multi 字段内容初始均为空串,这样学生解答内容就相当于对该记录的更新,即 SQL update 操作。

- 建立试题。创建 exam 目录,在该目录下创建两个文本文件 single.txt、multi.txt,内容即是对应的单选、多选试题,其格式示例如表 10-3 所示。

表 10-3　试题文件格式说明表

单选题文件格式:single.txt	说　　明
<p>诗人李白是中国历史上哪个朝代的人: <INPUT type="radio" name="s1" value="a"/>宋朝 <INPUT type="radio" name="s1" value="b"/>唐朝 <INPUT type="radio" name="s1" value="c"/>明朝 <INPUT type="radio" name="s1" value="d"/>元朝 </p> <p>小说红楼梦的作者是: <INPUT type="radio" name="s2" value="a"/>曹雪芹 <INPUT type="radio" name="s2" value="b"/>罗贯中 <INPUT type="radio" name="s2" value="c"/>李白 <INPUT type="radio" name="s2" value="d"/>司马迁 </p>	每个<p>标签是一道试题,且 name 值是有规律的,s1,s2,…,直到 sn
多选题文件格式:multi.txt	说　　明
<p>唐代诗人有: <INPUT type="checkbox" name="m1" value="a"/>李白 <INPUT type="checkbox" name="m1" value="b"/>杜甫 <INPUT type="checkbox" name="m1" value="c"/>白居易 <INPUT type="checkbox" name="m1" value="d"/>苏轼 </p> <p>物理学家有: <INPUT type="checkbox" name="m2" value="a"/>牛顿 <INPUT type="checkbox" name="m2" value="b"/>伽利略 <INPUT type="checkbox" name="m2" value="c"/>莎士比亚 <INPUT type="checkbox" name="m2" value="d">哥白尼 </p>	每个<p>标签是一道试题,且 name 值是有规律的,m1,m2,…,直到 mn

- 完善已编制的 Ajax 类 Myajax,所属文件 myajax.js,代码如下所示。

```
var myajax=null;
function Myajax(){/*同例10-7中代码*/}
Myajax.prototype.response=function(){/*同例10-7中代码*/}
Myajax.prototype.request=function(url,key,value,destid){/*同例10-7中代
码*/}
Myajax.prototype.response2=function(){
    var str="";
    try{
    if(myajax.xmlHttp.readyState==4){
        if(myajax.xmlHttp.status==200){
            var s=myajax.xmlHttp.responseText;
            var obj=document.getElementById(myajax.destid);
            obj.innerHTML=s;
            str=s;
        }
    }
    }catch(ee){alert(ee.descript);}
    return str;
}
Myajax.prototype.request2=function(url,key,value,destid,repfunc){
    this.destid=destid;
    var data=null, i=0;
    if(key !=null){
        data="";
        for(i=0; i<key.length-1; i++){
            data+=key[i]+"="+value[i]+"&";
        }
        data+=key[i]+"="+value[i];
    }
    this.xmlHttp.open("post",url, true);
    this.xmlHttp.onreadystatechange=repfunc;
    this.xmlHttp.setRequestHeader("Content-type", "application/x-www-
    form-urlencoded");
    this.xmlHttp.send(data);
}
Myajax.prototype.response3=function(){
    var str="";
    try{
    if(myajax.xmlHttp.readyState==4){
        if(myajax.xmlHttp.status==200){
            str=myajax.xmlHttp.responseText;
        }
    }
```

```javascript
    }catch(ee){alert(ee.descript);}
    return str;
}

Myajax.prototype.request3=function(url,key,value,repfunc){
    var data=null, i=0;
    if(key !=null){
        data="";
        for(i=0; i<key.length-1; i++){
            data+=key[i]+"="+value[i]+"&";
        }
        data+=key[i]+"="+value[i];
    }
    this.xmlHttp.open("post",url, true);
    this.xmlHttp.onreadystatechange=repfunc;
    this.xmlHttp.setRequestHeader("Content-type", "application/x-www-form-urlencoded");
    this.xmlHttp.send(data);
}
```

完善后的 Ajax 类主要封装了 3 类"请求"及对应的"响应"。request()与 response 是一组,设置了默认的响应函数;request2()与 response2()是一组,可动态设置响应函数及返回局部刷新页面的 HTML 语句;request3()与 response3()是一组,主要实现返回 XML 语句的解析功能。若想更好地理解这三组函数的用法和含义,还需要再下面讨论的具体代码中细细体会。

本示例所需源文件较多,简要说明如表 10-4 所示。

表 10-4 在线考试系统源文件说明

类 别	文 件 名	说 明
已编制源文件	Myajax.js	Ajax 功能封装类
	MyDB.java	数据库基本操作类
主页面	e10_10.jsp	主页面 JSP 文件
"单选"功能源文件	single.js	"单选"客户端功能源文件
	ReadTopic.java	服务器端读取单选试题源文件
	SaveSingle.java	服务器端保存单选答题结果源文件
"多选"功能源文件	multi.js	"多选"客户端功能源文件
	ReadMulti.java	服务器端读取多选试题源文件
	SaveMulti.java	服务器端保存多选答题结果源文件

首先以"单选"功能为例,各源文件描述如下所示。

(1) e10_10.jsp：主页面 JSP 文件。

```jsp
<%@page language="java" contentType="text/html; charset=utf-8"
    pageEncoding="utf-8"%>
<html>
<head>
<script type="text/javascript" src="myajax.js"></script>
<script type="text/javascript" src="single.js"></script>
<script type="text/javascript" src="multi.js"></script>
<script type="text/javascript">
function init(){
    myajax=new Myajax();
}
var gmodule=null;
var gpos=-1;
function select(obj){
    var n=parseInt(obj.value);
    if(n==gpos)         //选中题目项没有变化
        return;         //则返回
    gpos=n;
    switch(n){
    case 1:             //显示单选题内容
        gmodule=new Single(); break;
    case 2:             //显示多选题内容
        gmodule=new Multi(); break;
    }
    gmodule.init();
}
</script>
</head>
<body onload="init()">
<div style="width: 80px;height: 200px;float: left;border: 1px solid black">
    <ul>
        <li value="1" onclick="select(this)">单选</li>
        <li value="2" onclick="select(this)">多选</li>
    </ul>
</div>
<div style="width: 300px;height: 200px;float: left;">
    <div id="content" style="height: 150px;border: 1px solid black"></div>
    <div id="seltool" style="height: 48px;border: 1px solid black"></div>
</div>
</body>
</html>
```

该页面包含了用到的所有 JavaScript 文件，包含了三个全局变量：Ajax 全局变量 myajax，模块对象全局变量 gmodule，导航项索引全局变量 gpos。

页面划分成三个区域：左侧导航区域，右上题目区，右下工具条区，由于右侧两个区域界面需要动态刷新，因此定义了对应的两个 ID 号，分别为 content 及 seltool。该页面执行后，初始界面如图 10-7 左图。当鼠标选中有效导航区域时，则引起 select( )函数响应，该函数将动态绑定全局模块变量 gmodule 与单选类 Single（或多选类 Multi）对象，当运行完 gmodule.init( )函数后，界面显示如图 10-7 右图。

（2）ReadTopic.java：读取单选试题源文件。

```java
package chap10;
import java.io.*;
import java.sql.*;
import javax.servlet.*;
import javax.servlet.http.*;
import javax.servlet.annotation.WebServlet;
@WebServlet("/readtopic")
public class ReadTopic extends HttpServlet {
    private static final long serialVersionUID=1L;
    public ReadTopic() {super();}
    protected void doPost(HttpServletRequest req, HttpServletResponse rep)
    throws ServletException, IOException {
        rep.setContentType("text/html;charset=gbk");
        String s="/exam/single.txt";
        try{
            String path=getServletContext().getRealPath(s);
            File f=new File(path);
            byte buf[]=newbyte[(int)f.length()];
            FileInputStream in=new FileInputStream(path);
            in.read(buf);
            in.close();
            //获取答案
            MyDB db=new MyDB();
            Connection con=db.connect();
            String strSQL="select single from answer where studno='1000'";
            Statement stm=con.createStatement();
            ResultSet rst=stm.executeQuery(strSQL);
            rst.next();
            String answer=rst.getString("single");
            String str="<div id='answer' style='display: none;'>"+answer+
            "</div>";
            stm.close();
            db.close();
            ServletOutputStream out=rep.getOutputStream();
            out.write(buf);
            out.write(str.getBytes());
            out.flush();
```

```
        }
        catch(Exception e){e.printStackTrace();}
    }
}
```

该 Servlet 类有两个主要功能：一个是读取单选题文件 single.txt，将其内容返回给客户端；另一个是从数据库读取该考生单选题已做题目的答案，封装在 ID 为 content 值的 <div> 标签中，返回到客户端。由于无须在客户端显示，因此设置 style="display：none"，确保该 div 不显示。那么，已做答案传到客户端有何作用呢？作用是很大的，假如考生重启机器，必须把已答题状态显示在界面上，如哪道题做了，哪道题没做，因此必须把已做答案传到客户端。

（3）Single.js："单选"客户端功能类源文件。

改类主要包括四部分函数：构造函数，初始生成界面函数，题目移动函数，保存函数。下面分别一一介绍。

- 构造函数

```
function Single(){
    this.pos=1;
    this.total=0;
}
```

定义了两个成员变量，pos 表示显示题目的题号，默认是单选第 1 题，total 表示单选题目的总数，它是在后续程序中动态算出的。

- 单选初始界面生成函数

实现主页面右侧单选题内容区 content 及工具条 seltool 区界面是如何动态生成的，包括 init()、response()、initDetail()、setTopic()四个函数。如下所示。

```
Single.prototype.init=function(){
    myajax.request2("readtopic",null,null,"content",this.response);
}
Single.prototype.response=function(){
    var s=myajax.response2();
    if(s!=""){
        gmodule.initDetail();
    }
}
Single.prototype.initDetail=function(){
    var obj=document.getElementById("answer");
    var s=obj.innerHTML;        //获得答案
    //根据答案为每道题选项设置状态
    var n=1;
    if(s!=null && s!=""){
        while(true){
```

```
            var tobj=document.getElementsByName("s"+n);
            if(tobj.length==0) break;
            for(var i=0; i<tobj.length; i++){
                if(tobj[i].value==s.charAt(n-1)){
                    tobj[i].checked=true; break;
                }
            }
            n++;
        }
    }
    //更新 content 题目内容区域
    var objP=document.getElementsByTagName("p");
    this.total=objP.length;
    this.setTopic();
    //更新 seltool 区域
    var ss="<input type='button' value='prev' onclick='gmodule.prev()'/>  ";
    ss+="<input type='button' value='next' onclick='gmodule.next()'/>  ";
    ss+="<input type='button' value='Save' onclick='gmodule.save()'/>";
    var objTool=document.getElementById("seltool");
    objTool.innerHTML=ss;
}
Single.prototype.setTopic=function(){
    var objP=document.getElementsByTagName("p");
    this.total=objP.length;
    for(var i=1; i<=objP.length; i++){
        if(i!=this.pos)
            objP[i-1].style.display="none";
        else
            objP[i-1].style.display="block";
    }
}
```

系统首先通过 init()函数，运用 Ajax 技术，调用 RUL 为 readtopic 的 Servlet 对象。由于响应函数 response()调用多次，仅当获得的变量 s 不为空串时，才表明已获得单选试题的内容及所做的答案，最后调用 initDetail()函数，该函数主要完成四部分内容：获取答案，根据答案依次为每道题的选项设置状态，通过 setTopic()函数更新 content 题目内容区，更新 seltool 区，显示各功能按钮。

其实我们是将所有题目都放在 ID 为 content 的<div>标签中了，那么如何保证仅显示一个有效题目呢？由于每道题目对应一个<p>标签，通过 getElementsByTagName()函数可获得所有<p>标签对象的集合，只要再知道要显示的题号，为每个<p>标签对象设置 style 中的 display 属性为 none 或 block，就能达到所求，这就是 setTopic()函数中的主要算法。

- 题目移动函数

主要包括 prev()、next()函数,对应界面上 prev、next 按钮的响应函数,如下所示。

```
Single.prototype.prev=function(){
    if(gmodule.pos>1){
        gmodule.pos --;
        gmodule.setTopic();
    }
}

Single.prototype.next=function(){
    if(gmodule.pos<gmodule.total){
        gmodule.pos++;
        gmodule.setTopic();
    }
}
```

- 保存函数

```
Single.prototype.save=function(){
    var answer="";
    for(var i=1; i<=gmodule.total; i++){
        var unit=document.getElementsByName("s"+i);
        var mark=false;
        for(var j=0; j<unit.length; j++){
            if(unit[j].checked==true){
                answer+=unit[j].value;
                mark=true; break;
            }
        }
        if(mark==false)
            answer+="n";
    }
    myajax.request3("savesingle",["answer"],[answer],gmodule.saveProc);
}
Single.prototype.saveProc=function(){
    var s=myajax.response3();
    if(s!=""){
        var xmlobj=myajax.xmlHttp.responseXML;
        var nodeobj=xmlobj.getElementsByTagName("result");
        var result=nodeobj[0].childNodes[0].nodeValue;
        var n=parseInt(result);
        if(n!=0)
            alert("保存成功");
        else
            alert("保存失败");
    }
}
```

save()是界面上 save 按钮响应函数,首先获得所有单选题答案,然后运用 Ajax 技术调用 URL 为 savesingle 的 Servlet 对象完成答案的保存。saveProc()是 Ajax 响应函数,根据返回数据确定答案是否保存成功。

从 save()函数中可知,答案是一个字符串,对未答的题目,用字符串"n"来填充。例如若答案为"abn"则表明第 1、2 题答案为 a、b,第 3 题没有答。

(4) SaveSingle.java:Servlet 类,完成单选答案的保存。

```java
package chap10;
import java.io.*;
import javax.servlet.*;
import javax.servlet.http.*;
import javax.servlet.annotation.WebServlet;
@WebServlet("/savesingle")
public class SaveSingle extends HttpServlet {
    private static final long serialVersionUID=1L;
    public SaveSingle() {super();}
    protected void doPost(HttpServletRequest req, HttpServletResponse rep)
    throws ServletException, IOException {
        rep.setContentType("text/xml;charset=utf-8");
        String ans=req.getParameter("answer");
        String strSQL="update answer set single='"+ans+"' where studno='1000'";
        MyDB db=new MyDB();
        db.connect();
        int n=0;
        n=db.executeUpdate(strSQL);
        db.close();
        String s="<myapp><result>"+n+"</result></myapp>";
        PrintWriter out=rep.getWriter();
        out.print(s);
    }
}
```

该类比较简单,直接运用封装好的 MyDB 类,直接更新数据库相应记录即可,最后将影响数据库表记录的个数 n 封装在<myapp>XML 语句中,返回给客户端。当 n=0 时标明更新失败;当 n=1 时标明更新成功。

"多选"功能源文件代码与对应的"单选"功能源文件代码是相似的,其具体描述如下所示。

(1) ReadMulti.java:读取多选试题源文件。

```java
package chap10;
import java.io.*;
import java.sql.*;
import javax.servlet.*;
```

```java
import javax.servlet.http.*;
import javax.servlet.annotation.WebServlet;
@WebServlet("/readmulti")
public class ReadMulti extends HttpServlet {
    private static final long serialVersionUID=1L;
    public ReadMulti() {super();}
    protected void doPost(HttpServletRequest req, HttpServletResponse rep)
    throws ServletException, IOException {
        rep.setContentType("text/html;charset=gbk");
        String s="/exam/multi.txt";
        try{
            String path=getServletContext().getRealPath(s);
            File f=new File(path);
            byte buf[]=new byte[(int)f.length()];
            FileInputStream in=new FileInputStream(path);
            in.read(buf);
            in.close();
            //获取答案
            MyDB db=new MyDB();
            Connection con=db.connect();
            String strSQL="select multi from answer where studno='1000'";
            Statement stm=con.createStatement();
            ResultSet rst=stm.executeQuery(strSQL);
            rst.next();
            String answer=rst.getString("multi");
            String str="<div id='answer' style='display: none;'>"+answer+
            "</div>";
            stm.close();
            db.close();
            ServletOutputStream out=rep.getOutputStream();
            out.write(buf);
            out.write(str.getBytes());
            out.flush();
        }
        catch(Exception e){e.printStackTrace();}
    }
}
```

多选功能试题文件是 multi.txt,操作字段是 answer 表的 multi 字段,只有这两点与"单选"功能不同,其余均是一致的。

(2) Multi.js:"多选"客户端功能类源文件。

- 构造函数

```
function Multi(){/*代码同 Single 类*/}
```

- 多选初始界面生成函数

```javascript
Multi.prototype.init=function(){
    myajax.request2("readmulti",null,null,"content",this.response);
}
Multi.prototype.response=function(){/*代码同Single类*/}
Multi.prototype.initDetail=function(){
    var obj=document.getElementById("answer");
    var s=obj.innerHTML;
    var n=1;
    if(s!=null&& s!=""){
        var unit=s.split("-");
        while(true){
            var tobj=document.getElementsByName("m"+n);
            if(tobj.length==0) break;
            if(unit[n-1]!="n"){
                for(var u=0; u<unit[n-1].length; u++){
                    var ch=unit[n-1].charAt(u);
                    for(var v=0; v<tobj.length; v++){
                        if(tobj[v].value==ch)
                            tobj[v].checked=true;
                    }
                }
            }
            n++;
        }
    }
    //更新content区域
    var objP=document.getElementsByTagName("p");
    this.total=objP.length;
    this.setTopic();
    //更新seltool区域
    var ss="<input type='button' value='prev' onclick='gmodule.prev()'/>
          ";
    ss+="<input type='button' value='next' onclick='gmodule.next()'/>
          ";
    ss+="<input type='button' value='Save' onclick='gmodule.save()'/>";
    var objTool=document.getElementById("seltool");
    objTool.innerHTML=ss;
}
Multi.prototype.setTopic=function(){/*代码同Single类*/    }
```

系统首先通过 init() 函数,运用 Ajax 技术,调用 URL 为 readmulti 的 Servlet 对象。由于响应函数 response() 调用多次,仅当获得的变量 s 不为空串时,才表明已获得单选试题的内容及所做的答案,最后调用 initDetail() 函数,该函数主要完成四部分内容:获取答案,根据答案依次为每道题的选项设置状态,通过 setTopic() 函数更新 content 题目内容区,更新 seltool 区,显示各功能按钮。

- 题目移动函数

```
Multi.prototype.prev=function(){/*代码同 Single 类*/}
Multi.prototype.next=function(){/*代码同 Single 类*/}
```

- 保存函数

```
Multi.prototype.save=function(){
    var answer="";
    for(var i=1; i<=gmodule.total; i++){
        var unit=document.getElementsByName("m"+i);
        var mark=false;
        var section="";
        for(var j=0; j<unit.length; j++){
            if(unit[j].checked==true){
                section+=unit[j].value;
                mark=true;
            }
        }
        if(mark==false)
            answer+="n-";
        else
            answer+=section+"-";
    }
    myajax.request3("savemulti",["answer"],[answer],gmodule.saveProc);
}
Multi.prototype.saveProc=function(){/*代码同 Single 类*/}
```

save() 是界面上 save 按钮响应函数,首先获得所有多选题答案,然后运用 Ajax 技术调用 URL 为 savemulti 的 Servlet 对象完成答案的保存。saveProc() 是 Ajax 响应函数,根据返回数据确定答案是否保存成功。

从 save() 函数中可知,答案是一个字符串,每道题之间用"-"分隔,对未答的题目,用字符串"n"来填充。例如若答案为"ab-bc-n"则表明第 1、2 题答案为 ab、bc,第 3 题没有解答。由于"-"是分隔符,所以在上述 initDetail() 函数中必须将答案字符串按"-"拆分,才能获得每道题的具体答案,才能在界面上显示该题每个选项的状态。

(3) SaveMulti.java:Servlet 类,完成多选答案的保存。

```
package chap10;
import java.io.*;
import javax.servlet.*;
import javax.servlet.http.*;
import javax.servlet.annotation.WebServlet;
@WebServlet("/savemulti")
```

```java
public class SaveMulti extends HttpServlet {
    private static final long serialVersionUID=1L;
    public SaveMulti() {super();}
    protected void doPost(HttpServletRequest req, HttpServletResponse rep)
    throws ServletException, IOException {
        rep.setContentType("text/xml;charset=utf-8");
        String ans=req.getParameter("answer");
        String strSQL="update answer set multi='"+ans+"' where studno='1000'";
        MyDB db=new MyDB();
        db.connect();
        int n=0;
        n=db.executeUpdate(strSQL);
        db.close();
        String s="<myapp><result>"+n+"</result></myapp>";
        PrintWriter out=rep.getWriter();
        out.print(s);
    }
}
```

该类比较简单，直接运用封装好的 MyDB 类，直接更新数据库相应记录即可，最后将影响数据库表记录的个数 n 封装在<myapp>XML 语句中，返回给客户端。当 n=0 时标明更新成功；当 n=1 时标明更新成功。

至此对本示例的所有源码都以描述完毕，有下面几点还需要读者深思。

- 如果现在需要增加"填空题"功能，你能很快完成吗？其实从上述"多选"与"单选"功能的代码中就能得出答案。
- 我们发现"单选"与"多选"功能的许多函数代码完全一致，如何减少冗余呢？很明显继承是很好的选择方法，可是有读者说，继承内容本书根本就没有讲，这并不主要，关键是同学们要学会在学习中发现问题，进而去解决问题，一定要记住"学而思"。
- 要加深理解 JavaScript 全局变量的作用，例如本示例中的全局模块变量 gmodule，它的动态绑定性是实现客户端程序框架的关键所在。因此在 JavaScript 程序中命名全局变量一定要慎重。
- 本示例中客户端有单选功能类 Single，多选功能类 Multi，服务器端也有相应的单选功能类 ReadTopic、SaveSingle，多选功能类 ReadMulti，SaveMulti。因此，笔者认为随着 JavaScript 的发展，这种客户端与服务器端的"对称"编程会越来越重要，请读者细细体会。

习题

1. Ajax 技术的优点是什么？
2. XMLHttpRequest 对象中的 responseText、responseXML 属性有什么不同？

3. 利用 Ajax 技术求输入两个整形数的最大公约数并将结果显示在屏幕上。

4. 完善例 10-2 中 Servlet 类 StudServlet,使之对真实的数据库表数据查询,返回真实的学生信息查询结果。

5. 完善例 10-3 登录功能,使之操作真实的数据库表,返回真实的查询结果。

6. 完善例 10-4 字段输入即时检测功能,使之操作真实的数据库表,返回真实的查询结果。

参 考 文 献

[1] 李宁. Java Web 开发技术大全. 北京：清华大学出版社，2009.
[2] 耿祥义，张跃平. JSP 实用教程(第三版). 北京：清华大学出版社，2015.
[3] 徐小平，夏保芹，迟增晓. JSP 程序设计实训与案例教程. 北京：清华大学出版社，2015.
[4] 马建红. JSP 应用与开发技术. 北京：清华大学出版社，2014.
[5] 杨学全，程茂，吕橙. JSP 编程技术. 北京：清华大学出版社，2014.
[6] 柳永坡，刘雪梅，赵长海. JSP 应用开发技术. 北京：人民邮电出版社，2005.
[7] 杨贵，杨兴. 21 天学通 JavaScript. 北京：电子工业出版社，2009.
[8] 孙卫芹，李洪成. Tomcat 与 Java Web 开发技术详解. 北京：电子工业出版社，2005.
[9] 何福贵. JSP 开发案例教程. 北京：机械工业出版社，2014.
[10] Nicholas C. Zakas. 高性能 JavaScript. 丁琛译. 北京：电子工业出版社，2015.
[11] 曹维明. JavaScript 程序设计基础与范例教程. 北京：电子工业出版社，2014.
[12] 吴志祥，王新颖，曹大有. 高级 Web 程序设计——JSP 网站开发. 北京：科学出版社，2013.
[13] 刘德山，金百东. Java 设计模式深入研究. 北京：人民邮电出版社，2014.
[14] Bruce Eckel. Java 编程思想. 陈昊鹏译. 北京：机械工业出版社. 2007.
[15] 耿祥义，张跃平. Java2 实用教程(第三版). 北京：清华大学出版社，2008.